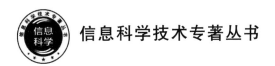

信息科学技术专著丛书

基于机器学习的光通信系统物理损伤感知与补偿

陈远祥　编著

U0344017

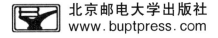

北京邮电大学出版社
www.buptpress.com

内 容 简 介

随着网络系统规模的扩大、网络灵活性的提升,传统的光通信补偿机制由于复杂度较高、补偿效果有限,面临着极大的挑战和升级需求。因此,发展高效智能、低复杂度且具有自适应能力的损伤感知与补偿机制,对构建未来大规模的光通信系统有重要的现实意义。在本书中我们将探索基于机器学习的统计信号处理方法,用于解决光通信系统中灵活多变的物理损伤问题。本书全面系统地介绍了光通信系统中损伤产生的原因及如何应用机器学习进行光通信系统中的参数感知和损伤补偿。此外,本书还介绍了机器学习算法在混沌加密中的具体应用。

图书在版编目(CIP)数据

基于机器学习的光通信系统物理损伤感知与补偿 /陈远祥编著. -- 北京：北京邮电大学出版社,2021.10

ISBN 978-7-5635-6491-0

Ⅰ. ①基… Ⅱ. ①陈… Ⅲ. ①光通信系统－研究②机器学习—算法—研究 Ⅳ. ①TN929.1②TP181

中国版本图书馆 CIP 数据核字(2021)第 174393 号

策划编辑：彭 楠　　责任编辑：刘 颖　　封面设计：七星博纳

出版发行：北京邮电大学出版社
社　　址：北京市海淀区西土城路 10 号
邮政编码：100876
发 行 部：电话：010-62282185　传真：010-62283578
E-mail：publish@bupt.edu.cn
经　　销：各地新华书店
印　　刷：唐山玺诚印务有限公司
开　　本：720 mm×1 000 mm　1/16
印　　张：14.5
字　　数：321 千字
版　　次：2021 年 10 月第 1 版
印　　次：2021 年 10 月第 1 次印刷

ISBN 978-7-5635-6491-0　　　　　　　　　　　　　　　　　　定价：69.00 元

前　　言

近年来,随着网络用户的持续增加和新型网络数据业务的不断出现,网络中的数据流量急剧增长。在可预见的未来,网络容量将保持每 10 年增长 100 倍的趋势。不断增长的网络数据流量和动态的网络业务对光网络的信息承载能力提出了更高的要求。

目前,基于相干检测的数字信号处理技术(Digital Signal Processing,DSP)是用于补偿光通道物理损伤的主要手段,一般可以实现色散补偿、信道均衡、解偏振复用、载波频偏估计以及载波相位恢复等功能。但是,随着网络系统规模的扩大、网络灵活性的提升,传统的补偿机制由于复杂度较高、补偿效果有限、自主学习能力较差等原因,面临着极大的挑战和升级需求。因此,发展高效智能、低复杂度且具有自适应能力的损伤感知与补偿机制,对构建未来大规模的光通信系统有重要的现实意义。

随着计算机通信技术的飞速发展,人们搜集信息和处理信息的能力得到极大的提升,如何在复杂系统中发掘蕴含的有用信息,成为诸多领域共同追求的目标。正是在这种需求的驱使下,机器学习技术被提出并且受到广泛的关注。机器学习是一系列智能统计算法的统称,这些算法可以通过自主训练和学习来解决各个领域的多种问题,包括计算机视觉、语音识别、自然语言处理、统计学习、数据挖掘和模式识别等,它是实现人工智能的核心技术之一。机器学习的并行分布处理能力以及它所特有的高度容错性、自组织和自学习能力可以让计算机获取新的知识或技能,重新组织已有的知识结构使之不断改善自身的性能。光通信系统可以利用机器学习的智能学习能力,通过自身的学习过程来捕捉信号所遭受的不同损伤特性,进而实现与信号损伤相对应的补偿功能。

因此,在本书中我们将探索基于机器学习的统计信号处理方法,用于解决光通信系统中灵活多变的物理损伤问题。

作　者

目　　录

第1章　机器学习基本原理 ……………………………………………………… 1

1.1　机器学习的研究背景以及发展现状 ………………………………………… 1

1.2　机器学习的分类 …………………………………………………………… 3

　　1.2.1　监督学习 ……………………………………………………………… 3

　　1.2.2　无监督学习 …………………………………………………………… 4

　　1.2.3　半监督学习 …………………………………………………………… 4

　　1.2.4　强化学习 ……………………………………………………………… 5

1.3　模型的评估与选择 ………………………………………………………… 5

1.4　支持向量机 ………………………………………………………………… 7

　　1.4.1　超平面 ………………………………………………………………… 7

　　1.4.2　核函数 ………………………………………………………………… 9

　　1.4.3　多分类问题的支持向量机的应用 ………………………………… 11

1.5　k 近邻算法 ……………………………………………………………… 12

　　1.5.1　分类原理 …………………………………………………………… 12

　　1.5.2　KD 树 ………………………………………………………………… 13

　　1.5.3　球树 ………………………………………………………………… 14

1.6　决策树算法 ………………………………………………………………… 14

　　1.6.1　基本流程 …………………………………………………………… 15

　　1.6.2　剪枝 ………………………………………………………………… 16

1.7　随机森林 …………………………………………………………………… 16

1.8　逻辑回归 …………………………………………………………………… 17

　　1.8.1　线性回归 …………………………………………………………… 18

　　1.8.2　逻辑回归 …………………………………………………………… 18

1.9　朴素贝叶斯 ………………………………………………………………… 18

1.10　聚类算法 ·· 19

1.11　神经网络 ·· 21

　　1.11.1　前馈型神经网络 ··· 23

　　1.11.2　反馈型神经网络 ··· 27

　　本章参考文献 ·· 31

第2章　基于机器学习的复杂损失参数感知 ················· 32

2.1　光学性能检测 ·· 32

　　2.1.1　OPM 的功能 ··· 32

　　2.1.2　OPM 检测的参数因子 ·· 33

　　2.1.3　OPM 应该满足的技术标准 ······································ 36

　　2.1.4　直接检测系统中的 OPM 技术 ·································· 37

　　2.1.5　数字相干系统中的 OPM 技术 ·································· 39

2.2　PDM-CO-OFDM 系统中的联合精细时间同步及信道估计技术 ··· 41

　　2.2.1　PDM-CO-OFDM 系统 ·· 41

　　2.2.2　传统的信道估计算法 ··· 43

　　2.2.3　时间同步与 CHU 序列 ·· 46

　　2.2.4　仿真框图及实验流程 ··· 47

　　2.2.5　实验结果 ··· 49

2.3　级联深度神经网络对光信噪比、信号调制格式和速率的感知 ··· 50

　　2.3.1　振幅直方图 ··· 50

　　2.3.2　采用的调制方式 ··· 51

　　2.3.3　深度神经网络 DNN ·· 52

　　2.3.4　系统模型与结果分析 ··· 52

2.4　基于异或神经网络的光信号调制格式识别 ······················ 55

　　2.4.1　调制格式识别 ·· 56

　　2.4.2　异或神经网络 ·· 57

　　2.4.3　系统框架 ··· 58

2.5　人工神经网络对 PAM4 信号进行光学性能检测 ··············· 59

　　2.5.1　原理介绍 ··· 60

　　2.5.2　系统框架设计以及实现 ·· 61

　　2.5.3　结论 ··· 64

本章参考文献 ·· 64

第 3 章　基于机器学习的偏振和模式解复用技术 ···························· 66

3.1　传统的偏振和模式解复用原理 ··· 66

3.1.1　偏振复用及解复用 ··· 66

3.1.2　模式解复用 ·· 68

3.1.3　模式复用解复用器 ··· 68

3.2　基于自零差检测的高速模式复用无源光网络 ························· 76

3.2.1　OFDM 系统 ·· 76

3.2.2　超密集波分复用系统 ·· 77

3.2.3　MDM-PON 原理 ·· 78

3.2.4　实验框图及实验流程 ·· 79

3.2.5　结果总结 ·· 84

本章参考文献 ·· 85

第 4 章　基于机器学习的线性和非线性补偿技术 ·························· 86

4.1　光通信系统的线性和非线性作用机制 ·································· 86

4.1.1　色散 ·· 87

4.1.2　偏振模色散 ·· 88

4.1.3　极化相关损耗 ··· 90

4.1.4　窄带滤波 ·· 90

4.1.5　自相位调制 ·· 90

4.1.6　交叉相位调制 ··· 91

4.1.7　四波混频 ·· 91

4.1.8　受激拉曼散射 ··· 91

4.1.9　受激布里渊散射 ·· 92

4.2　传统的光纤损伤补偿技术 ·· 92

4.2.1　色散的补偿 ·· 92

4.2.2　偏振模色散的补偿 ··· 93

4.2.3　克尔效应的补偿 ·· 94

4.3　基于 SVM-KNN 算法的非线性判决器 ··································· 96

4.3.1　ROF 系统 ··· 98

4.3.2　DMT 系统 ⋯⋯⋯⋯⋯⋯⋯⋯⋯⋯⋯⋯⋯⋯⋯⋯ 99

4.3.3　光外差法产生毫米波 ⋯⋯⋯⋯⋯⋯⋯⋯⋯⋯⋯⋯ 100

4.3.4　实现流程以及框图 ⋯⋯⋯⋯⋯⋯⋯⋯⋯⋯⋯⋯⋯ 100

4.4　基于光学系统中的 k-means 改进的 PS-QPSK ⋯⋯⋯⋯ 105

4.4.1　PS-QPSK 系统 ⋯⋯⋯⋯⋯⋯⋯⋯⋯⋯⋯⋯⋯⋯ 105

4.4.2　k-means 算法 ⋯⋯⋯⋯⋯⋯⋯⋯⋯⋯⋯⋯⋯⋯⋯ 108

4.4.3　实验验证 ⋯⋯⋯⋯⋯⋯⋯⋯⋯⋯⋯⋯⋯⋯⋯⋯⋯ 108

4.5　基于机器学习的聚类算法补偿光学 16 QAM-SCFDE 系统的多重损伤 ⋯⋯ 110

4.5.1　BIRCH ⋯⋯⋯⋯⋯⋯⋯⋯⋯⋯⋯⋯⋯⋯⋯⋯⋯⋯ 110

4.5.2　SCFDE ⋯⋯⋯⋯⋯⋯⋯⋯⋯⋯⋯⋯⋯⋯⋯⋯⋯⋯ 113

4.5.3　QAM 调制 ⋯⋯⋯⋯⋯⋯⋯⋯⋯⋯⋯⋯⋯⋯⋯⋯⋯ 115

4.5.4　实验验证 ⋯⋯⋯⋯⋯⋯⋯⋯⋯⋯⋯⋯⋯⋯⋯⋯⋯ 115

本章参考文献 ⋯⋯⋯⋯⋯⋯⋯⋯⋯⋯⋯⋯⋯⋯⋯⋯⋯⋯⋯⋯ 118

第 5 章　相位噪声抑制算法 ⋯⋯⋯⋯⋯⋯⋯⋯⋯⋯⋯⋯⋯⋯⋯ 119

5.1　相位噪声的概念 ⋯⋯⋯⋯⋯⋯⋯⋯⋯⋯⋯⋯⋯⋯⋯⋯⋯ 119

5.1.1　相位噪声的定义 ⋯⋯⋯⋯⋯⋯⋯⋯⋯⋯⋯⋯⋯⋯ 119

5.1.2　相位噪声的表征 ⋯⋯⋯⋯⋯⋯⋯⋯⋯⋯⋯⋯⋯⋯ 121

5.1.3　激光器中的相位噪声 ⋯⋯⋯⋯⋯⋯⋯⋯⋯⋯⋯⋯ 123

5.1.4　振荡器的相位噪声 ⋯⋯⋯⋯⋯⋯⋯⋯⋯⋯⋯⋯⋯ 123

5.1.5　锁相环 PLL 的相位噪声 ⋯⋯⋯⋯⋯⋯⋯⋯⋯⋯⋯ 124

5.1.6　相位噪声的统计模型 ⋯⋯⋯⋯⋯⋯⋯⋯⋯⋯⋯⋯ 125

5.1.7　相位噪声对系统可能造成的影响 ⋯⋯⋯⋯⋯⋯⋯ 126

5.1.8　小结 ⋯⋯⋯⋯⋯⋯⋯⋯⋯⋯⋯⋯⋯⋯⋯⋯⋯⋯⋯ 128

5.2　相位噪声的补偿方法 ⋯⋯⋯⋯⋯⋯⋯⋯⋯⋯⋯⋯⋯⋯⋯ 128

5.2.1　CO-OFDM 中抑制相位噪声的研究意义及现状 ⋯⋯ 128

5.2.2　公共相位误差补偿算法 ⋯⋯⋯⋯⋯⋯⋯⋯⋯⋯⋯ 130

5.2.3　载波间干扰抑制算法 ⋯⋯⋯⋯⋯⋯⋯⋯⋯⋯⋯⋯ 131

5.2.4　小结 ⋯⋯⋯⋯⋯⋯⋯⋯⋯⋯⋯⋯⋯⋯⋯⋯⋯⋯⋯ 131

5.3　基于高斯基展开的相位噪声抑制算法 ⋯⋯⋯⋯⋯⋯⋯⋯ 132

5.3.1　实验原理 ⋯⋯⋯⋯⋯⋯⋯⋯⋯⋯⋯⋯⋯⋯⋯⋯⋯ 132

5.3.2　仿真结果 ⋯⋯⋯⋯⋯⋯⋯⋯⋯⋯⋯⋯⋯⋯⋯⋯⋯ 134

　　5.3.3　小结 ·· 134

　5.4　基于高斯小波基展开的相位噪声抑制机制 ··· 135

　　5.4.1　基于高斯小波基展开和伪导引的近似盲相位噪声抑制方法 ········ 135

　　5.4.2　基于高斯小波基扩展的 PDM CO-OFDM 超级信道相位噪声抑制

　　　　　　方案 ··· 141

　　5.4.3　小结 ·· 148

　本章参考文献 ·· 148

第 6 章　基于混沌系统的信号加密机制 ··· 153

　6.1　混沌的基础知识 ··· 154

　　6.1.1　混沌的发展 ··· 154

　　6.1.2　混沌的定义 ··· 156

　　6.1.3　混沌理论的基本概念 ·· 158

　　6.1.4　产生混沌的方法 ·· 159

　　6.1.5　混沌的特性 ··· 161

　　6.1.6　混沌判别 ·· 162

　　6.1.7　小结 ·· 165

　6.2　混沌系统 ·· 166

　　6.2.1　混沌系统的概念 ·· 166

　　6.2.2　一维 Logistic 混沌方程 ·· 166

　　6.2.3　二维混沌系统 ··· 167

　　6.2.4　三维 Chen 混沌系统 ·· 168

　　6.2.5　超混沌系统 ··· 168

　　6.2.6　小结 ·· 169

　6.3　混沌用于保密通信 ·· 169

　　6.3.1　密码学理论 ··· 170

　　6.3.2　混沌掩盖通信 ··· 172

　　6.3.3　混沌调制通信 ··· 174

　　6.3.4　混沌键控通信 ··· 176

　　6.3.5　混沌扩频通信 ··· 180

　　6.3.6　混沌用于保密通信的发展历史 ··· 181

　　6.3.7　小结 ·· 181

6.4　基于多涡卷的混沌加密机制 ·· 182

　6.4.1　双涡卷 Jerk 系统 ··· 182

　6.4.2　多涡卷混沌加密原理 ··· 184

　6.4.3　CO-OFDM-PON 的多涡卷混沌加密方案验证 ············ 187

　6.4.4　CO-OFDM 的多涡卷混沌加密方案验证 ··················· 192

　6.4.5　OFDM-PON 的多涡卷混沌加密方案验证 ················· 195

　6.4.6　小结 ··· 200

6.5　基于多翅膀的混沌加密机制 ··· 201

　6.5.1　双翅膀混沌系统 ··· 201

　6.5.2　多翅膀混沌加密基本原理 ·· 202

　6.5.3　用于光学 PAM4-DMT 系统中物理层安全性的多翅膀混沌加密方案

　　　　　验证 ··· 204

　6.5.4　小结 ··· 206

6.6　基于五维超混沌的滤波器组多载波调制加密机制 ··················· 206

　6.6.1　基本原理 ··· 208

　6.6.2　基于五维超混沌的 FBMC 无源光网络物理层加密技术验证 ··· 209

　6.6.3　小结 ··· 211

6.7　基于 Hyper Chen 的混沌加密机制 ····································· 211

　6.7.1　基本原理 ··· 211

　6.7.2　基于 Hyper Chen 的物理层加密频域移位和时域加扰方法

　　　　　验证 ··· 213

　6.7.3　小结 ··· 215

本章参考文献 ··· 215

第1章　机器学习基本原理

1.1　机器学习的研究背景以及发展现状

机器学习是人工智能研究发展到一定阶段的必然产物,可解决人工智能发展的瓶颈和局限性,因此成为 20 世纪 80 年代之后人工智能的研究重点。

人工智能的发展时期分为推理期、知识期和学习期。推理期是从 20 世纪 50 年代初至 70 年代初,该时期的主流技术是基于符号知识表示的演绎推理技术。知识期是从 20 世纪 70 年代中期至 80 年代,该时期的主流技术是基于符号的知识表示,通过获取和利用领域知识来建立专家系统。学习期是从 20 世纪 80 年代至今,该时期的两大主流技术分别是符号主义学习和基于神经网络的连接主义学习。

在人工智能研究处于"推理期"时,人们认为逻辑推理能力是机器具有智能的重点,只要将逻辑推理的能力赋予机器,机器就拥有了智能。这个时期的代表人物是 A. Newell 和 H. Simon,他们后来研发了能够证明著名数学家罗素和怀特海的名著《数学原理》中的第 38 条定理的程序"逻辑理论家",此后更是证明了全部的 52 条定理,由于在此方面的工作成果获得了图灵奖。后来,随着研究的不断发展,人们意识到,仅仅拥有逻辑推理能力实现不了人工智能。

因此,E. A. Feigenbaum 等人认为,机器只有拥有了知识,才会拥有智能。因此,从 20 世纪 70 年代中期开始,人工智能研究进入了"知识期"。大量专家系统的问世,使得知识期的人工智能蓬勃发展,但是这些系统中的知识,是由人总结出来并且输入到计算机的,计算机能进行多少推理的工作全靠人输入的知识决定。因此,人们逐渐认识到,不仅由人把知识总结出来然后交给计算机是一项困难的工作,而且得到的专家系统也不能在其他领域得到广泛的应用。于是,一些专家让机器自己学习知识,开始了机器学习的历程。

机器学习曾被 R. S. Michalski 等人划分为"从样例中学习""在问题中求解和规划中学习""从指令中学习"等种类。E. A. Feigenbaum 把机器学习划分为"机械学习""示教学习""类比学习"和"归纳学习"。20 世纪 80 年代以来,应用最广、研究最多的是"从样例中学习"。

机器学习的发展可以分为三个过程:从样例中学习;统计学习;深度学习。

符号主义学习和基于神经网络的连接主义学习是从样例中学习的两大主流技术。早在人工智能发展的"推理期"和"知识期",基于符号知识表示,人们通过演绎推理以及获取利用领域的知识建立专家系统取得了很大的成果,因此,符号主义学习成为"学习期"的一大主流技术。符号主义学习的代表有决策树学习和基于逻辑的学习,其中决策树学习因简单而至今仍然被广泛使用。

连接主义学习在 20 世纪 50 年代的中后期取得了较大的发展,1986 年 D. E. Rumelhart 重新发明的 BP 算法,一直是被应用得最广泛的机器学习算法之一。连接主义学习产生的是著名的黑箱模型,又称经验模型。黑箱模型指的是一些内部规律少为人知的情况。

20 世纪 90 年代中期,统计学习占据了主流舞台。代表的算法是支持向量机以及核方法。核方法可以把低维空间的非线性不可分问题转换为高维空间的线性可分的问题,通过某种非线性映射把低维空间的原始数据嵌入高维空间然后再使用通用的线性学习器在这个空间分析和处理数据。核方法逐渐成为机器学习的基本内容。

在 21 世纪初,由于进入了大数据时代,计算设备的性能提升,人们需要高效地处理种类繁多的数据,以连接主义为基本的深度学习满足了人们的需求,在分析语音、图像等问题上,深度学习技术表现出了优越的性能。

目前机器学习的研究工作主要有以下三个方面:面向任务、认知模型和理论分析。面向任务的主要内容是研究和分析一些学习系统。认知模型是研究人类的学习过程,同时进行计算机模拟。理论分析则是探索各种可能的机器学习算法。

今天,机器学习已经走进了人类的日常生活,机器学习在日常生活中的主要应用有模式识别、数据挖掘、图像理解、统计学习、计算机视觉、语音识别、文本情感分析、自然语言处理以及舆情监控等方面。以上只是机器学习应用的一个大的范围,在这些范围中还有诸多分支,比如在自然语言的处理方面又有很多个分支:机器翻译、自动文摘、信息检索、文档分类、问答系统、文字编辑和校对、语言教学以及说话人识别等方面。

此外,机器学习也在生物信息学、生态学、医学、遗传学及地理学等多领域提供了重要的技术支撑,机器学习主要活跃于数据分析的场景,各种各样的机器学习算法丰富了数据分析的内容。

机器学习的研究除可以提升分析数据的能力外,还可以促进我们理解人类是如何思考和学习的。因此,机器学习的研究有着重要的意义。

使用机器学习来解决实际问题的流程如下:抽象问题,把一个实际的问题抽象成数据和数学问题;选择合适的数据集,选择在需要解决的问题中最能够代表该问题的数据集,将该数据集划分为两部分,分别是训练集和测试集;训练模型,选择合适的机器学习算法来训练模型;调整参数,通过模型的评估与选择,选择好模型性能最优、泛化能力最强的模型;测试模型,训练选择好的模型可以用于数据的测试,测试出它的泛化能力,然后将其推广应用。

由于机器学习的发展,现在很少亲自编程写算法去完成模型的训练预测等功能。现在多调用现有的工具包来实现以上步骤,机器学习库中包含了一个机器学习项目中部分模块的功能,比如 Python 中的 Scikit-Learn 库,Java 中的 JSAT 等机器学习库,能够实现模型训练、数据集的划分、模型的预测以及交叉验证等功能。机器学习库的使用大大减少了算法实现的时间开支,部分库因为其强大的可视化能力、囊括众多功能的强大包含性,能够非常便利地被用户使用。

1.2　机器学习的分类

机器学习是一门研究怎样利用数学手段,通过计算和利用规律性质来改善系统自身的性能的学科。机器学习的主要内容是研究合适的和高效的机器学习算法,有了算法,就能够从我们要研究的数据中训练好模型,从而在面对新的数据或者新的问题时,训练好的模型能够根据形成的规律和经验来给新的数据提供相应的判断。

因此,机器学习的主要目标是学习、策划和改进数学模型。

机器学习的学习问题是通过对数据集的性能以及规律的研究找到它们之间的依赖关系,模拟它们之间的函数关系。在学习过程中,对任意的输入要输出一个特定的数值,使得输出的数值接近训练器的相应输出。学习就是从给定的函数集中找到最能够代表训练数据的函数关系的函数,即在所有对应的函数关系中搜索的过程。

机器学习按照不同的学习方式可以分为监督学习、半监督学习、无监督学习和强化学习。

1.2.1　监督学习

监督学习是抽取数据的特征形成特征向量,通过学习特征向量以及对应的标签可以得到系统模型。将输入的特征作为训练模型的数据,每个训练数据都有一个自己的标签,在建立模型的过程中,机器学习通过不同的算法建立不同的学习过程,然后最终得到训练好的模型。我们将需要预测的数据送到模型进行分析,从而让模型输出预测的结果。将预测结果与实际结果对比,通过交叉验证来为模型选择合适的参数,在每次迭代之后,增加模型的精度,使预测值与期望值之间的差距趋近于零,从而让模型性能达到最佳。总的来讲,监督学习就是学习已有数据,通过学习已有数据得出理想模型。

监督学习的使用场景有两种:第一种是分类问题,它将输入的数据按照学习好的模型进行分类;第二种是回归问题,用来预测一个具体的值,而用逻辑回归进行分类的主要思想是根据现有的数据对分类的边界线建立回归公式。简而言之,如果预测的输出是离散值,则是分类问题;如果预测的输出是连续值,则是回归问题。所有的分类问题和回归问题都是监督学习。

常见的监督学习的算法有：K-Nearest Neighbors(k 近邻)算法、Decision Tree(决策树)算法、Naive Bayesian(朴素贝叶斯)算法、Logistic Regression(逻辑回归)算法、Support Vector Machine(支持向量机)算法、Ordinary Least Squares Regression(最小二乘法)和 Ensemble Methods(集成方法)。具体的算法原理将在后续的小节中详细展开。

朴素贝叶斯算法是基于贝叶斯定理与特征条件独立假设的分类方法。朴素贝叶斯算法发源于古典数学理论，有着坚实的数学基础和稳定的分类效率；逻辑回归属于判别式模型，实现较为简单，广泛地应用于工业问题，计算量小，速度快，但是容易欠拟合，并且当特征空间很大时，逻辑回归的性能不是很好；最近邻算法的理论成熟，思想简单，可以生成任意形状的分类边界，但是需要大量的内存以及适当的数据预处理方式；决策树的一大优势就是易于解释，它可以毫无压力地处理特征间的交互关系，不用考虑数据是否线性可分的问题，但是容易过拟合；支持向量机 SVM 具有坚实的统计学理论基础，在许多实际应用中展示出卓越的效果，并且可以很好地应用在高维空间中。

1.2.2　无监督学习

无监督学习输入的数据是没有标签的训练数据，我们希望标记的行为是计算机代替人类去进行的。因此，无监督学习的应用主要有三种场景：在无标记的情况下，寻找最好的特征；先按照选取的分类方式，将数据分为不同类别，然后人为地进行标注；从数据中提取具有代表性的数据，标注之后再进行分类器的训练。无监督学习相比监督学习有一个不能忽视的问题：无监督学习的实现过程会更加困难。无监督学习，在本质上是一个统计手段，在没有给定标签的数据中发现数据内在的联系。它有以下三个特点：无监督学习没有明确的目的，无监督学习不需要给数据贴标签，无监督学习无法量化效果。

常见的无监督学习算法有：k-means(聚类)算法、Learning Vector Quantization (学习向量量化)算法、Mixture of Gaussian(高斯混合聚类)算法、Density Based Spatial Clustering of Applications with Noise(基于密度的 DBSCAN)算法以及 AGglomerative NESting(层次聚类 AGNES)算法。

1.2.3　半监督学习

半监督学习是监督学习与无监督学习的结合，半监督学习可以利用没有给定分类类别的数据提高系统模型的学习性能。让学习器在不依赖外界交互的情况下自动地利用未标记样本来提升学习性能，就是半监督学习。

半监督学习使用的数据，既有标记后的数据，也有未标记的数据。做到半监督学习有一个隐含的假设——"聚类假设"。其核心要义为"相似的样本,相似的输出",即所谓假设数据存在簇结构,同一个簇的样本属于同一个类别。因为未标记的样本与有标记的样本是从同样的数据源独立同分布采样而来,它们包含着关于数据分布的信息。在对未标记的数据贴标签时可遵循"人以类聚,物以群分"的原则。

半监督学习中包含另一个假设——"流形假设",即假设数据分布在流形结构上,并且相邻样本具有相似的输出值。流形假设的应用范围比聚类假设更广。这两种假设的实质都是相似的样本具有相似的输出。

半监督学习可以划分为纯半监督学习和直推学习。纯半监督学习假定训练数据中的未标记样本不是待预测的数据,直推学习是待预测数据,学习的目的就是在这些未标记的样本上获得最优泛化性能。

半监督学习多用于标记数据少、未标记数据多的场景,半监督学习可以用来标记数据。

半监督学习的主要算法有:半监督 SVM 算法、图半监督学习、基于分歧的方法、半监督聚类和生成式方法。半监督学习算法是监督学习算法 SVM 在半监督学习上的扩展应用。图半监督学习是将给定的数据集映射成为一个图,把有标记的样本对应的点想象成为染色后的节点,未标记的节点对应为未染色的节点,一个图能够对应一个矩阵,因此可以基于矩阵运算来进行半监督学习算法的推导和分析。

1.2.4　强化学习

强化学习加入了反馈和评价,在输入数据的同时,模型根据输入的数据,立刻进行自我调整。强化学习常见的模型是标准的马尔可夫决策过程。马尔可夫决策过程是一个四元组 (X, A, P, R),其中 X 表示状态空间,表示决策过程中所有的状态集合,表示机器在决策过程中感知到的环境的描述; A 表示动作空间,指的是在决策过程中,机器能够执行的动作; P 是状态之间的转移函数,使得当前的状态能够按照一定的概率转移到另一个状态上去; R 是奖赏函数,是采取动作空间中的某个行为到达下一个状态之后的回报。

强化学习的过程就是不断地尝试,从错误中学习,找到规律,从而学习到达到目标的方法。它会对行为进行打分,记住高分与低分的行为,再次执行时只执行高分的行为,具有分数导向性。AlphaGo 的火热,就是强化学习在现实中最好的一个应用的案例。

1.3　模型的评估与选择

首先,先来明确几个概念。
- 误差:学习器的实际预测输出与真实输出之间的差值。

- 泛化误差:训练好的模型在新样本输入之后输出的误差称为泛化误差,为了模型有一个良好的性能,泛化误差越小越好。
- 过拟合:泛化误差过大,模型的泛化能力过弱的原因常常是,在学习过程中,把训练样本自身的一些特点当作了所有样本都会具有的一般特征,从而导致出现新的未知的输入时,泛化误差过大,出现过拟合现象。
- 欠拟合:与过拟合相对的是欠拟合,由于数据量过小,导致学习过程对数据的一般特征学习有限,无法得到相同训练集呈现的特征。

在模型训练时,对同一个算法,有不同的参数可以选择,不同的参数集合最终训练得到的模型性能也不同。选择出最优的模型是机器学习的中心任务。

通常,在模型的训练中,会将实验数据集分为测试集和训练集,训练集用来训练模型,测试集用来评估选择的模型性能,通过模型在测试集上的误差来近似代替模型的泛化误差。常规的测试集占据整个数据集的 $1/3 \sim 1/5$,剩余的样本用于训练模型。

除此之外,还可以通过交叉验证法来划分数据集,进行训练以及测试。以 10 折交叉验证为例,将数据集均等分成 10 份,每次选择其中 1 份作为测试集进行验证,其余的 9 份作为训练集进行训练,因此一共可以进行 10 次训练和测试,最终返回的是 10 次测试结果的均值。

因此,模型训练的过程就是,先选择算法,然后对所选的算法进行调参,以测试集上的误差(近似于泛化误差)作为评价标准,选择误差最小的算法及对应的参数,然后再将全部的数据集进行训练,得到最终的学习模型。

除开头提过的误差外,模型性能好坏的度量还有 P-R 曲线、ROC 曲线以及混淆矩阵。P-R 曲线是查准率-查全率曲线,一般应用在二分类问题上,查准率也指准确率,查全率指有正确分类的数据被挑出来的概率。如果一个模型的 P-R 曲线能够被另一个模型的 P-R 曲线完全包含住,那么后者的性能优于前者的性能。

表 1-1　二分类结果的混淆矩阵

真实情况	预测结果	
	正例	反例
正例	TP(真正例)	FN(假反例)
反例	FP(假正例)	TN(真反例)

查准率 P 与查全率 R 分别定义如下:

$$\left. \begin{aligned} P &= \frac{TP}{TP+FP} \\ R &= \frac{TP}{TP+FN} \end{aligned} \right\} \qquad (1\text{-}1)$$

一般而言,查准率高时,查全率偏低;查准率低时,查全率偏高。

ROC 曲线的纵轴是 TPR,即真正例率,横轴是 FPR,即假正例率。ROC 曲线与

P-R 曲线类似,通常也应用于二分类问题,当一个模型的 ROC 曲线能够被另一个模型的 ROC 曲线完全包括,说明后者的性能优于前者的性能。但是当两个模型的 ROC 曲线有相交重叠部分,则需要比较 ROC 曲线下的面积。

$$\left. \begin{array}{l} TPR = \dfrac{TP}{TP+FN} \\ FPR = \dfrac{FP}{TN+FP} \end{array} \right\} \tag{1-2}$$

混淆矩阵能够表达出分类的准确程度,同样可以作为模型性能评估的工具。

1.4 支持向量机

SVM 最早在 1995 年由 Cortes 和 Vapnik 正式提出,它在解决小样本、非线性和高维度模式识别中表现出许多特有的优势,并能够推广应用到函数拟合等其他机器学习问题中。小样本指的是与问题的复杂度相比,它所需的样本数较少;非线性指的是 SVM 擅长于处理非线性的问题,它能够将低维度的非线性不可分问题通过核方法变换到高维度的线性可分问题,因此它在处理非线性问题上具有很大的优势;高维模式识别指的是样本的维数很高,它能够在文本分类中表现出卓越的优势。

支持向量机 SVM 是一种典型的二分类器。它的基本思想是,找到一个能够正确划分训练集,而且几何间距最大的超平面。它能够在一定程度上克服机器学习中的不可分问题,能够将一维的数据,转化到二维、三维甚至更高维度。支持向量机在处理数据量不大的问题时性能更强更优。总之,SVM 算法是试图找到一个满足分类要求的超平面,不仅能够将两个类别分割开来,而且能够使训练集中的数据点尽量远离该平面,使得该超平面两侧的空白区域面积最大。SVM 支持向量机算法能够同时处理线性和非线性问题,在手写数据识别、人脸识别、数字调制识别、多用户检测以及信道均衡等方面展示出了巨大的优势。

SVM 算法的优点如下:对高维空间适应良好;在维数比样本数多的情况下也表现良好;能够节约内存;可以选择不同的核函数。

SVM 算法的缺点如下:当数据的特征数比样本数多很多时,算法性能较差;选择参数时需要通过交叉验证法来选择,耗费的时间比较多。

1.4.1 超平面

首先明确一下超平面的概念。在数学中,超平面是一个纯粹的代数概念,它是这样定义的:超平面 H 是从 n 维空间到 $n-1$ 维空间的一个映射子空间,它有一个 n 维向量和一个实数定义。它可以把线性空间分割成不相交的两部分。比如,一维空间中,一个点可以把一条线划分成两个部分;二维空间中,一条直线是一维的,它可以把平面分割成两个部分;三维空间中,一个平面是二维的,它可以把一个三维空间分割成两个部分。超平面可以看作是二维空间中的一维空间和三维空间中的二维空间的推广,其本质是自由度比空间的维度小 1。式(1-3a)和式(1-3b)分别给出了在二维空间中一维空间的方程(即直线的方程)和三维空间中二维空间的方程(即平面的方程)。

$$Ax+By+C=0 \tag{1-3a}$$
$$Ax+By+Cz+D=0 \tag{1-3b}$$

简而言之,自由度可以理解为至少要给定多少个分量的值才能确定为一个点。比如在式(1-3a)中给定 x 的值,就可以知道 y 的值,所以是一维的;式(1-3b)中给定 x、y 的值,就可以知道 z 的值,所以是二维的。

因此,推广来看,n 维空间中的超平面的公式可以表达为:

$$w_1x_1+w_2x_2+\cdots+w_nx_n+b=0 \tag{1-4}$$

式(1-4)可以写作:

$$\boldsymbol{\omega}^{\mathrm{T}}\boldsymbol{x}+\boldsymbol{b}=0 \tag{1-5}$$

由此可以得到 n 维空间的超平面方程。由高数中平面方程的知识可以反推得到 $\boldsymbol{\omega}$ 是平面的法向量,b 是平面的位移量,表示该超平面在原点的基础上平移的距离。

利用支持向量机 SVM 进行分类的核心思想是:对于一个模型,在它的训练阶段,有两个属于不同类别的训练数据,根据训练数据的不同类别求解最优分类的超平面。这时,两个训练样本都是支持向量,支持向量是决定决策边界的数据。我们重新加入一个新的训练样本,判断该样本是否被正确归类。如果正确,则超平面选择正确,如果没有被正确归类,则超平面选择错误,需要重新进行超平面的选择。

因此,我们的首要问题是解决最优超平面的问题。对于一组训练数据,能够将不同类别的数据分开来的超平面可以有很多种选择,我们应该找的最优超平面应该是其产生的分类结果是最鲁棒的,鲁棒性是指控制系统在其特性或者参数发生摄动时,仍可以使它的性能保持稳定不变的特性,也就是对噪声数据的容忍度最好,在模型中对未知数据的泛化能力也最好。

对于一组训练数据集 (x_i, y_i),超平面方程为:

$$\boldsymbol{\omega}^{\mathrm{T}}\boldsymbol{x}+\boldsymbol{b}=0 \tag{1-6}$$

其中,$\boldsymbol{\omega}$ 是该超平面的法向分量,代表了超平面的方向,b 是位移项,决定了超平面与原点之间的距离。对于样本空间上的任意一点,它与超平面的距离为:

$$r=\frac{|\boldsymbol{\omega}^{\mathrm{T}}\boldsymbol{x}+\boldsymbol{b}|}{\|\boldsymbol{\omega}\|} \tag{1-7}$$

对应于不同的样本类别,假设该超平面能够将样本正确分类,那么它满足:

$$\boldsymbol{\omega}^{\mathrm{T}}x_i+\boldsymbol{b}\leqslant0, \quad y_i=-1 \tag{1-8}$$
$$\boldsymbol{\omega}^{\mathrm{T}}x_i+\boldsymbol{b}\geqslant0, \quad y_i=+1 \tag{1-9}$$

等式成立的条件是点是距离超平面最近的点。由超平面决定的分类间隔为:

$$\gamma=\frac{2}{\|\boldsymbol{\omega}\|} \tag{1-10}$$

为了找到最大距离间隔 $\dfrac{2}{\|\boldsymbol{\omega}\|}$,需要找到满足约束条件的 $\boldsymbol{\omega}$ 和 b ,使得距离 γ 最大,即:

$$\max_{\boldsymbol{\omega},b}\frac{2}{\|\boldsymbol{\omega}\|} \tag{1-11}$$

$$\text{s. t. } y_i(\boldsymbol{\omega}^{\mathrm{T}}x_i+b)\geqslant 0,\quad i=1,2,\cdots,m.$$

显然,为了最大化间隔,仅需最大化 $\|\boldsymbol{\omega}\|^{-1}$,这等价于最小化 $\|\boldsymbol{\omega}\|^2$,于是有:

$$\min_{\boldsymbol{\omega},b}\frac{1}{2}\|\boldsymbol{\omega}\|^2 \tag{1-12}$$

$$\text{s. t. } y_i(\boldsymbol{\omega}^{\mathrm{T}}x_i+b)\geqslant 0,\quad i=1,2,\cdots,m.$$

这就是支持向量机的基本型。通过对 $\boldsymbol{\omega}$ 和 b 的求解,最终可以得到超平面对应的模型。具体的过程可以参考周志华编写的《机器学习》一书,不在这里赘述。

支持向量机有一个重要的性质,在训练完成后,大部分的训练样本都不需要保留,最终的模型仅与支持向量有关。

1.4.2 核函数

在之前讨论超平面时,数据是线性可分的,使用的数据集能够在该维度中找到一个函数拟合它的分布,就是能够找到一个超平面,来正确划分我们的训练数据集。

但是对于非线性问题(在原本的空间中,找不到一个能够将用到的数据正确分类的超平面的问题),需要对样本数据进行非线性映射,使得在高维度的空间中非线性不可分问题转变为线性可分问题。如果在二维空间中,对于一组训练样本,不能够找到最优的一条直线将样本正确归类,那么我们需要变换样本空间,将在二维平面中的函数不能拟合的问题,转换到三维空间甚至最高维的空间中寻找超平面,寻找出的最优超平面可以将大部分的数据准确分类。一般而言,对于一个维数有限的非线性样本数据,它一定能够在高维度的空间中变得线性可分。

怎样找到这个最优的超平面,以及怎样把非线性不可分的问题转变为线性可分的问题是接下来要说明的问题。在这里,非线性变换就是我们要提出的核函数。

令 $\boldsymbol{\phi}(x)$ 表示将原始数据映射到其他维度空间之后的特征向量,则在高维特征空间中划分超平面的方程为:

$$f(x)=\boldsymbol{\omega}^{\mathrm{T}}\boldsymbol{\phi}(x)+b \tag{1-13}$$

同样有:

$$\boldsymbol{\omega}^{\mathrm{T}}\boldsymbol{\phi}(x)+b\leqslant 0,\quad y_i=-1 \tag{1-14}$$

$$\boldsymbol{\omega}^{\mathrm{T}}\boldsymbol{\phi}(x)+b\geqslant 0,\quad y_i=+1$$

通过对式(1-12)得到其对偶问题,可以得到:

$$\max \sum_{i=1}^{m} \alpha_i - \frac{1}{2} \sum_{i=1}^{m} \sum_{j=1}^{m} \alpha_i \alpha_j y_i y_j \boldsymbol{\phi}(x_i)^{\mathrm{T}} \boldsymbol{\phi}(x_j)$$

$$\sum_{i=1}^{m} \alpha_i y_i = 0 \tag{1-15}$$

$$\alpha_i \geqslant 0$$

为了降低 $\boldsymbol{\phi}(x_i)^{\mathrm{T}} \boldsymbol{\phi}(x_j)$ 的计算复杂度,可以令函数:

$$k(x_i, x_j) = \boldsymbol{\phi}(x_i)^{\mathrm{T}} \boldsymbol{\phi}(x_j) \tag{1-16}$$

求解 $f(x)$ 得:

$$f(x) = \sum_{i=1}^{m} \alpha_i y_i k(x_i, x_j) + b \tag{1-17}$$

$k(x_i, x_j)$ 就是核函数,表明了模型选择的最优超平面可以通过样本的核函数展开,并且,如果知道映射 $\boldsymbol{\phi}(x)$ 的具体形式,就可以知道核函数。反推过来,对于一个半正定矩阵来说,总可以找到一个与之对应的映射。

由于在日常的应用中,映射的选择是未知的,因此,选择哪种核函数是影响 SVM 模型性能最重要的因素。

SVM 支持向量机的常用核函数有以下四类。

(1) 线性核函数

$$k(x_i, x_j) = \boldsymbol{x}_i^{\mathrm{T}} \boldsymbol{x}_j \tag{1-18}$$

(2) 多项式核函数

$$k(x_i, x_j) = (\boldsymbol{x}_i^{\mathrm{T}} \boldsymbol{x}_j)^d \tag{1-19}$$

其中,d 是多项式的次数。

(3) 高斯核函数

$$k(x_i, x_j) = \exp\left(-\frac{\| \boldsymbol{x}_i - \boldsymbol{x}_j \|^2}{2\sigma^2}\right) \tag{1-20}$$

(4) Sigmoid 核函数

$$k(x_i, x_j) = \tanh(\beta \boldsymbol{x}_i^{\mathrm{T}} \boldsymbol{x}_j + \theta) \tag{1-21}$$

线性核函数主要用于线性可分的情况,能够较好地分类线性可分的情况,在实际的应用中,如果不确定所使用的数据是否线性可分,可以首先采取线性核函数训练模型,如果分类情况理想,那么线性可分,如果不理想,那么采取其他的核函数。

多项式核函数可以把低维的输入空间映射到高维的特征空间,但是当多项式的阶数比较多时,会使运算的复杂度大幅度提升。

高斯核函数是目前使用范围最广的核函数,它的局部性强,能够将低维的数据映射到更高维的空间中,参数少于多项式核函数,无论样本数据量大还是小,都能够表现出良好的分类性能。在参数的选取上,如果 σ 选取得很大,在实际上会近似于一个低维的子空间;如果 σ 选取得很小,则可以在理论上将任意数据映射为线性可分的数据,但是可能会带来过拟合的问题。

Sigmoid 函数使得支持向量机实现了多层神经网络的功能。在核函数的选取上，一般有以下几条方法：如果特征的数量大到和样本数量差不多，则选择线性核函数；如果特征的数量少，样本的数量正常，则优先选择高斯核函数；如果特征的数量少，而样本的数量很大，则需要手动添加一些特征到第一种情况。除此之外，还可以选择通过经验预判和交叉验证来选择核函数。

1.4.3　多分类问题的支持向量机的应用

在实际的应用中，不可能永远只处理二分类问题，多分类问题也需要处理。支持向量机是二分类算法，为了用支持向量机来解决多分类问题，需要将 SVM 进行改造。除直接对目标函数进行修改，把多个分类面的参数求解合并到一个最优化问题以外，还有两种常用的改造办法：一对多和一对一。

一对多的方法也可以称为一对其余的方法。该方法的主要思想是：对于一个可以被分成 M 个类别的数据，构造 M 个支持向量机的分类器。比如，有一组包含 10 个类别的数据，第一次生成支持向量机分类器，将类别为 1 的数据定义为正类，其余 2～10 个类别定义为负类；第二次生成支持向量机分类器时，将类别为 2 的数据定义为正类，其余 1,3～10 类别定义为负类，依此类推，直到生成 10 个支持向量机的分类器。在新的数据输入需要进行分类时，依 0 次询问这 10 个分类器，直到找到自己所属的分类为止。这个方法的好处是分类速度很快，但是也会有不可避免的问题：分类重叠现象以及不可分类现象。分类重叠现象的问题没有不可分严重，在某些情况下，将分类重叠的数据随意分给哪个类别都不会太离谱，但是不可分类问题就稍微棘手一点，在哪个分类器都不承认是自己的类别的状况下，该数据的归属就成了一个问题，只能把它分在第 11 类，会人为地造成数据集偏斜问题。

一对一的方法与一对其余的方法相比，更加复杂。首先构造出一些分类器，假设此时有一个待分类的数据进入第一个分类器，该分类器判断此数据属于第一类还是第十类，如果属于第十类，则进入下一个分类器，该分类器判断输入的数据是第二类还是第十类，依此类推，最后得到分类结果。这样分类的好处是分类速度快，而且没有一对其余方法的分类重叠现象以及不可分类现象。但是，缺点也很明显，如果在一开始进入分类器分类的时候，就分类错误，后面的分类器不能够纠正这种错误。在这种分类方法下，需要构造 $M(M-1)/2$ 个分类器。

一对多的方法构建的分类器数量较少，分类速度相对较快，但是会出现类别不平衡问题以及当新的类别加进来时，需要将所有模型重新进行训练的问题。类别不平衡问题是分类任务中不同类别的训练样例数目差别很大的情况，当数据中正例的数目远远小于反例的数目时，训练精度往往会很高，这样的训练学习是没有意义的。一对一的方法不需要重新训练模型，并且在训练单个模型时，速度相对较快，但是时间冗余度较高，总的训练时间与测试时间会较长。

1.5　k 近邻算法

1.5.1　分类原理

k 近邻算法是在 1968 年由 Cover 和 Hart 提出的,它是一种惰性算法,k 近邻算法是机器学习中最容易入门的一个算法,作为最基本的分类方法在分类问题中得到了广泛的应用。它是著名的模式识别统计学方法,在理论上比较成熟。k 近邻算法既是最简单的机器学习算法,也是基于实例的学习方法中最基本最好的文本分类算法之一。

k 近邻算法主要有以下几个优点:理论成熟,思想简单,既可以用来做分类也可以用来做回归;可以用于线性分类;训练时间的复杂度为 0,比 SVM 低;与朴素贝叶斯算法相比,不需要假设数据,准确度高,对异常点不敏感;对于有重叠较多的数据来说,k 近邻算法比其他算法更为适合,因为它是根据周围临近的 k 个点来判断所属的类别,不需要构造判决域。

同样,k 近邻算法也有一定的缺点:在特征数很多时,计算量非常大;在样本不平衡时,对稀有类别判断的准确率低。

k 近邻算法的基本做法是,对于一个测试数据,以某种距离度量的方式找出训练集中与该测试数据中最靠近的 k 个点,然后根据这 k 个点的分类信息预测出该测试数据的分类情况。其基本思想是"近朱者赤,近墨者黑"。

k 近邻算法有三个要素:距离度量、k 值的选择和分类决策的规则。距离度量有两类:曼哈顿距离和欧氏距离。在构建模型时,通过距离度量可以计算测试数据与训练集中每个点的距离,再根据预先设定好的 k 值,选择训练集中与测试数据最近的 k 个点,判断 k 个点的分类情况,依据不同的投票原则,对测试数据进行分类。

在特征空间中,两个点之间的距离可以定义为:

$$d = \left(\sum_{l=1}^{n} \mid x_i^{(l)} - x_j^{(l)} \mid^p \right)^{\frac{1}{p}} \tag{1-22}$$

在 $p=1$ 时为曼哈顿距离,$p=2$ 时为欧氏距离。欧氏距离在二维空间中表示的是两个点之间的距离计算公式,曼哈顿距离是将向量投影到坐标轴后的坐标的绝对值之和。欧氏距离适用于向量各分量的度量标准统一的情况,曼哈顿距离只能计算水平或垂直的距离,有维度的限制,欧氏距离没有维度的限制,在实际应用中,可以根据实际情况选择合适的距离度量方式。

而影响 k 近邻算法的一个最重要的因素就是 k 值的选择,k 值的选择对分类结果的准确度有很大的影响。k 值过小,模型的泛化能力就会很差,容易造成过拟合的情况;k 值过大,模型会变得简单,学习效果就会下降。因此,在实际应用中,需要通过交叉验证来选择一个合适的 k 值来训练模型。

在学习模型和预测数据的过程中,有3种方式来寻找附近的点的标签值,分别是蛮力实现、Sklearn库中内置的算法KD树和球树。暴力搜索是通过距离公式来找到最近的k个点。接下来,详细讲解一下KD树和球树的实现方式。

1.5.2 KD树

k近邻算法有3种实现方式:蛮力实现、KD树实现和球树实现。

蛮力实现方式是计算测试数据和所有训练集中数据的距离,然后选取其中最小的k个距离,进行多数表决之后做出预测。这种方法适用于数据样本量小的情况。但是在有一千个甚至一万个以上的特征的样本中,算法实现的时间冗余度较高,会耗费大量时间,同时消耗系统的性能。

KD树的实现过程是先建树,后搜索;也可以看作输入数据集,输出一棵KD树。

举个例子,一组衡量人的健康状况的数据包含了身高、体重、血压、血脂等特征,选取身高和体重作为划分的主要特征。构建KD树的步骤如下:

(1)分别计算身高和体重的方差,选取方差最小的数据作为KD树的根节点。此处假设为身高。

(2)求得身高的中位数,以此中位数为划分点,将身高数据分成两半。得到集合1和集合2。

(3)求得体重的中位数,以此中位数为划分点,再次划分集合1和集合2,得到集合3和集合4。

(4)重复执行这样的操作,直到生成一棵完整的KD树。

对于一个测试数据$[x,y]$,在使用k近邻分类时,为了寻找最近的k个点,依然以建树过程中的例子来说明:首先在建好的KD树中,从根节点出发,向下走到节点a。如果x的值小于a的值,则向左移动搜索,到达节点b1;如果大于节点a的值,则向右移动搜索,到达节点b2。继续将x与b点对比,这样一直比对,直到最后的节点为叶子节点为止。该叶子节点C中就包含$[x,y]$。将C作为当前的最近点,然后向上退回,在每个节点都执行下面的操作:

如果该节点保存的实例点比当前点距离目标点更近,则以该实例点为"当前最近点"。

当最近点一定存在一个子节点对应的区域,价差子节点的父节点的另一个子节点对应的区域是否有更近的点。如果有,则移动到另一个子节点;如果没有,则向上退回。

退回到根节点时,搜索结束。

KD树划分之后,可以减少无意义的目标搜索,减少时间开支,能够提高系统的效率。

1.5.3 球树

KD 树划分的区域近似方形,在处理不均匀分布的数据时的效率不高,球树因此被提出,它作为每个分割块都是超球体的数据索引模型,能够优化由超矩形导致的搜索效率不高的问题。

球树的建立过程如下:

先构建一个包含所有样本数据的最小球体。

从该球体中选择一个距离球心最远的点 a,然后再选择距该点最远的点 b。

将样本中所有的点根据与 a 和 b 的距离远近,分配到距离自己最近的点上,这样就得到了两个子超球体。

进行递归,最后得到了球树。

KD 树与球树类似,最主要的区别是一个得到超球体,另一个得到超矩形。

球树搜索最近邻的方法也和 KD 树不同,球树使用的判断方法是两边之和是否大于第三边,而 KD 树的搜索方法是两点之间的距离。球树的判断更为复杂。

球树的搜索过程如下:

首先自上而下贯穿整棵树找到包含目标的叶子节点。

在该叶子中找到与目标最近的点,确定目标点距离它最邻点的上限值。

检查兄弟节点,判断目标点到兄弟节点中心的距离是否超过兄弟节点的半径与该上限值的和,如果超过,则不用继续检查兄弟节点以下的子树;否则,需要进一步检查兄弟节点之下的字数。

向父节点回溯,继续搜索。回溯到根节点时,就能够得到最终的搜索结果。

一般在维数增加时,KD 树的效率也会随之下降,而球树多用于高维度的情况。由于球树在建树过程中形成的是超球体,而 KD 树在建树过程中形成的是超矩形,因此,利用球树可以避免无谓搜索。

在实际应用中,我们不需要去考虑以上两种建树方式到底是怎么工作的,因此,只需要对上述建树过程有一个大概的了解。在需要使用 k 近邻算法时,只要在库中调用 k 近邻算法,选择合适的参数,就能完成整个模型的创建。

1.6 决策树算法

最早的决策树算法是由 Hunt 在 1966 年提出的,后来经过演进,在 20 世纪 70 年代后期和 80 年代初期,由 J. Ross Quinlan 提出 ID3 算法,后来又提出 C4.5 算法。几乎在 ID3 算法被提出的同一时间,1984 年,几位统计学家又提出了 CART 算法。ID3、C4.5 以及 CART 算法成为决策树算法的代表算法。决策树模型通常可以用于分类问题。

ID3 算法的核心是选择信息增益作为选择标准,帮助判断选择每个节点的最优属性。C4.5 算法是在 ID3 算法基础上的改进,使用了信息率来判断节点的属性。它不仅可以处理离散值,还可以处理连续值。CART 算法通过构建、修建和评估来构建一棵二叉树,在叶子节点是连续变量时,构建的树为回归树,叶子节点为离散变量时,构建的树为分类树。

1.6.1 基本流程

决策树算法是基于树的模型来构建的,与人在面临选择决策问题时的处理方式几乎相同。

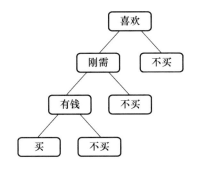

图 1-1 购买东西的一棵决策树

如图 1-1 所示,在思考是否要买某个物品时,人们通常会先考虑这个东西我是否喜欢,如果不喜欢,则不买;如果喜欢,则进入下一个节点,考虑是否刚需。如果不是刚需,则不买;否则,进入下一个节点,考虑是否有钱。如果有钱,则进入最后一个节点——买;否则,不买。这就是一个决策的过程,这个过程可以具象为一棵决策树。

决策树一般包含一个根节点、若干个内部节点和若干个叶子节点。决策树的节点包含着数据中的信息,叶子节点对应着决策的最终结果,内部节点判断样本被划分到哪个子节点,根节点包含着样本全集。决策树明确地表示了做出决策的过程。我们在分析数据时,首先要分析数据的特征变量。而判断决策树,就是从树的根节点开始,根据不同的判断,产生出新的子节点,直到长出叶子节点为止,叶子节点就是我们最后判断的结果。

决策树的优点有:易于理解,过程可以可视化,计算量较小。决策树的缺点是容易产生过拟合现象。

决策树构建的关键在于节点的选择,就是从众多的属性特征中选择出最优的划分属性,在建树的过程中,希望达到的目标是随着划分过程的不断进行,节点的纯度越来越高,即决策树的分支节点尽可能地属于同一类别,在决策时分类的错误率最小。信息熵与纯度是度量节点选择是否最优的两个重要指标。信息熵的定义如下:

$$\text{Ent}(D) = -\sum_{k=1}^{|y|} p_k \log_2 p_k \qquad (1\text{-}23)$$

其中，p_k 是样本中第 k 类样本占总样本的比例。$\text{Ent}(D)$ 的值越小，则样本 D 的纯度越高。信息熵指的是所有可能发生事件带来的信息量的期望。条件熵是在已确定划分特征 A 的情况下，集合 D 的信息熵。例如：

$$\text{Ent}(D \mid A) = -\sum_{a \in A} \sum_{d \in D} p(a,d) \log_2 p(d \mid a) \qquad (1\text{-}24)$$

划分节点有三种选择：信息增益、增益率和基尼指数。

信息增益的定义如下：

$$\text{Gain}(D,A) = \text{Ent}(D) - \text{Ent}(D \mid A)$$

一般而言，信息增益越大，使用特征 A 来划分所得的纯度越大。具体的计算可以参考周志华的《机器学习》一书。

信息增益会对可取值数目较多的特征偏重较大，信息率可以减少这种偏重带来的不利影响。CART 决策树使用基尼指数来选择划分的特征，基尼指数反映了从数据集中随意抽取两个样本，其类别标记不一致的概率。所以，基尼指数越小，数据集的纯度越高。

1.6.2　剪枝

之前说过，决策树模型的缺点是为了正确地训练样本，划分节点时会造成分支较多，可能会造成模型的过拟合，导致泛化能力较差。为了避免过拟合现象的发生，需要对决策树进行剪枝处理。

剪枝可以分为预剪枝和后剪枝。预剪枝是在划分节点之前对泛化性能进行估计，如果泛化性能不会因为划分节点而提升，那么就停止划分；如果泛化性能可以因为划分该节点而提升，那么划分该节点。后剪枝是指先生成一棵决策树，然后自底向上地量化泛化性能能不能因为去掉了内部节点而得到提升再决定是否去掉该节点。

预剪枝不仅能够降低过拟合的风险，还能够减少决策树的训练时间和测试时间，但是由于预剪枝预防了某些分支的展开，可能会导致决策树的欠拟合。而后剪枝能够保留更多的分支，性能等方面都优于预剪枝的性能，欠拟合的风险比较小，但是需要耗费的时间会大于预剪枝的时间。

1.7　随机森林

可以从决策树的生成中知道，决策树做分类容易出现过拟合的问题，导致分类器的泛化能力过弱。除调整决策树的剪枝参数外，还可以采用随机森林的方式。

随机森林的思想为集成学习的思想，把多棵决策树集成在一起。随机森林是将同样生成决策树的样本随机抽样，随机选取 n 个样本和特征，然后构建多棵决策树，多棵决策树组成随机森林。

决策树的分类是将数据输入一棵树中进行分类,随机森林则是将数据输入到森林中的每棵树中进行分类,根据每棵树的投票情况来决定最终的分类结果。

随机森林可以克服决策树的过拟合问题,提高模型在测试集上的准确率,能够处理非线性数据,并且训练速度较快。但是在噪声比较大的数据集中,容易过拟合。除此之外,它还可以处理高维度的数据以及连续和不连续的数据。

下面介绍集成学习。

集成学习通过构建并且结合多个学习器来完成学习任务。集成学习的一般结构:先产生一组单个的学习机,再利用某种策略将这些学习机连接起来。集成学习有同质和异质两大类型:同质指的是集成的所有学习器属于同一种类型,比如将多个决策树集成,将多个神经网络集成等,同质集成的个体学习器亦称为"基学习器";异质指的是集成的学习器不是同一种类型,包含的学习器可以有多种类型,比如可以同时集成决策树和神经网络等。

目前的集成学习方法大致可分为两大类:单个学习器之间存在很强的依赖关系,必须串行生成的策略;单个学习器之间不存在强依赖关系,可以同时生成的并行策略。它们的代表算法是 Boosting、Bagging 和 Random Forest。

Boosting 是先给定一个初始权重,用该权重来对训练集进行训练,训练出的学习器称为弱学习器(或者是基学习器),根据弱学习器的误差来调整初始权重,再利用调整后的权重训练第二个弱学习器,重复进行此步骤,直到弱学习器的数量达到要求为止。Boosting 的典型算法有 AdaBoost 和 Boosting Tree。

Bagging 是从给定的包含 m 个样本的数据集中随机采样,每次采样的样本依然放回,在下次采样时仍然有可能会被取出,经过 m 次采样,得到一个新的包含 m 个样本的新采样集。重复以上步骤,最终获得 n 个包含 m 个样本的数据集,利用这些数据集训练出 n 个学习器,然后将训练出的学习器结合在一起,就是 Bagging 的基本流程。

将基学习器连接起来的方法有三种:平均法、投票法和学习法。平均法又可以分为简单平均和加权平均,在基学习器性能差异较小时可以采用简单平均,差异较大时可以采用加权平均。投票法是最常见的连接方法,同样地,也可以分为三种:绝对多数投票法、相对多数投票法和加权投票法。通过另一个学习器来结合的策略称为学习法。

1.8 逻辑回归

逻辑回归是广义上的线性回归,与线性回归模型的形式基本相同,逻辑回归的输出一般是离散的,而线性回归的输入和输出都可以是连续的。逻辑回归主要用于对样本的分类。

逻辑回归有许多的优点:能够直接对分类的可能性进行建模,不需要实现假设数据的分布,能够避免假设分布不准确带来的问题;不仅能够预测出类别,还可以得到近似的概率。

1.8.1 线性回归

线性模型能够通过学得一个近似函数来模拟输入与输出的关系,即:

$$f(x)=\omega_1 x_1+\omega_2 x_2+\cdots+\omega_n x_n+b \tag{1-25a}$$

$$f(x)=\boldsymbol{\omega}^{\mathrm{T}}\boldsymbol{x}+\boldsymbol{b} \tag{1-25b}$$

式(1-25b)是用向量来表示的关系式,当学的 $\boldsymbol{\omega}$ 和 $\boldsymbol{b}$ 之后,就能够确定一个线性模型。对应于数据集 X 和特征集 A,试图找到一个关系式:

$$f(x_i)=\boldsymbol{\omega}^{\mathrm{T}}x_i+b, \quad x_i\in X \tag{1-26}$$
$$\mathrm{s.\,t.}\ f(x_i)\approx a_i, \quad a_i\in A$$

可以利用最小二乘法对 $\boldsymbol{\omega}$ 和 $\boldsymbol{b}$ 进行估计,最终得到的模型可以用来对输入预测出一个具体的值。由于预测需要输入的值是连续的,因此我们称之为线性回归。

1.8.2 逻辑回归

利用线性回归预测输入的值是连续的,当处理分类问题时,输入的值是离散的,需要用到逻辑回归。从上文已经得知,线性回归的式子是直接把 $\boldsymbol{x}$ 作为因变量,通过运算计算出 $\boldsymbol{\omega}$ 与 $\boldsymbol{b}$,从而得到自变量与因变量之间的关系。而在逻辑回归中,给自变量 $\boldsymbol{\omega}^{\mathrm{T}}x_i+b$ 增加了一个函数关系,使得最终的输出与输入满足如下关系式:

$$f(x_i)=S(\boldsymbol{\omega}^{\mathrm{T}}x_i+\boldsymbol{b}), \quad x_i\in X \tag{1-27}$$
$$\mathrm{s.\,t.}\ f(x_i)\approx a_i, \quad a_i\in A$$

其中,S 指代的是函数关系。在二分类任务中,由于输出只有两种可能性,因此可以采用 Sigmoid 函数(在多分类任务中,采用 Softmax 函数),使得输出与输入满足如下关系式:

$$f(x_i)=\frac{1}{1+\mathrm{e}^{-(\boldsymbol{\omega}^{\mathrm{T}}x_i+\boldsymbol{b})}}, \quad x_i\in X \tag{1-28}$$

满足式(1-28)的模型称为逻辑回归模型。逻辑回归算法可以用于数据挖掘、疾病自动诊断、经济预测等领域。

1.9 朴素贝叶斯

首先来说明一下贝叶斯决策论,贝叶斯决策论是概率框架下实施决策的方法,能够利用概率进行决策。下面以多分类任务来详细讲解如何用概率进行分类。

假设有 n 种特征,即 $A=\{a_1,a_2,\cdots,a_n\}$,λ_{ij} 表示将真实标记为 a_i 的样本错误分在

a_j 的损失，$P(a_i|x)$ 是后验概率，是将样本 x 分为 a_i 的概率，$R(a_i|x)$ 表示在样本上产生的条件风险：

$$R(a_i \mid x) = \sum_{j=1}^{n} \lambda_{ij} P(a_j \mid x) \tag{1-29}$$

对所有样本做统计平均，可以得到总体的条件风险：

$$R(h) = E_x [R(h(x) \mid x)] \tag{1-30}$$

这里的 h 就是我们想要得到的判决准则。想要使得总体风险最小化，只需要让每个样本的风险最小化，因此，问题就可以演变为找到一个判决准则 h，使得 $R(h(x)|x)$ 最小，也就是选择使得 $R(h(x)|x)$ 最小的类别。

所以判决准则 h 就是在每个样本上选择能够使得条件风险最小的类别：

$$h^*(x) = \operatorname*{argmin}_{c \in A} R(c|x) \tag{1-31}$$

这里的 h^* 就是贝叶斯最优分类器，$R(h^*)$ 就是贝叶斯风险。

因此，提出朴素贝叶斯分类器。

具体来说，当目标是最小化分类错误率 λ_{ij} 的取值可以为：

$$\lambda_{ij} = \begin{cases} 0, & i = j \\ 1, & i \neq j \end{cases} \tag{1-32}$$

此时的条件风险为：

$$R(a_i|x) = 1 - P(a_j|x) \tag{1-33}$$

因此，最优分类器可为：

$$h^*(x) = \operatorname*{argmax}_{c \in A} P(c|x) \tag{1-34}$$

对于所有的类别来说，$P(x)$ 相同，基于式(1-31)的贝叶斯判定准则有：

$$h_{nb}(x) = \operatorname*{argmax}_{c \in A} P(c) \prod_{i=1}^{d} P(x_i \mid c) \tag{1-35}$$

这就是朴素贝叶斯分类器的表达式。

朴素贝叶斯分类器的优点有：分类性能比较稳定；能够处理多分类问题，对小规模数据表现比较良好；对缺失数据不太敏感，算法比较简单。

朴素贝叶斯分类器的缺点有：与其他分类器相比精度不高；对输入数据比较敏感；需要知道先验概率。

1.10　聚 类 算 法

聚类算法是无监督学习算法中最典型的代表算法，它被广泛应用和频繁研究。在无监督学习中，训练样本没有标记，需要通过学习来找到数据的内在联系。聚类算法能够把具有相似性的样本归类在一个簇中，常见的聚类算法有 k-means 算法、均值漂移算法、基于密度的聚类算法 DBSCAN、BIRCH 算法、Meanshift 算法等。

聚类算法又可以分为原型聚类、密度聚类和层次聚类。原型聚类是聚类结构能够通过一组原型进行刻画,代表算法有 k-means 算法、学习向量量化算法和高斯混合聚类算法;密度聚类是指聚类的结构能够通过样本分布的紧密程度进行确定,代表算法有 DBSCAN 算法;层次聚类则试图在不同的层次对数据集进行划分,代表算法有 AGNES 算法。

聚类算法有两个基本的问题:度量性能和距离的计算。在监督学习中,度量性能通过误差、泛化误差、P-R 曲线、ROC 曲线来度量模型的性能,在非监督学习中,通过外部指标和内部指标来度量学习器的性能。外部指标是指将聚类后的结果与某个参考模型进行比较,内部指标是指直接度量聚类的结果。度量性能的外部指标参数有 Jaccard 系数、FM 指数、Rand 指数,这三个参数的值越大越好;度量性能的内部指标参数有 DB 指数、DI 指数,DB 指数越小越好,DI 指数越大越好。

而在给定的样本之间衡量距离的参数,最常用的是闵可夫斯基距离:

$$\text{dist}_{mk}(x_i, x_j) = \left(\sum_{u=1}^{n} |x_{iu} - x_{ju}|^p \right)^{\frac{1}{p}} \tag{1-36}$$

当 $p=2$ 时,闵可夫斯基距离即欧氏距离:

$$\text{dist}_{ed}(x_i, x_j) = \sqrt{\sum_{u=1}^{n} |x_{iu} - x_{ju}|^2} \tag{1-37}$$

当 $p=1$ 时,闵可夫斯基距离即曼哈顿距离:

$$\text{dist}_{man}(x_i, x_j) = \sum_{u=1}^{n} |x_{iu} - x_{ju}| \tag{1-38}$$

而当空间中不同属性的重要性不同时,则可以采用加权距离。

以 k-means 算法为例,解释一下聚类算法执行的一般步骤。

k-means 算法是原型聚类的算法之一,它的执行步骤如下:

① 选择合适的 k 值,利用交叉验证法或者经验法进行选择;
② 随机选取 k 个点,作为初始的质心,即每个簇的聚类中心;
③ 计算其余点与该 k 个点的距离,将其划分到离它最近的簇中;
④ 对 k 个簇重新计算每个簇的质心,并将该质心作为新的质心;
⑤ 重复执行步骤③和步骤④,直到质心稳定。

从 k-means 算法执行的步骤中可以看出,与 k 近邻算法一样,k 值的选择依然对学习器的性能至关重要,因此选择合适的 k 值,可以提高系统的性能,而 k 值的选择,需要一定的先验知识。

当数据中存在异常点或者噪声比较大时,会影响到质心的寻找,造成分类结果的偏移,这是 k-means 算法的一个缺点。而 k-means 算法作为聚类算法中的典型算法,其算法实现简单,并且具有可伸缩性和高效性,因此作为聚类算法,使用最为广泛。

1.11 神经网络

在 1988 年,Kohonen 正式提出了神经网络的概念:神经网络是由具有适应性的简单单元组成的广泛并行互连的网络,它的组织能够模拟生物神经系统对真实世界物体所做出的交互反应。

神经网络是机器学习的一个重要的算法。神经网络的基础是神经元,最早的神经元是由心理学家沃伦·麦卡洛克和数理逻辑学家沃尔特·皮茨在 1943 年提出的,神经元的提出奠定了神经网络的发展。人脑中的神经元一部分是生来就有的,另一部分是通过不断学习而产生的,与人脑中的神经元不同,神经网络中的神经元是人为设置的,不会自我分裂产生新的神经元。

最早的神经网络是1956 年弗兰克·罗森布拉特提出的感知器模型,它通过加减法实现了两层的网络,神经网络的研究也首次从理论走向了现实。1975 年诞生的应用在神经网络中的反向传播算法,解决了感知器模型的缺陷,使得多层神经网络得以实现,使得神经网络能够进行复杂的运算(比如抑或问题)。

之前提过,神经元是神经网络中最基础的模型,在人脑中的神经网络中,神经元之间互连,每个神经元的主要成分包括树突、细胞体、突触和轴突,总体而言可以分为胞体、树突和轴突三个部分。

信号在生物神经元中是以化学物质的形式进行传导的。信号在突触的接收端被送入胞体,在胞体中进行综合,判断出当前的信息具体起的什么作用,是刺激作用还是抑制作用,从而改变神经元胞体中的电位,当胞体受到的刺激达到阈值,胞体会被激发,会沿着轴突通过树突向其他的神经元发出信号。因此,神经元的输出不为1,就为0。当超过阈值时,神经元被激活,神经元对外发送化学物质;当未达到阈值时,神经元不对外发送化学物质。

对于同一条信息,突触不同,不同的神经元会产生不同的反应,因此,具体做出的动作会由突触决定,突触的联结强度越大,接收到的信号就越强;反之,接收到的信号就越弱。

因此,从生物神经元中获得启发得到了神经元的模型。单输入的神经元如图 1-2所示。

图 1-2 单输入的神经元模型

每个神经元都可以接收到来自其他神经元的信息,每个神经元通过加权(对应在生物神经元中就是突触的联结强度)得到的总的加权后的输入值,与神经元的阈值进行对比,决定该神经元的激活状态,然后通过激活函数得到神经元的输出。

在生物神经元中,电位是否超过阈值决定了神经元是否会向外发送化学物质,对应在神经网络模型中的神经元就是两个状态——0 状态与 1 状态。因此,激活函数的作用就是将输入映射到输出。激活函数需要具备三点性质:可导性;简单性;不以零为中心。常见的激活函数有以下几种:

sigmoid 函数:

$$f(x) = \frac{1}{1 + e^{-x}} \qquad (1-39)$$

是最早使用的激活函数,也是曾经使用最广的函数。sigmoid 函数具有简单、良好的非线性映射的优点。但是它也存在梯度消失的问题,也即:输入趋近于无穷时,梯度趋近于零;输入非常大时,输出为 1;输入非常小时,输出为 0。梯度消失会导致神经元处于饱和状态,在现在的神经网络结构中很少使用。

tanh 函数:

$$f(x) = \frac{1 - e^{-2x}}{1 + e^{-2x}} \qquad (1-40)$$

tanh 函数与 sigmoid 函数在图像上近似,tanh 函数的梯度大于 sigmoid 函数的梯度。但是 tanh 函数的性能比 sigmoid 函数的性能好,能够减小梯度消失导致的过饱和问题。

relu 函数:

$$f(x) = \begin{cases} x, & x \geq 0 \\ 0, & 其他 \end{cases} \qquad (1-41)$$

relu 函数是 sklearn 中使用最广的激活函数,也称为线性修正单元,该函数只需要一个阈值就可以得到激活值,不像 sigmoid 函数和 tanh 函数需要进行大量复杂的运算。

神经网络的训练的本质就是,在已知神经网络输出的结果以及输入值的情况下,求解连接的权值 w、神经元上的偏差值 b 以及选择合适的激活函数。

典型的神经元的结构如图 1-3 所示。

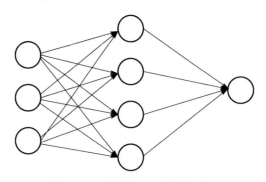

图 1-3　典型的神经元的结构模型

从图 1-3 中可以看出,典型的神经元的结构有三层:输入层、隐藏层和输出层。在接下来的几个小节中,我将详细介绍几种流行的神经网络的模型:前馈型神经网络、卷积神经网络和反馈型神经网络。

1.11.1　前馈型神经网络

前馈型神经网络中,每个神经元分别处于不同的层次结构,每一层的神经元都可以接收上一层神经元的输出信号,并能够向下一层神经元输出信号,完成信息的传递。各层之间没有反馈,传递信息的过程是单向的。

常见的前馈型神经网络有:感知器网络、BP 神经网络和 RBF 神经网络。感知器是最简单的前馈型神经网络,主要用于模式分类、学习控制和基于模式分类的多模态控制。BP 神经网络利用了权值的反向传播调整策略,它的激活函数基于 sigmoid 函数,可以实现任意的非线性的映射。RBF 径向基神经网络能够逼近任意的非线性函数,具有良好的泛化能力,能够用于非线性函数逼近、时序分析、分类问题、模式识别、信号处理、图像处理、系统建模、控制和故障诊断等方面。

1. 单层感知器网络

单层感知器网络是最简单的神经网络,单层感知器的结构如图 1-4 所示。

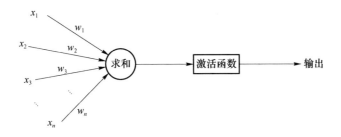

图 1-4　单层感知器模型

该图是一个 n 维输入的感知器神经网络模型,输入的 x 加入权重然后求和,通过激活函数,得到感知器的输出。单层感知器没有隐藏层。

2. BP 神经网络

BP(Back Propagation)神经网络、反向传播神经网络,也可以称为多层感知器,是目前应用最广泛的神经网络之一。它的优点是具有自学和自适应能力,泛化能力强,容错能力强。但是它也存在收敛速度慢和局部最小化的缺点。

相比于单层感知器,BP 神经网络增加了隐藏层,隐藏层使用的激活函数是 sigmoid 函数,在该神经网络的三层结构中,输入层和输出层的节点数目是已知的,隐藏层的节点数目是决定多层感知器性能的关键。通过经验公式可以决定隐藏层节点的数量:

$$h = \sqrt{m+n} + a \tag{1-42}$$

其中,h 是隐藏层节点的数量,m 是输入节点的数量,n 是输出节点的个数,a 是 $1\sim10$ 个常数之间的可调节的常数。

单层感知器的决策区域为一个超平面划分的两个区域;只有一个隐藏层的多层感知器的决策区域为一个开凸区域或者闭凸区域;含有多个隐藏层的多层感知器的决策区域可以为任意形状。

BP 神经网络的训练过程一般采用反向传播算法。反向传播算法包含正向传输和反向反馈。正向传输的过程从前往后逐层计算当前层的输出。训练网络之前会对权重和偏执进行初始化,然后开始传输,通过正向传输,最终会得到神经网络的输出值。

反向反馈则是根据输出值与理想值的误差,从神经网络的输出层,从后往前调整权值的过程。对权重的调整和更新归纳起来可以是求梯度和梯度下降,梯度表明了误差扩大的方向,所以按照需要对其进行取反,得到一个新的权值。

3. 径向基神经网络

径向基神经网络是以径向基函数为激活函数的神经网络,它的优点在于泛化能力强于 BP 神经网络,近似的模拟能力强于 BP 神经网络,分类能力强,学习速度快。径向基神经网络用于非线性函数的逼近、时间序列分析、数据分类及模式识别等方面。

最常用的径向基函数是高斯核函数:

$$k(\parallel x-x' \parallel) = \exp\left(-\frac{\parallel x-x' \parallel^2}{2\sigma^2}\right) \tag{1-43}$$

其中,$\parallel x-x \parallel^2$ 可以表示两个特征向量之间的平方欧几里得距离,σ 是一个自由参数,表示函数的宽度参数。高斯核函数也可以写作:

$$\varphi_i(x) = \exp\left(-\frac{\parallel x-c_i \parallel^2}{2\sigma^2}\right) \tag{1-44}$$

此外,还有如下两个常用的径向基函数:

① 多二次函数:

$$\varphi_i(x) = (\parallel x-c_i \parallel^2 + \sigma^2)^{-\frac{1}{2}} \tag{1-45}$$

② 递二次函数:

$$\varphi_i(x) = \parallel x-c_i \parallel^2 \log(\parallel x-c_i \parallel) \tag{1-46}$$

根据上述公式,可以得出结论:核函数的值随着距离的增加而减小,取值范围为 $(0,1)$。并且,训练径向基神经网络的重要参数有三个:中心点 c_i、宽度参数 σ 和隐藏层对输出层的权值。

中心的选择方式有三种:直接计算方式、自组织学习方式和有监督学习中的梯度下降法。

径向基神经网络与 BP 神经网络都属于前馈神经网络,它们存在如下差异:

① 逼近方式不同:BP 神经网络属于全局逼近,影响 BP 神经网络的参数牵一发而动全身。因此,全局逼近的训练速度较慢;径向基神经网络采用的是局部逼近的方式,只用修改局部的参数,因此训练速度较快。

② 激活函数不同:BP 神经网络采用的是 sigmoid 函数,径向基神经网络采用的是径向基函数。因此,BP 神经网络的隐藏层直接采用输入向量与权值的内积作为激活函数的输入变量,而径向基神经网络采用输入向量与中心向量的距离作为激活函数的输入变量。

③ 网络结构不同:BP 神经网络的输入层与隐藏层之间基于权值来进行连接,而径向基神经网络的输入层与隐藏层直接进行连接,隐藏层与输出层通过权值 进行连接。

④ 训练的算法不同:BP 神经网络通过反向传播算法来调整网络中的参数,径向基神经网络通过梯度下降来调整参数(在梯度的反方向上调整参数)。

4. 卷积神经网络

卷积神经网络(Convolutional Neural Networks)是传统神经网络的改进,它依旧是前馈型神经网络,是目前深度学习领域最具有代表性的网络之一。它能够直接对原始图像进行处理,能够广泛地应用在图像处理领域,包括图像特征提取分类、场景识别等方面。卷积神经网络有三个最基本的概念:局部感受野、共享权值以及池化。

局部感受野:在全连接的神经网络模型中,如果第 n 层有 u 个神经元,第 m 层有 v 个神经元,那么连接的边共有 $u \times v$ 个。在卷积层中,采用的是部分连接的形式,第 n 层的神经元都只与第 m 层的局部窗口中的部分神经元连接,减少了连接边的数量。

共享权值:神经元对应的权值相同。共享的权值和偏执称为卷积核或者滤波器。

池化:池化是对信息进行抽象的过程。

卷积神经网络的基本层级结构有四层:数据输入层、下采样层(包括卷积层和池化层)、全连接层和数据输出层。

其中,数据输入层主要实现的功能是对原始的图像数据进行预处理:去均值,归一化以及 PCA/白化。去均值指的是把输入数据各个维度都中心化为 0;归一化指的是把幅度归一化到同样的范围;白化指的是对数据各个特征轴上的幅度归一化;PCA 指的是用 PCA 进行降维。

卷积计算层包含多个卷积核,对输入的数据进行特征提取,执行局部关联以及窗口滑动。卷积层的参数包括卷积核大小、步长和填充。

卷积核的大小为小于图像尺寸的任意值,并且值越大,提取到的输入特征值越复杂;步长指的是卷积核每次扫描图像的距离,步长为 1 则依次扫描,步长为 n 则跳过 n

—1个像素;填充是在特征图通过卷积核之前人为地增大其尺寸以抵消计算中尺寸收缩影响的方法。

局部关联将每个有固定权重的神经元都看作是一个滤波器(也即卷积核),即图1-5中的虚线部分。

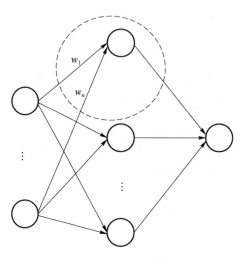

图1-5 卷积核

卷积核用矩阵表示,卷积核的作用是对特征进行提取。窗口滑动利用滤波器对局部数据进行计算。以对原始图像进行卷积运算为例,(图像可以抽象成矩阵),卷积计算层具体的实现形式如图1-6所示。

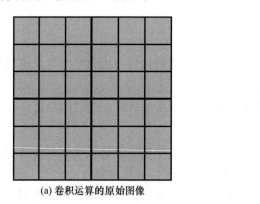

(a) 卷积运算的原始图像   (b) 卷积核

图1-6 卷积运算的原始图像和卷积核

图1-6(a)是输入的6×6图片矩阵,(b)是3×3卷积核也就是滤波器。在图片向量移动滤波器并执行卷积操作,最终形成一个4×4的矩阵,具体的移动过程如图1-7所示。

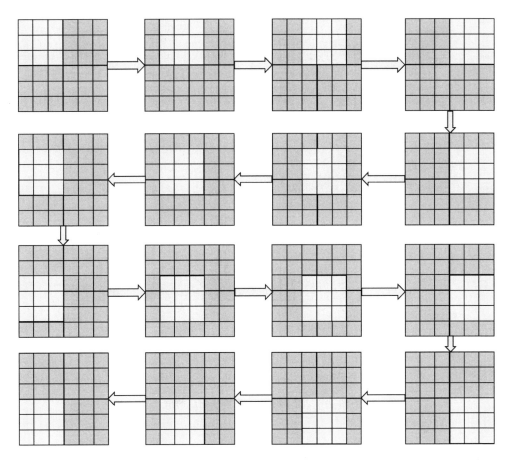

图 1-7　卷积层的工作过程

卷积层减少了神经元的连接，但是没有减少神经元的数量，并且容易过拟合。因此，在卷积层之后增加一个池化层，也即子采样层，用于降低特征的维度，减少计算量。输入在图像的情况下，池化层的主要作用就是压缩图像。池化层的工作过程如图 1-8 所示。

卷积神经网络从局部连接、权值共享、下采样等的方式解决了全连接神经网络中会遇到的问题，减少了训练过程的参数，加快了训练速度，提升了模型的鲁棒性。

1.11.2　反馈型神经网络

1986 年，Jordan 提出了传统的反馈神经网络，1990 年 Elman 针对语音问题提出了具有局部记忆和局部反馈连接的反馈神经网络。1997 年 Hochreiter 和 Schmidhuber 引入 LSTM（长短期记忆人工神经网络）之后，现在所有的基于循环都是在这个神经网络的基础上组成的。

反馈型神经网络的输入和输出之间具有反馈连接，因此反馈型神经网络具有联想记忆和优化计算的优点。反馈型神经网络的结构如图 1-9 所示。

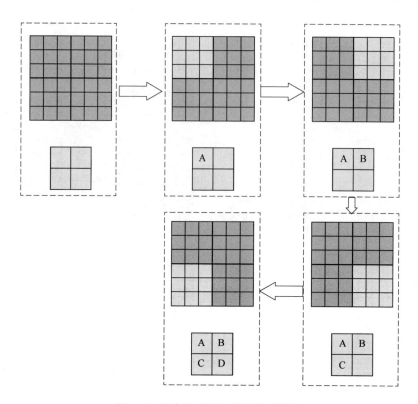

图 1-8　图中的 ABCD 为池化后的值

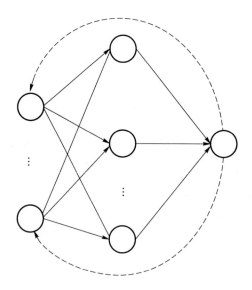

图 1-9　反馈型神经网络

它与前馈型神经网络的不同在于：

- 时间滞后性：前馈型神经网络在输入与输出之间没有反馈，不考虑输入与输出在时间上的滞后性；反馈型神经网络需要考虑输入与输出在时间上的延迟。

- 训练算法不同：前馈型神经网络采用反向传播、梯度下降的算法进行参数的调整，采用的是误差修正的方式；而反馈型神经网络采用的是赫布学习规则。

- 训练的终止条件：前馈型神经网络采用迭代次数到达规定值或者训练收敛的条件来终止训练；反馈型神经网络通过判断系统是否处于稳定状态判断是否终止训练。

典型的反馈型神经网络有：Hopfield 神经网络、海明神经网络、递归神经网络、双向联想存储器、Elman 神经网络等。

递归神经网络有两个分支：时间递归神经网络（也叫循环神经网络）和结构递归神经网络。

这里主要介绍循环神经网络。

1. 一般循环神经网络

一般循环神经网络有单项循环神经网络、双向循环神经网络和深度循环神经网络。

单项循环神经网络的结构如图 1-10 所示。

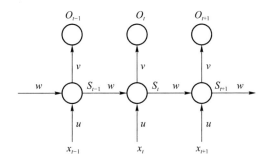

图 1-10　单项神经网络模型

从结构图中可以看到，当前时间点的隐藏层的输出可以作为下一个时间点的隐藏层的输入，具有时间记忆性。

具体的计算公式如下：

$$\begin{cases} S_t = f(ux_t + WS_{t-1}) \\ O_t = g(vS_t) = vf(ux_t + WS_{t-1}) \end{cases} \tag{1-47}$$

因此，当前时间点的神经元的输出会受到之前所有时间点的输入的影响。

双向循环神经网络的模型如图 1-11 所示。

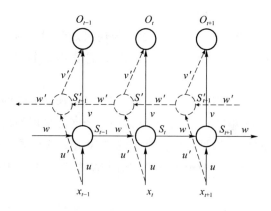

图 1-11　双向循环神经网络

具体的计算公式如下：

$$\begin{cases} S_t = f(ux_t + wS_{t-1}) \\ S'_t = f(u'x_t + w'S'_{t+1}) \\ O_t = g(vS_t + v'S'_t) = vf(ux_t + WS_{t-1}) + v'f(u'x_t + w'S'_{t+1}) \end{cases} \tag{1-48}$$

深度循环神经网络指的是有多个隐藏层的循环神经网络。

2. 特殊循环神经网络——长短时记忆网络(LSTM)

　　长短时记忆网络具有特殊的循环神经网络结构，是当下比较流行的循环神经网络结构。一般的循环神经网络结构只有一个记忆状态 S，长短时记忆网络在已有的记忆状态 S 的情况下又增加了一个能够记忆长期信息的状态 C，它能够解决长序列训练过程中梯度消失和梯度爆炸的问题。长短时记忆网络的结构如图 1-12 所示。

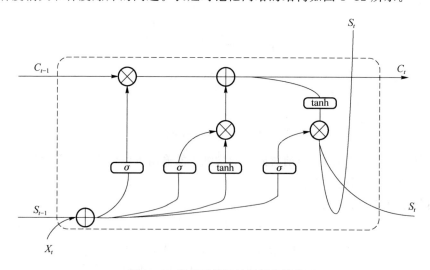

图 1-12　长短时记忆神经网络结构

长短时记忆神经网络有三个门结构:遗忘门、输入门和输出门。

遗忘门的结构如图 1-13 所示。

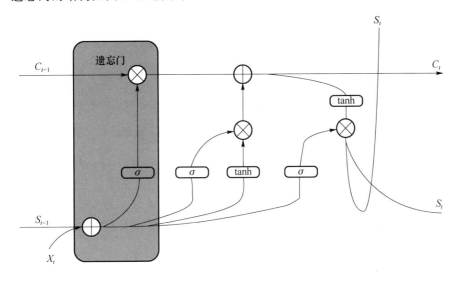

图 1-13　遗忘门结构

遗忘门结构主要用来决定上一时刻神经元的输出 C_{t-1} 和 S_{t-1} 是否保留到当前时刻的 C_t 中。

通过增加新的状态信息,长短时记忆神经网络可以解决传统循环神经网络的缺陷——梯度爆炸和梯度消失的问题,因此得到了广泛的应用。

本章参考文献

[1]　周志华.机器学习[M].北京:清华大学出版社,2016.

[2]　袁梅宇.机器学习基础:原理,算法与实践[M].北京:清华大学出版社,2018.

[3]　刘凡平.神经网络与深度学习应用实战[M].北京:电子工业出版社,2018.

[4]　朱塞佩·博纳科尔索.机器学习算法.[M].罗娜,等译.北京:机械工业出版社,2018.

[5]　王丹石.弹性光网络中的信号处理关键技术与应用研究[D].北京邮电大学,2016.

第2章 基于机器学习的复杂损失参数感知

2.1 光学性能检测

近年来,光通信技术革新翻天覆地,与此同时,人们对网络容量及速度的需求也不断升级。用户数量的增加以及用户消耗带宽的增加,都在刺激着光网络流量的飞速增长。现在的光通信网络以超高速、超长距离以及超大带宽为主要特征。超高速和长距离传输的光网络的性能,很大程度上取决于光纤和光网络中的网络元件引入整个光通信系统中色散及偏振模色散等损伤的程度。

传统的损伤补偿机制是在初始网络设计中引入安全裕度或者手动补偿。但是由于光学系统的发展和新的光学系统的采用,比如 ROADM 系统允许信号可以动态变化,因此引入的损伤具有随机性、时变性。在无线网络中的链路设置、优化和测试的行为是自动进行的,而光学系统中,这些行为都需要人为进行干预,因此会耗费大量的时间和人力资源。

由于现有的光纤通信系统无法获得网络中通道和各处元件性能信息,无法获得通道中信号的实时信息,导致网络资源的浪费甚至导致运营商会将具有侵入性的元件加入到通信系统中造成信息安全隐患。为了降低运行成本、确保资源的最佳利用和保证动态光网络的充分运行和管理,需要对网络性能参数进行实时连续的检测,也就是光学性能检测(OPM)。

2.1.1 OPM 的功能

光通信系统的容量在不断增加,光网络的结构也在不断变得复杂、透明和动态。这些高容量的光纤网络会更加容易受到几个传输损伤因子的影响。这些网络动态性质可以随着时间的改变而改变。每根光纤都承载着大量的数据流量,因此即便是短暂的服务中断也可能会导致灾难性的后果。因此,在整个光纤网络中引入有效的监测机制十分必要,这种监测机能够提供关于每个 DWDM 信道健康状况的准确和实时的信息。本质上,光学性能检测是在网络的中间节点和接收机内部对光学信号进行的一组测量,以估计传输网络的性能。

对光学系统性能进行检测可以实现以下功能:

（1）自适应损伤补偿：动态光网络中，因为光信号经过的路径会由于网络的重构而不断变化，系统收到的传输损伤也随时间在不断变化，所以在动态光网络中应用的损伤补偿技术应该能够自适应。光学性能检测能够准确识别出传输过程中损伤不断改变的系统参数，同时将参数进行反馈，从而对损伤进行自适应补偿。相干检测系统中的光学性能检测称为信道估计。

（2）确保网络运行可靠：光学性能检测能够提供关于光网络的物理状况的连续且实时的信息，因此能够识别网络中故障产生的位置以及原因和确定损伤对系统造成的影响程度。运营商可以知道信号恶化的时间，从而采取有效的预防措施阻止系统性能的严重恶化，确保可靠的网络运行。

（3）有效地分配资源、感知损伤的路由及弹性光网络：OPM 可以促进系统资源的有效利用，比如当动态光网络中光纤链路质量较好时，其线性损伤的程度也较轻，可以降低信号的入纤功率同时能够降低了光信噪比，同样能够保证所需的误码率。或者可以使用较高的调制格式来提高数据速率。此外，现有的静态光网络中使用的数据路由算法要么在最短路径（即最少跳数）上路由业务，要么在满足某些最小 QoS 约束（如延迟、包丢失和数据速率）的路径上路由业务。然而，由于这种路由算法没有考虑网络的物理状态和流量模式的变化，因此在动态光网络中的性能远远不能达到最优。因此，为了获得更好的路由能力，路由表必须同时考虑光路由层参数（如光纤长度、信号失真、放大器噪声和瞬态）。通过 OPM 可获得的有价值的信息可以提供给网络控制器，它们可以考虑几个不同的参数作出路由决策。OPM 也是 EONs 公司的一项关键使能技术，最近这项技术受到了广泛的关注。EONs 强烈依赖 OPM 来感知网络状况，然后自适应地调整各种收发器和网络元件的参数，以优化传输性能。

2.1.2 OPM 检测的参数因子

光通信系统中，除光纤中的非线性性能以及线性损伤外，网络中其他单元的元件可能也会造成光通信系统的信号失真损伤以及性能下降。光网络中的损伤可以分为灾难性和非灾难性的损伤，其中，灾难性的损伤会导致光功率的损失，包括光纤的中断、网络组件的故障和网络设备安装不当等。非灾难性的损伤不一定会造成光功率的下降，但是可能会导致光信号的扭曲。光网络中损伤的表现形式主要有两种：光功率的下降和接收信号的失真。因此需要对这些表型因子进行实时监控，对系统中的损伤补偿，保证系统的最佳性能。

（1）光功率：光功率是光在单位时间内做的功。光网络中需要监控的最基本参数是光功率。光纤中断、网络中组件故障以及设备安装不当都会造成光功率的损伤（比如在光纤连接器、接头和耦合器上遇到的损耗），光纤中信号的衰减也同样会造成光功率的大幅度降低。因此，在光通信系统中，需要监控光功率的实时信息，及时通过反馈机制动态调节功率以平衡，保证通信系统的稳定性能。

（2）光信噪比：光信噪比的定义是在光有效带宽为 0.1 nm 内信号光功率和噪声功率的比值。光信号的功率一般取峰值，而噪声的功率一般取两相邻通路的中间点的功率电平。在光纤通信的链路中，通常需要将掺铒光纤放大器等光放大器应用在光网络来补偿信号经过长距离传输之后的传输损耗。虽然掺铒光纤放大器的噪声水平相对于其他光纤放大器来说较低，但是还是会在提供必要的光学增益时引入放大自发辐射噪声，并且，对使用多个级联掺铒光纤放大器的远程光纤通信系统来说，放大自发辐射噪声会逐层积累，在功率较低的信号被放大较大的倍数时，会严重影响系统接收信号的精确度，恶化系统性能。放大自发辐射噪声（ASE）通过光信噪比（OSNR）进行量化，因为光信噪比与误码率直接相关，也能够诊断故障和评估光纤的健康状况，因此是光学性能检测中最重要的参数。

（3）色散及偏振模色散：光以不同的速度在光纤中传播时，接收端会因为光信号到达的时间不同产生时间差，从而导致光信号脉冲的展宽，脉冲展宽的现象被称为色散。色散是一种物理现象，是由不同频率的光在光纤中传输的时延不同产生的，信号间产生符号间干扰也是由于这些不同频率成分的光分量在经过光纤的长距离传输以后，到达接收端的时延不同导致的，并且，色散具有累计效应，随着传输距离的增减而呈现递增的线性关系。色散是影响光纤传输的重要因素之一，它能够引起脉冲展宽，形成码间串扰，造成误码。除色散问题外，偏振相关效应给系统带来的危害在长距离、高速率的光纤传输系统中也变得日益突出，比如，光放大器中的偏振相关增益 PDG、光调制器中的偏振相关调制、无源光器件的偏振相关损耗 PDL 以及光纤中的偏振模色散。在长距离、短脉冲传输的光通信系统中，群速度色散会使同一信号的不同偏振态以不同的速度在光纤中传输，导致到达终点的时间不同，从而出现延时。这种脉冲展宽的现象称为偏振模色散。偏振模色散 PMD 已经成为限制信道传输速率的主要影响因素之一，早在 20 世纪 70 年代研究者们已经意识到偏振模色散的影响，但是由于早期的光纤信道传输速率低，传输距离近，偏振模色散对信号造成的影响并不是很明显。现在，由于传输速率逐步提高，在速率高于 10 Gbit/s 时，偏振模色散 PMD 就会成为限制单模光纤传输系统的主要因素之一，也是限制超高速传输系统的最终因素之一。色散及偏振模色散都属于光纤中的线性损伤色散，是动态光网络中检测的重要参数。在可重构光网络中，由于路径的交换，色散会随着给定路径通道长度的变化而累积变化，从而静态的色散补偿技术（如色散补偿光纤）在动态光网络的情况下不再适用。因此，为了获得健康的高速通信系统，通过光学性能检测技术监控色散从而能够自适应地补偿色散至关重要。此外，还需要监控偏振模色散。偏振模色散是速度超过40 Gbit/s 的光纤通信网络性能的主要限制因素。偏振模色散对系统造成的损伤随机且取决于温度和数据传输速率，因此也需要对偏振模色散进行实时监控。

（4）光纤非线性效应：在非理想的光纤中，各处的各向同性被破坏，导致折射率在光纤中的各处不尽相同，当传输功率超过一定限制时，不同的波分复用通道之间会产生干扰和串扰。光纤的非线性效应会恶化采用了高级调制格式的高速波分复用系统的性能,因此也需要对它进行监控。

(5) 误码率及质量因子:误码率是衡量数据在规定时间内数据传输性能的指标,误码率=传输中的误码率/所传输的总码数×100%,另外,也有将误码率定义为误码出现的频率。

信息论中最基本的公式是 Shannon 定理,可以由下式表示:

$$R/B = \log 2(1 + P_S/P_N) \tag{2-1}$$

其中,P_S 是接收到的信号的功率,P_N 是白噪声信道中带宽 B 的噪声功率,R 是被传输信号的码速率。Shannon 定理建立了系统传送的信息量和信噪比之间的联系,它从理论上指出了,当 P_S/P_N 取某一数值时数字传输系统能够达到 R/B 的极值。然而对于实际的传输系统而言,它们所能够达到的技术指标与用 Shannon 定理计算出的数值相差甚远。为了比较系统性能的好坏,R. W. Sanders 提出了称为系统效率的 β 概念:

$$\beta = E_b/N_o \tag{2-2}$$

其中,E_b 是单个码元的能量,N_o 噪声功率谱的密度。从而误码率是 β 的函数。各种系统的函数关系式都可以推导出来。同时,为了评估信道传输数据的有效性,J. Martin 在《空间电子技术》一书中提出了传输速率/带宽的概念,并称之为"带宽扩展因子"。设带宽扩展因子的倒数为 α,则 $\alpha = B/R$,其中,B 是传输数字信息所需的最小的频带宽度,R 是被传输的数字的码速率。显然,当被传输的数字的码速率相同时,传输信息所需的最小频带宽度越小越好,即 α 值越小越好。不过,无论是 α 还是 β,它们都只是从一个方面考虑传输问题。为了全面统一地考察数字传输系统的总体质量,又提出了品质因数 Q 这一概念。

品质因数的定义:品质因数 Q 等于码速率 R 与噪声功率 N_o 的乘积除以传输信号所需的最小频带宽度 B 和单个码元的能量 E_b 的乘积:

$$Q = RN_o/(BE_b) = (1/\alpha)(1/\beta) = (R/B)^2(P_N/P_S) \tag{2-3}$$

由此可知,品质因数 Q 等于码速率除以带宽所得商数的平方数再乘以噪信比值。所以,在同样的码速率 R 的条件下,带宽小一半,Q 值将增大 4 倍。所以使用 Q 值能够方便地比较传输系统性能的优劣程度。

误码率和质量因子是评估光网络性能的两个重要参数。误码率检测是表征光纤链路的首选工具,但是,误码率只是一串计算得来的数字,它只是系统地对光通信系统进行评估,并不能够根据误码率的不同得出造成损伤的具体原因。传统用来监控误码率的仪器,比如时钟恢复和数据恢复系统,都较为昂贵。由于 Q 因子和误码率之间有强相关性,因此采用 Q 因子分析无法直接测量误码率的传输系统的性能。Q 因子是光信号质量的指标,可以用来评估放大自发辐射噪声(ASE)、色散、偏振模色散、光纤的非线性以及发射机和接收机引入的损伤对系统的影响,从而实现有效的误码率的估计。然而,噪声的非高斯性、串扰和信号畸变等可能会导致使用 Q 因子估计的误码率不准确。

除上述的参数外,其他因素(比如光学组件的波长偏移、光学放大器的增益和失真、串扰和干扰效应、与 SOP 和偏振有关的效应、脉冲形状和定时抖动)也可以放入光学性能检测系统中进行监控。

2.1.3 OPM 应该满足的技术标准

光学性能检测模块不能独立地运行,它需要与其他的模块结合起来共同作用,从而达到系统性能提升的目的。给定的 OPM 技术满足的标准应该由以下几个因素决定:OPM 模块性质、网络中损伤的类型和程度、数据速率、实施成本以及 OPM 模块与智能技术结合的程度。

因此,它需要满足以下技术标准。

(1)精度、灵敏度、动态范围以及低功率:在动态光网络中,损伤补偿的精度取决于所使用的检测技术的精度。因此,在动态光网络中所采用的光性能检测技术应当满足网络所需的精确度以及在整个检测范围中显现出良好的敏感度。此外,还希望光学性能检测技术的检测范围较宽,能够以宽的动态范围适当补偿网络中的损伤。光学性能检测的精度、灵敏度、动态范围取决于许多因素,比如在 OPM 模块中采用的方法、为了检测信号的目的从光纤链路中汲取的信号功率的数量等。OPM 模块应该仅仅利用一小部分信号功率使自己运行,同时满足精度、灵敏度、动态范围的要求。一般的经验法则是,用于监测的功率不得超过总信号功率的一小部分。

(2)检测多通道:光纤网络通过复合波分复用模块从而包含有多个信道,因此所采用的光学性能检测技术必须能够同时检测多个信道,通过使用并行的检测设备组或可调光滤波器选择特定的信道进行顺序检测从而实现性能的检测。并行数据检测需要更多的设备,因此耗费的硬件的成本也会更大。此外,顺序操作可能会引入测量延迟,尤其是在大数据通道的系统中。

(3)多损伤的监控:光通信网络是非常复杂的,因此信号受到的在通信链路上的损伤不止一种,在同一个光纤通信系统中会存在多重损伤。针对不同的损伤采用不同的检测技术会大大增加系统的冗余度,升高系统成本,所以普适的 OPM 模块应该能够同时独立地检测多重损伤。

(4)数据速率以及调制格式:在光网络中,不同的调制格式以及数据速率不同的数据流量可以包含在同一通道中,因此,已开发的光学性能检测模块需要能够将数据速率和调制格式透明化,从而去除冗余的修改监控模块的步骤。

(5)成本效益:OPM 模块应用在光网络的多个位置,所需数量较多,因此需要满足成本相对传统的检测模块的低的条件。而检测技术的复杂性决定了 OPM 模块的成本。通过使用能够同时独立检测多个通道各种数据速率和调制格式以及多个损伤的光学性能检测模块可以显著降低系统成本。

（6）快速响应时间：在静态光网络中，OPM技术的响应时间可以与网络恢复时间（50 ms）的数量级相同。但是在动态光网络的情况下，响应时间必须比网络重新配置的时间间隔小得多。一般要求其响应时间小于动态光网络的重构时间，通常在几毫秒范围内。

（7）非侵入性：OPM一定不能对光网络的正常运行产生不利影响，要求不能在进行检测时修改网络组件及插入其他检测信号，否则会干扰数据信号从而导致信号质量下降。

2.1.4　直接检测系统中的OPM技术

直接检测系统中的接收器采用简单的光电检测器来检测光信号的强度或者利用延迟干涉仪和光电检测器相结合，将差分相位信息转换为电域中的幅度信息。由于直接检测接收器的平方律检测性质，只能从光信号中检索有限的信息。

直接检测系统中需要检测的性能参数有残留色散、总的功率（信号功率加噪声功率）、光信噪比、偏振模色散、偏振相关损耗（PDL）以及光纤的非线性。为现有的直接检测系统开发的OPM技术首选使用简单的直接检测。然而，在这些技术中使用直接检测的不利影响是：由于缺乏足够的信息，准确估计各种网络参数变得相当具有挑战性。

直接检测系统中的光纤通常采用色散补偿光纤，但是由于温度以及其他的物理影响，会存在一些残留的色散。除此之外，目前部署的大部分光纤的偏振模色散的系数值较高，因此信号也会收到偏振模色散的影响。另外，由于掺铒光纤放大器的自发辐射噪声和光纤的非线性效应的影响，光信号也会受到不同程度的损伤。以上的这些损伤可能会共存，因此需要OPM技术能够同时且独立地检测这些参数。

过去的十年里，已经提出了许多用于直接检测光网络的光学性能检测技术。现有的光学性能检测技术可以分为数字和模拟。数字OPM，利用电域中信号波形的数字信息，如误码率检测，可以提供有关由网络中的损伤引起的信号质量总体下降的信息，但是无法分离出单独的损伤造成的影响。模拟检测技术可以分析模拟信号波形的特定特征，提取有关通道损伤的信息。根据从信号波形、信号频谱以及信号极化域提取信息，可以进一步将模拟检测技术划分为时域、频域和极化域技术。

根据采样速率与符号速率是否同步，可以将时域检测技术分为基于同步和异步采样的技术。同步采样技术需要时钟恢复，操作技术相对复杂，在支持多个数据速率的系统中操作更加困难。眼图和 Q 因子检测是一种流行的基于同步采样的技术，眼图可以定性地反映所有损伤对信号质量的影响，但不能量化单个损伤的影响。由于 Q 因子与误码率的相关性较强，经常在实践中采用。基于异步采样的技术有异步幅度直方图（AAH）、异步延迟抽头图（ADTP）、异步两次抽头图（ATTP）和异步单通道采样（ASCS），它们不需要时钟信息，而且还能够同时检测多个损伤，具有成本效益。

频域检测技术可以细分为基于光谱和基于射频(RF)频谱的技术。基于光谱的技术可以利用在通道带宽可调谐的光学滤波器上,并记录光功率,在这种情况下,光谱分辨率由滤波器的带宽决定。另外,还可以通过零差检测来分析光谱,其中可调谐的激光信号与检测信号相混合,然后对干扰信号进行光谱分析。这种情况下的光谱分辨率是由 LO 激光器的线宽决定的,比可调谐光滤波器的光谱分辨率高很多。光谱分析技术能够检测光信噪比、总的光功率和波长的漂移,不能检测色散和偏振模色散。这些技术可以用于多个波分复用通道,但是会引入测量延迟。基于射频光谱的技术可以分析在光学载波上编码的信号光谱,因此可以提供更好的信号质量估计。这些技术要么利用各种调制格式的频谱中固有的时钟频率,要么在发射机的每个通道中插入不同频率的导频。基于时钟频率的监测技术可以测量色散和偏振模色散。基于导频的技术(为每个 WDM 信号指定一个独特的音调频率并跟踪其路径)可以测量各种参数,如波长、OSNR、CD、PMD 和 WDM 信号的光路,因为音调必然跟随与其相应的 WDM 信号相同的光路。这些技术独立于数据速率和调制格式。然而,使用导频音的不利影响是它们可能会干扰数据信号,导致误码率的恶化。除监测射频频谱中的特定音调(即时钟和导频音调)外,由于损伤的影响,会导致整个射频频谱的频谱分布的变化,因此也可用于监测损伤。极化域检测技术利用损伤导致的光信号的偏振特性的变化(比如极化归零以及测量接收信号的极化度),优点是对数据速率和调制格式透明,但是不适用于偏振复用信号。因此,会限制它们在相干传输系统中的应用。

近年来,利用数字信号处理技术的光学性能检测技术得到了广泛的关注。这些技术利用 O/E 转换后的数据信号的统计特性来估计关键信号质量参数。基于数字信号处理技术的光学性能检测技术之所以流行,是因为它们可以同时且低成本地对不同的数据速率和调制格式进行检测,并且不需要修改监测硬件。此外,只需将相关算法下载到基于数字信号处理的监测器,就可以监测新的参数以及监测不同的信号类型,从而提高灵活性和成本效益。基于数字信号处理的监测技术通常对电信号的幅度进行异步采样,然后生成信号样本的一维或二维直方图。然后利用统计信号处理、人工智能和数字图像处理技术,利用这些直方图的统计特征进行多损伤的监测。一些基于数字信号的直接检测系统监测技术包括 AAH、ADTP、ATTP 和 ASCS 技术。

使用 AAH 的基于 DSP 的技术具有卓越的灵活性和简单性,因此被广泛使用,为了获得 AAH,需要以比符号速率低得多的速率对电信号的幅度进行随机采样,采样周期与符号周期无关。在采集到大量的振幅样本之后,生成直方图。为了使得信号的统计信息完整,用于合成 AAH 的样本数量必须充足。AAH 的形状能够反映信号的属性,AAH 的形状反映了信号的特性。由于信号被几种光学损伤所扭曲,AAH 的统计特性也会相应地发生变化。因此,可以跟踪 AAH 的统计特性的变化,来评估各种损伤对光信号造成损害的程度。利用统计信号处理和机器学习技术已经成功地利用了 AAH 的敏感特性,对光纤网络中的多个信号质量参数进行监测。基于 AAH 的检测技术的优势在于:具有成本效益,实现的复杂度低,对数据速率和调制格式透明。缺点在于不能对损伤参数进行独立监视,且监视精度取决于采集的样本数量。

基于 ADTS 的检测技术为独立于数据速率和调制格式的多重损伤的检测提供了可能。像 AHH 一样,基于 ADTS 的技术也利用了一部分采样信号统计特性,与 AHH 生成的一维幅度直方图相反,ADTS 生成了二维直方图,这个二维直方图包含了紧密的样本对。直接检测后的电信号幅度以成对的 (p_i, q_i) 进行异步采样,将样本对合并为 2D 直方图,生成 ADTP 或者散点图。ADTP 提供了眼图的信息丰富度,而不需要生成时钟信息。ADTP 的形状和特点取决于调制格式、比特率、抽头延迟以及各种信号失真添加等多种因素,如 ASE 噪声、CD、PMD、串扰等。ADTP 中反映的各种损伤的特征,可以用于光学性能检测。为了从 ADTP 中提取定量信息,需要进一步地分析。针对 ADTP 的多损伤监测,提出了统计信号处理、图像处理、人工智能和机器学习等方法。基于 ADTS 的 OPM 技术的优点是它们能够同时独立地监测多种损伤。与基于 AAH 的技术一样,它们对数据速率和调制格式也是透明的。然而,它们的实现复杂度高于基于 AAH 的技术。这是由于抽头延迟值是符号周期的函数,因此,它需要根据被检测信号的数据速率进行调整。基于 ADTS 技术的监测精度取决于为监测目的而采集的样本对数量,以及用于获取校准曲线或基于人工智能的分类器训练的转发器与实际监测过程中使用的转发器之间的相关程度。

现有的用于直接检测光纤网络的 OPM 技术要么假设信号的比特率和调制格式的先验信息,要么假设这些信息是从上层协议中获得的。然而,由于中间网络节点只能处理有限的复杂度,实际上在中间网络节点上引入额外的跨层通信用于 OPM 是不可行的。因此,在中间网络节点具有联合比特率和调制格式识别(BR-MFI)能力至关重要。

2.1.5 数字相干系统中的 OPM 技术

过去十年,相干检测和 DSP 的发展共同定义了当前的光传输系统,并为信息编码打开了光载波的相位和极化的先河。典型的具有 DSP 算法的相干接收机的流程如下:相干检测之后,基带电信号首先由 ADC 进行采样,然后通过 CD 补偿,利用 CMA 或者基于导频的符号算法进行残差自适应均衡补偿 CD、PMD、偏振解复用和时间误差、频率偏移补偿、载波相位估计和符号判决等 DSP 算法的处理,然后进行解码。

数字相干通信带来的技术革新也影响了 OPM 技术在光网络中的研究方向。为直接检测技术提出的 OPM 技术已经不再适用于数字相干检测系统。此外,在偏振复用相干系统中,色散和偏振模色散可以被接收机中的线性滤波器去除,并且基本上可以通过读取滤波器抽头进行监控。由于可以完全补偿线性损伤,因此传输性能在很大程度上取决于光信噪比,因此,光信噪比的监控成为影响系统性能的重要因素。

1. 色散、偏振模色散及极化状态估计

光纤信道与通道转移矩阵 $H(f)$ 呈线性关系,从迫零解或最小均方估计解中获得

的均衡滤波器 $W(f)$ 是信道的反向冲激响应,表达式如下:

$$W(f) = H^{-1}(f) = D^{-1}(f) \prod_{i=N,-1}^{1} U_i^{-1}(f) E_i^{-1} \tag{2-4}$$

$H(f)$ 是由转移函数 $D(f)$ 和考虑到 PDL 和高阶 PMD 后的连续参数 E_i 和 $U_i(f)$ 相乘得到的。经过代数运算后,可以得到下面的式子:

$$\arg(\hat{H}_{CD}^{-1}) = \arg\left(\sqrt{\det(W(f))}\right) = -f^2\varphi \tag{2-5}$$

$$\hat{H}_{PDL}(f) = \left|\sqrt{\det(W(f))}\right| = |H_{AF}(f)|^{-1} \prod_{i=1}^{N} (k_i)^{-1/2} \tag{2-6}$$

$$W_{UE}(f) = \frac{W(f)}{\sqrt{\det(W(f))}}$$

$$= \prod_i \begin{pmatrix} u_i^* & -v_i \\ v_i^* & u_i \end{pmatrix} \begin{pmatrix} k_i^{1/2} & 0 \\ 0 & k_i^{-1/2} \end{pmatrix} \tag{2-7}$$

其中,u_i 和 v_i 形成 PMD 矩阵,k_i 是 PDL 的衰减因子。

在单载波相干光学系统中,提出了基于多项式拟合的 CD 估计,最终的 CD 由下式给出:

$$CD = \frac{\tau_{CD} T_s C}{\lambda^2} \tag{2-8}$$

其中,λ 是波长,C 是光速,T_s 是符号周期,τ_{CD} 是频率间隔为 $1/T_s$ 的上边带与下边带之间的时延。

利用斯托克斯空间分布来估计极化状态。任意调制信号的极化多路复用信号可以被规范化为一个单位圆,可由琼斯向量 $\boldsymbol{J}$ 表示:

$$\boldsymbol{J} = \frac{1}{\sqrt{2}} \begin{pmatrix} 1 \\ r\, e^{j\varphi} \end{pmatrix} \tag{2-9}$$

其中,r 表示振幅,φ 表示相位,斯托克斯的表达式为:

$$S = \frac{1}{2} \begin{Bmatrix} 1+r^2 \\ 1-r^2 \\ 2r\cos\varphi \\ 2r\sin\varphi \end{Bmatrix} \tag{2-10}$$

从斯托克斯的空间分布可以识别极化状态,独立于调制格式。

2. 光信噪比的识别

通过处理接收信号,由放大自发辐射噪声 ASE 引起的失真可以与数字相干接收器中的其他线性损伤分离,并且仍然可以估计出可靠的光信噪比。用于估计光信噪比的信号取自于自适应均衡之后,载波相位恢复之前。

自适应均衡可以补偿由 CD 和 PMD 引起的线性损伤,此刻的信号中的线性损伤主要来自放大自发辐射噪声。使用 z_k 代表来自自适应滤波器的特定极化中接收的第

k 个信号的包络,在实际的系统中,L 符号的接收数据块中第二和第四阶时刻可以计算为:

$$\mu_2 \approx E(|z_k|^2)$$
$$\mu_4 \approx E(|z_k|^4) \qquad (2\text{-}11)$$

其中,$E(*)$ 是数学期望,QPSK 和 16-QAM 载波的载波噪声比 CNR 表示为:

$$\mathrm{CNR}_{\mathrm{QPSK}} = \sqrt{2\mu_2^2 - \mu_4}/(\mu_2 - \sqrt{2\mu_2^2 - \mu_4}) \qquad (2\text{-}12)$$

$$\mathrm{CNR}_{16\mathrm{QAM}} = \sqrt{2\mu_2^2 - \mu_4}/(\mu_2\sqrt{0.628} - \sqrt{2\mu_2^2 - \mu_4}) \qquad (2\text{-}13)$$

当发射功率很低时,可以从 CNR 值估计光信噪比。

$$\mathrm{OSNR}_{\mathrm{dB}} = 10\log_{10}(\mathrm{CNR}) + 10\log_{10}\left(\frac{R_s}{B_{\mathrm{ref}}}\right) \qquad (2\text{-}14)$$

其中,R_s 是符号速率,$\dfrac{R_s}{B_{\mathrm{ref}}}$ 是缩放因子,将测量的噪声调整到参考带宽 B_{ref}。

2.2 PDM-CO-OFDM 系统中的联合精细时间同步及信道估计技术

本节提出了一种用于 PDM-CO-OFDM 系统的联合精细时间同步和信道估计的方法。该方法能够有效地纠正由色散 CD 和偏振模色散 PMD 引起的 CHU 序列的同步误差,从而提高信道估计的准确性。

随着未来光网络对带宽的需求日益增长,偏振复用相干光正交频分复用(PDM-CO-OFDM)由于其能够以高频谱效率(SE)来传输大量的数据而备受关注。此前,分别针对 OFDM 系统中时间同步和信道估计的问题提出了多种可行的办法。

其中,最普遍的解决方法是利用 CHU 序列来处理时间同步问题。然而在长距离传输的 OFDM 系统中,由于较严重的色散以及偏振模色散的影响,相关峰将大大加宽,这将导致同步精度大幅度降低。

对于信道估计问题,已经提出了单一估计方法,比如符号内频域均衡(ISFA)和时域最大似然(TDML)。但是很少有论文提到联合同步和信道估计技术。

2.2.1 PDM-CO-OFDM 系统

CO-OFDM 系统在 2006 年由 W. Shieh 提出,并在 2007 年于实验室中实现 8 Gbit/s 的 1 000 km 的通信传输。CO-OFDM 系统融合了相干光检测技术和 OFDM 技术这两种前沿性的通信技术。相干技术给 OFDM 调制技术提供了一个非常有效的几乎线性的从射频到光频以及从光频到射频的变换方法,与此同时,OFDM 技术给光相干系统提供了高效的易于实现的信道均衡和相位补偿算法。CO-OFDM 与直接检测技术相比,在频谱利用率、光信噪比容忍度和 PMD 敏感性上具有很大的优势。

CO-OFDM 系统不仅具有较高的抗色散的能力,还具有较强的抗偏振模色散的能力。同时系统的接收机灵敏度高、谱效率高,以其得天独厚的优势成为下一代 100 Gbit/s 光传输系统非常有前途的候选技术。

典型的 CO-OFDM 光传输系统如图 2-1 所示。

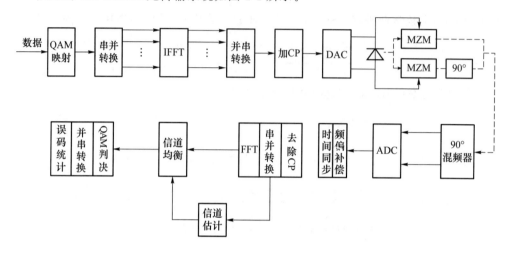

图 2-1　CO-OFDM 光传输系统

典型的 CO-OFDM 系统可以被分为五个模块:OFDM 调制、IQ 调制、光纤链路、相干检测以及 OFDM 解调。在系统的发送端和接收端,OFDM 基带信号都表示为复信号的形式,但是在信号传输过程中,传输的信号必须是实信号。因此,需要进行实复信号的转换及基带信号和频带信号的转换。因此,需要采用 IQ 调制器。

在实际的单模光纤中,基模 LP_{01} 的两个相互正交的偏振态不仅使光纤产生偏振模色散,也使光纤中存在两个通道。采用分集和复用的机制在光纤中使用这两个通道。分集:在多条独立路径上传输相同的数据。接收机通过分集合并技术提高了信息传输的可靠性,降低误码率。由于传输信道的特性不同,因此多个相同的数据经过不同信道传输后遭受的损伤也不相同。接收机使用多个相同数据包含的信息能比较正确地重现出原始发送信号,提高了信号传输的可靠性。复用:在不同的信道上传输相关的数据信息,即在同一时间传输多倍的数据信息,进而提高传输的有效性。分集和复用的区别在于分集强调了不同信道上传递数据的相关性,复用强调了不同信道上数据信息的差异性,它们共同点就是充分利用多个信道,提高了信道容量。

系统可以通过偏振复用提高频谱利用率和传输速率。因此,在 CO-OFDM 系统的基础上提出了 PDM-CO-OFDM 结构,通过偏振多样性检测,提高原系统的传输性能,对抗偏振模色散。根据偏振复用的方式不同,将系统结构分为三种类型:单入多出、多入单出以及多入多出。这三种结构相较于单入单出而言,在频谱利用率等方面性能更好。

单入多出的系统在系统的发射端只使用一路光载波携带 OFDM 信号进行传输，在接收端通过偏振分光器 PBS 分离光载波的两个偏振模，使用两个光接收机对两个不同的偏振模式进行处理，得到两路信号，对两路接收到的信号进行综合处理，还原出原始信号。因此，在单入多出系统中，偏振模色散对系统造成的影响可以通过信道估计和星座解调消除，能够容忍更加强烈的偏振模色散造成的损伤。

多入单出的系统在发射端采用两个发射机，对应于两个偏振态，而接收端只采用一个接收机。两个发射信号需要具有相关性，才可以在接收端准确接收信号，提高传输的可靠性，但是没有实现偏振复用。

多入多出的系统就是 PDM-CO-OFDM 系统，存在两个光发射机，利用光载波的两个偏振模式 x 偏振态和 y 偏振态上分别加载两路 OFDM 信号，在发射端采用偏振光分束器完成将两路偏振光信号合并到一路的功能，使得信号在同一个光波长信道得以传输；在接收端通过偏振光分束器把两路偏振模式信道分离开来，然后在分别对各路数据信号进行解调，从而实现多入多出的信道传输。在这个信道结构中，可以认为两个偏振模式是相互独立的信道，发送端和接收端也是相互独立的，由此可知，多入多出系统会使容量成倍增加。

PDM-CO-OFDM 的系统基本结构框图如图 2-2 所示。

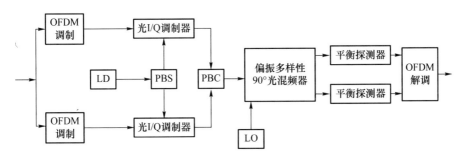

图 2-2　PDM-CO-OFDM 系统基本结构框图

在发送端，数据分为两路分别进行 OFDM 调制，激光器 LD 进行偏振分光后形成两个偏振方向的光。生成的 OFDM 信号分别对这两个偏振方向的光进行调制，经 I/Q 调制器加载到光载波上。一个偏振方向上的 CO-OFDM 信号经延时，与另一个偏振方向的 CO-OFDM 信号经过偏振合光片 PBC 合成一路在光纤中传输。

在接收端，本振光经过偏振分光片 PBS 分光后分别与两个偏振方向的光信号混频，平衡探测后直接变换到电域，经过 OFDM 解调器解调。

2.2.2　传统的信道估计算法

信道估计可以补偿色散和偏振模色散，是系统偏振解复用的前提。因此，在高速长距离的 PDM-CO-OFDM 系统中，信道估计非常重要。信道估计是 PDM-CO-OFDM 系统中的研究热点,也是进行相干检测和解调的基础。

信道估计就是采用算法研究信道中对输入信号产生影响的因素,估计出信道传输矩阵。通常信道估计的方法就是在发送端发送信号时,插入某些已知的特定信号,接收端利用这些信号测量出该信号时刻的信道特性,从而进一步得出未知信号的信道特性。信道估计的框图如图 2-3 所示。

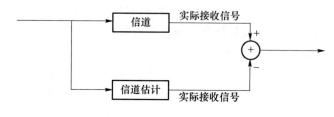

图 2-3　信道估计

单载波系统中时域信道可以看作一个有限冲激响应滤波器,其中的时延和系数可以从时域接收到的采样数据中估计出来。在多载波系统中,通过放置在子载波接收端已知的数据,可以直接估计出信道的冲激响应。

根据估计信道的响应的所属类别,信道估计可以被分为时域估计和频域估计。在采用 OFDM 调制技术的系统里,数据信号被调制到各个相互正交的子载波上。只有估计出每个子载波的频率响应,才能对传输信号进行相干检测。在单载波系统中,时域的信道可以被描述为一个有限冲激响应滤波器,其中的时延和系数可以从时域收到的采样数据中估计出来,用此信道估计的方法称作时域信道估计。而在多载波的 OFDM 系统中,通过应用放置在子载波上的数据与接收端已知的数据进行比较计算,可以直接估计出信道的频率响应,这种方法称为频域信道估计。大部分采用频域信道估计方法的 OFDM 系统,都会通过简单的一次除法或者是矩阵逆乘的形式,这相当于时域中采用单抽头的 FIR 的复杂度,通过这样简单的方法能够估计出信道传输矩阵。

另外一种重要分类是根据发端是否使用了数据辅助符号,可以把 OFDM 系统的信道估计分为两种类型:盲估计和非盲估计。所谓盲估计:就是指在对信道以及发送端数据完全不清楚的情况下,对接收到的信号进行估计。盲估计需要大量的数据,响应速度较慢,不适合在快速变化的信道中使用。非盲估计:就是利用收发端已知的数据对信道进行估计。盲估计的优点在于无须发送已知序列,所以系统的传输效率较高,缺点在于一般需要在发送端和接收端进行差分调制和差分检测,复杂度较高。非盲估计信道的优势在于收敛快,而缺点正在于需要发送已知序列,冗余度较大。

基于导频的估计是非盲估计的一种,它的主要原理是在发射机中插入部分导频信号,经过信道以后,利用在接收机收到的已知信号对导频信号进行信号处理,进而得到信道估计值。一般来说可以分为块状导频和梳状导频。在块状导频的结构中,连续地把多个 OFDM 符号人为分组,每一组中的首个 OFDM 符号只用于发送导频信号,剩下的 OFDM 符号用于传输数据信息,这样估计一次会利用所有的子信道的信息,因此精度很高。块状导频的导频包含了所有的频率,但是很容易受到快变信道的影响,因此适合信道变化较慢的信道。而在梳状导频结构中,均匀地把 OFDM 符号的多个子信道分成若干组,每一组的第一个子载波用来传播固定的导频,这里称为导频子信道,剩下的子载波用来传输信息数据。因为在等间隙的子信道处插入导频信号,所以梳状导频分布方式对于快变信道的快速跟踪变化的能力强于块状导频。但是在平稳变化的信道条件下,梳状导频的估计精度低于块状结构。因此多径时延相对小且信道变化不是非常迅速的系统适合采用梳状导频结构。

ISFA 原理:符号内频域均衡(ISFA)在发送端仅添加一个导频,在接收端基于 LS 最小二算法得出响应函数。它就是将当前第 i 个子载波以及该子载波之前 m 个和之后 m 个子载波累加再取平均值处理,得到的平均值重新赋值给当前子载波,能够降低误码率,提高传输效率。

TDML 原理:传输信道的冲激响应是有限长的,但是实际信道的有效长度 N_h 无法准确获得,通常的处理方法为:去一个整数 M 作为假设的有效信道长度,M 的取值范围是 $N_h \leqslant M \leqslant N_{cp}$,定义一个维数为 M 的列向量 $\boldsymbol{h}_M$,该向量的前 N_h 个元素作为 $\boldsymbol{h}^{\mathrm{T}}$,其余元素为 0。

$$\boldsymbol{h}_M = [\boldsymbol{h}^{\mathrm{T}}, 0, \cdots, 0]^{\mathrm{T}} \tag{2-15}$$

另定义 $\boldsymbol{F}_M$ 是 $N_p \times M$ 矩阵,其各元素为:

$$[\boldsymbol{F}_M]_{i_n}, \quad k = e^{-j2\pi k i_n / N_c}, \quad 0 \leqslant i_n \leqslant N_p - 1, \quad 0 \leqslant k \leqslant M - 1 \tag{2-16}$$

则可以得到:

$$\boldsymbol{Y} = \boldsymbol{X} \boldsymbol{F}_M \boldsymbol{h}_M + \boldsymbol{W} \tag{2-17}$$

两端同乘 $(\boldsymbol{F}_M^H \boldsymbol{F}_M)^{-1} \boldsymbol{F}_M^H \boldsymbol{X}^{-1}$ 得:

$$(\boldsymbol{F}_M^H \boldsymbol{F}_M)^{-1} \boldsymbol{F}_M^H \boldsymbol{X}^{-1} \boldsymbol{Y} = \boldsymbol{h}_M + (\boldsymbol{F}_M^H \boldsymbol{F}_M)^{-1} \boldsymbol{F}_M^H \boldsymbol{X}^{-1} \boldsymbol{W} \tag{2-18}$$

则信道中冲激响应的传统 ML 估计为:

$$\boldsymbol{h}_M = (\boldsymbol{F}_M^H \boldsymbol{F}_M)^{-1} \boldsymbol{F}_M^H \boldsymbol{X}^{-1} \boldsymbol{Y} \tag{2-19}$$

其相应的频率响应为:

$$\boldsymbol{H}_M = \boldsymbol{F}_M (\boldsymbol{F}_M^H \boldsymbol{F}_M)^{-1} \boldsymbol{F}_M^H \boldsymbol{X}^{-1} \boldsymbol{Y} \tag{2-20}$$

令 $\boldsymbol{Q} = \boldsymbol{F}_M (\boldsymbol{F}_M^H \boldsymbol{F}_M)^{-1} \boldsymbol{F}_M^H$,则

$$\boldsymbol{H}_M = \boldsymbol{Q} \boldsymbol{X}^{-1} \boldsymbol{Y} = \boldsymbol{H} + \boldsymbol{Q} \boldsymbol{X}^{-1} \boldsymbol{W} \tag{2-21}$$

由于 $\boldsymbol{Q} = \boldsymbol{F}_M (\boldsymbol{F}_M^H \boldsymbol{F}_M)^{-1} \boldsymbol{F}_M^H$ 是 Hermite 幂等矩阵,则估计量 $\boldsymbol{H}_M$ 的协方差为

$$C_{H_M} = E\{(\boldsymbol{H}_M - \boldsymbol{H})(\boldsymbol{H}_M - \boldsymbol{H})^H\}$$

$$= E\{\boldsymbol{Q} \boldsymbol{X}^{-1} \boldsymbol{W} \boldsymbol{W}^H (\boldsymbol{X}^{-1})^H \boldsymbol{Q}^H\} = \boldsymbol{Q}/\mathrm{SNR} \tag{2-22}$$

ML 信道估计的均方误差为:

$$\mathrm{MSE} = \mathrm{Trace}(C_{H_M}) = M/\mathrm{SNR} \tag{2-23}$$

显然,ML 估计量 $\boldsymbol{H}_M$ 的均方误差(MSE)依赖于假设的有效信道长度 M 的选择,与假设的有效信道长度 M 呈线性关系。上述推导是在 $N_h \leqslant M \leqslant N_{cp}$ 的条件下推得,当

$M \leqslant N_h$ 时，由于假设的信道抽头个数比实际的还要少，这样无论如何也不可能完全恢复信道特性，此时估计的归一化均方误差和 M 不再呈线性关系，估计性能急剧恶化，以归一化的均方误差（NMSE）来评估信道估计的性能：

$$\text{NMSE}(M) = \frac{E\left\{\sum_{i_n}^{N_p-1} |H(i_n) - H_M(i_n)|^2\right\}}{E\left\{\sum_{i_n}^{N_p-1} |H(i_n)|^2\right\}} \tag{2-24}$$

因此，寻找恰当的 M 值就成为 ML 信道估计性能好坏的关键。

2.2.3　时间同步与 CHU 序列

OFDM 符号连续发送，在符号的开始之前具有循环前缀。同步的目的在于确定 OFDM 符号的起始点，找到起始点后就能找到正确的 DFT 窗的位置。一般情况下，定时同步存在两种错误：定时位置提前与定时位置滞后。定时位置提前会导致 DFT 窗落在 OFDM 符号的循环前缀的范围内，定时位置滞后会导致 DFT 窗包含下一个 OFDM 符号的内容。如果同步位置在循环前缀的范围内，系统依然能够解调出正确的结果，只需要对相位偏移进行估计并补偿；同步位置滞后，不仅会导致子载波上传输的信息发生相位偏转，而且还会受到下一个符号的干扰，会影响到接收信号的相位和幅度。同步位置的滞后会导致信息的丢失，无法通过相位的补偿来抵消误差的影响，对系统性能的危害更大。

在 OFDM 系统中进行时间同步，首先进行帧定时捕获、频偏估计和符号定时捕获。

定时捕获一是为了判断数据帧到达接收机，二是当检测到数据帧后，需要能够得到所接收到的 OFDM 符号离散傅里叶变换窗的起始位置。目前较为流行的帧定时捕获算法是通过发送时域重复的同步参考符号来进行帧检测，这种方法一般都是通过对同步参考符号进行相关之后寻找相关峰的最高点进行判断。

频偏估计是在帧定时捕获之后，接收机进行频偏估计，使接收信号同本地晶振的频率相匹配。该过程一般是使用与定时捕获相同的时域重复同步参考符号。

由于粗定时捕获的算法是利用接收信号前后部之间的相关性，精确度较小。因此，在进行频偏估计之后，需要利用已知的本地同步参考符号和接收信号进行互相关。这里以 CHU 序列为例说明同步过程。

CHU 序列，是复数序列，它的定义如式（2-25）所示。

$$u_k[n] = \begin{cases} \exp\left(\dfrac{\mathrm{j}2\pi kn\left(1+\frac{n+1}{2}\right)}{L}\right), & L \text{ 为奇数} \\[4mm] \exp\left(\dfrac{\mathrm{j}2\pi kn\left(1+\frac{n}{2}\right)}{L}\right), & L \text{ 为偶数} \end{cases} \tag{2-25}$$

其中，L 是序列长度。

CHU 序列具有强自相关性，能够有效地提高系统的时间同步性能。利用 CHU 序列进行时间同步主要是利用接收到的 CHU 序列与本地保存的 CHU 序列进行互相关的运算来找到相关函数的最大峰值，最大峰值点就是符号定时点。

在本小节中，提出了一种用于 PDM-CO-OFDM 系统的联合精细时间同步的信道估计方法。在利用 CHU 序列进行粗同步之后，利用训练序列进行时域信道估计，并获得信道冲激响应（CIR）系数。根据信道冲激响应系数的功率分布特性，我们能够计算出同步误差。

然后我们滑动相应的接收信号串口来找到正确的同步采样点。在精细的时间同步之后，再次执行时域信道估计，获取更精确的信道冲激响应系数。然后将时域的信道冲激响应系数转换为频域信道冲激响应系数。仿真后的结果表明，提出的联合精细时间同步和信道估计的方法可以有效纠正同步误差，提高信道估计的精确度。

2.2.4 仿真框图及实验流程

整个实验仿真的框图如图 2-4 所示。

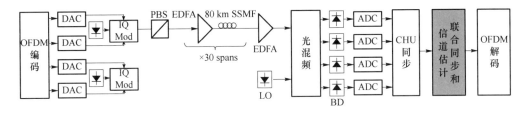

图 2-4 使用联合精细时间同步和信道估计的 PDM-CO-OFDM 仿真框图

图 2-4 是利用 VPI 仿真设置的示意图。该设置利用提出的联合精细时间同步和信道估计方案来评估 PDM-CO-OFDM 信号的传输性能。采用 QPSK 调制，符号速率为 9.26 Gbit/s。OFDM 的 FFT 大小为 256，使用长度为 4 的循环前缀（CP）。将 CHU 序列和训练序列插入每个帧，来进行粗略的时间同步和信道估计。经过总传输距离为 2 400 km 的 SSMF 上的 30 个跨度，信号被发送到接收器进行相干检测。在接收器处，首先执行粗略的时间同步，然后再进行联合精细时间同步和信道估计。

在此之前，OFDM 系统中分别进行 CHU 同步和 TDML 信道估计。如果时间同步正确，信道冲激响应的主功率将会位于 CIR 的中间。因此，我们可以利用信道冲激响应系数的功率分布来计算同步误差。提出的精细时间同步及信道估计流程图如图 2-5 所示。

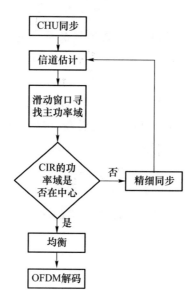

图 2-5　联合精细时间同
步及信道估计流程图

　　首先,利用 CHU 序列进行粗时间同步。其次,利用训练序列进行时域信道估计,并获得信道冲激响应系数。然后我们滑动 CIR 功率窗口找到最大的 CIR 功率域。同步误差是最大 CIR 功率域的中心指数减去 CIR 系数的中间指数。如果同步误差存在,则滑动对应的接收信号的窗口来进行精细时间同步,找到正确的同步采样点。当同步误差为零,则得到了精确的 CIR 系数。然后我们将时域 CIR 系数转换为频域 CIR 系数,并执行频域均衡。

　　滑动窗口算法的伪代码如下:

$$\text{CIR length} = 2l+1$$
$$\text{CIR middle index} = l+1$$
$$\text{sliding window length} = l$$
$$\text{for } i = 1:1:l+1$$
$$E_i = \sum_{j=i}^{i+1} |h_j|^2$$
$$\text{End}$$
$$\text{Find } i_{\max} = \text{argmax}(E_i)$$
$$\text{Error} = \frac{(i_{\max} + (i_{\max}+l))}{2} - (l+1)$$

　　CIR 系数的长度为 $2l+1$,滑动窗口的长度为 l。滑动窗口计算每 l 次 CIR 系数的功率并找到最大功率域。同步误差是最大 CIR 功率域的中心指数减去 CIR 系数的中间指数。

2.2.5 实验结果

图 2-6 是通过 CHU 序列同步的原始 CIR 和在精细同步之后的经过修改的 CIR。中间的竖线是 CIR 的中心轴。在精细同步之后,CIR 的主功率移至图的中间位置。图 2-7 表明了 Q 值性能与 OSNR 的关系。与 CHU 序列同步方法相比,所提出的精细时间同步和信道估计方案具有更好的性能。平均 Q 值提高了 0.8 dB。图 2-8表明了 Q 值与发射器激光器线宽的关系,所提出的方案具有更好的激光线宽容限。

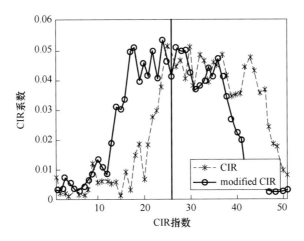

图 2-6 通过 CHU 序列同步的原始 CIR 和在
精细同步之后的经过修改的 CIR

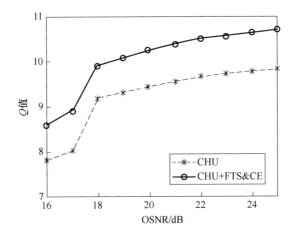

图 2-7 Q 值性能与 OSNR 的关系

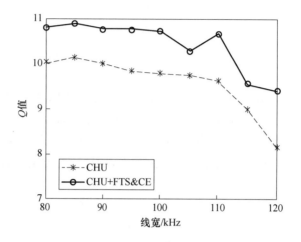

图 2-8　*Q* 值与发射器激光器线宽的关系

因此,提出的联合精细时间同步及信道估计的方法能够有效地纠正同步误差,提高信号的长距离传输性能。

2.3　级联深度神经网络对光信噪比、信号调制格式和速率的感知

在此之前,已经提出过几种方法,如斯托克斯空间、主成分分析和神经网络,用于识别单个或两个联合参数。近年来,深度学习的应用迅速增加,深度学习是一种基于数据分层表示概念的机器学习方法。

近年来,DNN、自动编码器、深度递归神经网络、长短期记忆神经网络等深度学习算法已经成功应用于分类、回归、降维、信息检索等领域,并且取得了丰富的成果。

在这里,利用深度神经网络与原始光信号中的振幅直方图相结合,进行训练,以实现光信噪比、信号调制格式和速率的感知。

2.3.1　振幅直方图

振幅直方图通过以比符号速率低得多的采样速率对信号的振幅进行随机采样而形成,采样周期与符号周期无关。采集大量的振幅信息之后形成振幅直方图。

振幅直方图能够针对不同的光信号展现出独特的模型,不同的光信噪比、信号调制格式和速率会导致不同的振幅直方图特性,如图 2-9 所示,图中展示了影响因子不同,呈现出的振幅直方图也不同。

振幅直方图有着成本低、实现复杂度低、对数据速率及调制格式透明的优点,同时,由于多重损伤的叠加影响,在振幅直方图上表现为各个损伤混叠在一起,因此不能对特定损伤进行检测。振幅直方图检测的精度取决于采集的样本数量。

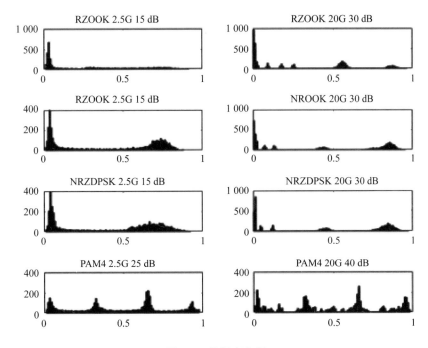

图 2-9　振幅直方图

2.3.2　采用的调制方式

　　PAM 是短距离传输光纤通信系统中的主要调制格式之一。PAM 是通信原理中抽样定理的一个应用,即脉冲幅度调制。传统的 PAM 调制解调技术是针对模拟信号的。PAM 是脉冲幅度随基带信号变化而变化的一种调制格式,根据脉冲信号调制原理,如果冲激脉冲序列作为调制载波,利用抽样定理进行抽样后得到的信号就是脉冲幅度调制信号。

　　在 PAM 调制格式中,PAM4 应用最为广泛。PAM4 用四种电平表示要发送的二进制信息,每个符号可以传输 2 bit 信息,与 NRZ 信号相比,在给定速率的情况下,PAM4 需要的带宽比 NRZ 减少了一半,在带宽受限的系统中,PAM4 信号的性能明显更好。并且系统的采样频率也和发送信号的传输速率有关,采用 PAM4 信号可以降低采样频率,即降低了对 DAC 以及 ADC 器件的性能要求。发送的波形包含四个电平,$s=\{1,-1,1/3,-1/3\}$。发送的每一种电平代表两位二进制信息,$s=1$ 表示信息 $\{1,1\}$,$s=3$ 表示信息 $\{0,1\}$,$s=-1$ 表示信息 $\{0,0\}$,$s=-3$ 表示信息 $\{0,1\}$。该四电平信号可以看作两个 NRZ 信号的叠加。在数字信号系统中,如果发送信号的电平数目是 M,符号速率为 D,则数据速率可以表示为 $R=D\log_2 M$,也就是在 PAM4 系统中,电平数是 $M=4$,所以数据的传输速率是波特率的两倍,系统中的发送端和接收端的带宽限制是由波特率决定的,所以在波特率一定的情况下,PAM4 调制格式可以传递更多的信息,频谱效率更高,同时可以采用带宽低的光学器件来实现,降低了系统成本。PAM4 信号在传输速率和抗噪声干扰的能力方面都有较为优异的性能。

DPSK 差分相移键控利用调制信号前后码元之间载波相对相位的变化来传递信息,OOK 二进制振幅键控是二进制振幅键控的特例,以单极性不归零码控制正弦载波的开启与关闭。

2.3.3　深度神经网络 DNN

深度神经网络 DNN 是一种广泛应用于图像识别和自然语言处理的机器学习方法。如图 2-10 所示,单层神经网络由三层组成:输入层、隐藏层和输出层。

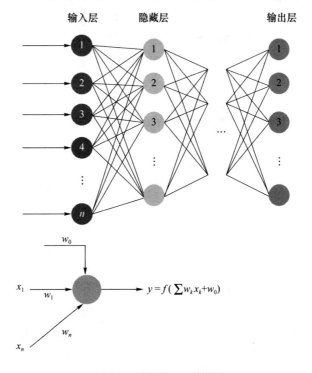

图 2-10　单层神经网络模型

当进行多参数识别尤其参数组合的数量较大时,神经网络的层数以及每一层中的神经元的数量会很大,从而导致深度神经网络模型的复杂度大大增加。为了有效降低DNN 模型的复杂度的同时提高识别的准确度,本书提出了用于联合光学的调制格式、比特率和 OSNR 识别的级联深度神经网络模型。

2.3.4　系统模型与结果分析

整个系统的架构如图 2-11 所示,经过不同调制格式的信号通过 80 km SSMF 光纤传输到接收端,在接收端设置不同的光信噪比之后通过带通滤波器,在光探测器端直接被检测。其中,前端和光通道的仿真在 VPI 软件中进行,基带编码器、幅度直方图和 DNN 模型的处理在 Matlab 中执行。

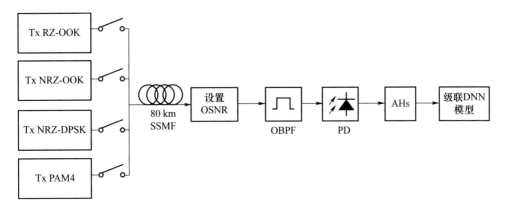

图 2-11 系统框架模型

在这个方案中,首先利用单个 DNN 通过不同的调制格式会产生不同的振幅直方图的特征来执行调制格式识别(MFI),然后利用几个独立的 DNN 进行 OSNR 识别和比特率识别。如图 2-12 所示,利用振幅直方图训练每个独立的 DNN 来识别特定的调制模式。

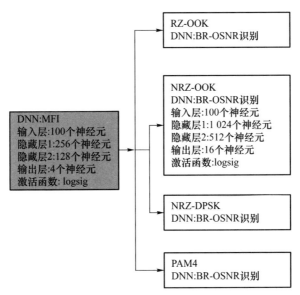

图 2-12 级联 DNN 模型

仿真中,信号分别采用 RZ-OOK、NRZ-OOK、NRZ-DPSK 以及 PAM4 四种调制格式,2.5 Gbit/s、5 Gbit/s、10 Gbit/s 以及 20 Gbit/s 四个不同的比特率和 15 dB、20 dB、25 dB、30 dB 的光信噪比。因此共有 64 种(4×4×4)不同的光信号。在接收

器处,通过带宽为 20GHz 的光学带通滤波器之后,信号会被光电检测器直接检测。

检测得到的振幅直方图通过软件同步算法进行级联 DNN 处理。在 DNN 训练过程中,我们为每个信号设置 200 个训练样本,因此一共有 12 800 个($200 \times 4 \times 4 \times 4$)训练样本。不同阶段的训练准确率如图 2-13 所示。

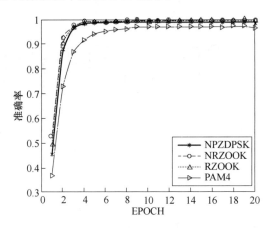

图 2-13　不同阶段的训练准确率

然后我们发送测试数据以验证级联 DNN 的准确性,一共设置了 3 586 个($56 \times 4 \times 4 \times 4$)样本。其中,第一个 DNN 识别调制格式的调制格式识别混淆矩阵如图 2-14 所示。

	2.5G-15dB	2.5G-20dB	2.5G-25dB	2.5G-30dB	5G-15dB	5G-20dB	5G-25dB	5G-30dB	10G-15dB	10G-20dB	10G-25dB	10G-30dB	20G-15dB	20G-20dB	20G-25dB	20G-30dB
2.5G-15dB	0.982	0.000	0.000	0.000	0.018	0.000	0.000	0.000	0.000	0.000	0.000	0.000	0.000	0.000	0.000	0.000
2.5G-20dB	0.000	1.000	0.000	0.000	0.000	0.000	0.000	0.000	0.000	0.000	0.000	0.000	0.000	0.000	0.000	0.000
2.5G-25dB	0.000	0.000	1.000	0.000	0.000	0.000	0.000	0.000	0.000	0.000	0.000	0.000	0.000	0.000	0.000	0.000
2.5G-30dB	0.000	0.000	0.000	1.000	0.000	0.000	0.000	0.000	0.000	0.000	0.000	0.000	0.000	0.000	0.000	0.000
5G-15dB	0.018	0.000	0.000	0.000	0.964	0.000	0.000	0.000	0.000	0.000	0.000	0.000	0.000	0.000	0.000	0.000
5G-20dB	0.000	0.000	0.000	0.000	0.000	1.000	0.000	0.000	0.000	0.000	0.000	0.000	0.000	0.000	0.000	0.000
5G-25dB	0.000	0.000	0.000	0.000	0.000	0.000	1.000	0.000	0.000	0.000	0.000	0.000	0.000	0.000	0.000	0.000
5G-30dB	0.000	0.000	0.000	0.000	0.000	0.000	0.000	1.000	0.000	0.000	0.000	0.000	0.000	0.000	0.000	0.000
10G-15dB	0.000	0.000	0.000	0.000	0.000	0.000	0.000	0.000	1.000	0.000	0.000	0.000	0.000	0.000	0.000	0.000
10G-20dB	0.000	0.000	0.000	0.000	0.000	0.000	0.000	0.000	0.000	1.000	0.000	0.000	0.000	0.000	0.000	0.000
10G-25dB	0.000	0.000	0.000	0.000	0.000	0.000	0.000	0.000	0.000	0.000	1.000	0.000	0.000	0.000	0.000	0.000
10G-30dB	0.000	0.000	0.000	0.000	0.000	0.000	0.000	0.000	0.000	0.000	0.000	1.000	0.000	0.000	0.000	0.000
20G-15dB	0.000	0.000	0.000	0.000	0.000	0.000	0.000	0.000	0.000	0.000	0.000	0.000	1.000	0.000	0.000	0.000
20G-20dB	0.000	0.000	0.000	0.000	0.000	0.000	0.000	0.000	0.000	0.000	0.000	0.000	0.000	1.000	0.000	0.000
20G-25dB	0.000	0.000	0.000	0.000	0.000	0.000	0.000	0.000	0.000	0.000	0.000	0.000	0.000	0.000	1.000	0.000
20G-30dB	0.000	0.000	0.000	0.000	0.000	0.000	0.000	0.000	0.000	0.000	0.000	0.000	0.000	0.000	0.000	1.000

图 2-14　调制格式识别混淆矩阵

RZ-OOK、NRZ-OOK、NRZ-DPSK 以及 PAM4 调制格式的识别准确率分别为 100%、98.5%、98.2% 以及 100%,平均识别准确率为 99.18%。

执行模式识别后,第二个 DNN 将识别 OSNR 和比特率。以 RZ-OOK 的比特率和光信噪比识别的混淆矩阵为例(如图 2-15 所示),我们可以看到 DNN 模型可以以

100％的准确率识别大多数的比特率和 OSNR。

	2.5G-15dB	2.5G-20dB	2.5G-25dB	2.5G-30dB	5G-15dB	5G-20dB	5G-25dB	5G-30dB	10G-15dB	10G-20dB	10G-25dB	10G-30dB	20G-15dB	20G-20dB	20G-25dB	20G-30dB
2.5G-15dB	0.982	0.000	0.000	0.000	0.018	0.000	0.000	0.000	0.000	0.000	0.000	0.000	0.000	0.000	0.000	0.000
2.5G-20dB	0.000	1.000	0.000	0.000	0.000	0.000	0.000	0.000	0.000	0.000	0.000	0.000	0.000	0.000	0.000	0.000
2.5G-25dB	0.000	0.000	1.000	0.000	0.000	0.000	0.000	0.000	0.000	0.000	0.000	0.000	0.000	0.000	0.000	0.000
2.5G-30dB	0.000	0.000	0.000	1.000	0.000	0.000	0.000	0.000	0.000	0.000	0.000	0.000	0.000	0.000	0.000	0.000
5G-15dB	0.018	0.000	0.000	0.000	0.964	0.000	0.000	0.000	0.018	0.000	0.000	0.000	0.000	0.000	0.000	0.000
5G-20dB	0.000	0.000	0.000	0.000	0.000	1.000	0.000	0.000	0.000	0.000	0.000	0.000	0.000	0.000	0.000	0.000
5G-25dB	0.000	0.000	0.000	0.000	0.000	0.000	1.000	0.000	0.000	0.000	0.000	0.000	0.000	0.000	0.000	0.000
5G-30dB	0.000	0.000	0.000	0.000	0.000	0.000	0.000	1.000	0.000	0.000	0.000	0.000	0.000	0.000	0.000	0.000
10G-15dB	0.000	0.000	0.000	0.000	0.000	0.000	0.000	0.000	1.000	0.000	0.000	0.000	0.000	0.000	0.000	0.000
10G-20dB	0.000	0.000	0.000	0.000	0.000	0.000	0.000	0.000	0.000	1.000	0.000	0.000	0.000	0.000	0.000	0.000
10G-25dB	0.000	0.000	0.000	0.000	0.000	0.000	0.000	0.000	0.000	0.000	1.000	0.000	0.000	0.000	0.000	0.000
10G-30dB	0.000	0.000	0.000	0.000	0.000	0.000	0.000	0.000	0.000	0.000	0.000	1.000	0.000	0.000	0.000	0.000
20G-15dB	0.000	0.000	0.000	0.000	0.000	0.000	0.000	0.000	0.000	0.000	0.000	0.000	1.000	0.000	0.000	0.000
20G-20dB	0.000	0.000	0.000	0.000	0.000	0.000	0.000	0.000	0.000	0.000	0.000	0.000	0.000	1.000	0.000	0.000
20G-25dB	0.000	0.000	0.000	0.000	0.000	0.000	0.000	0.000	0.000	0.000	0.000	0.000	0.000	0.000	1.000	0.000
20G-30dB	0.000	0.000	0.000	0.000	0.000	0.000	0.000	0.000	0.000	0.000	0.000	0.000	0.000	0.000	0.000	1.000

图 2-15 RZ-OOK 的比特率和 OSNR 的识别混淆矩阵

RZ-OOK、NRZ-OOK、NRZ-DPSK 以及 PAM4 的联合光信噪比和比特率的识别准确率分别为 99.67％、99.33％、99.33％ 和 98.10％。因此,调制格式、比特率和光信噪比的平均联合识别准确率为 99.18％×(99.67％＋99.33％＋99.33％＋98.10％)/4=98.8％。

通过使用经过信号幅度直方图训练的级联深度神经网络模型,我们提出了一种用于光通信系统中多参数识别的新颖方法。仿真结果表明,所提出的神经网络模型能够同时准确地识别光调制格式、比特率和光信噪比。该方法还可以扩展以识别更多的光学参数。

2.4 基于异或神经网络的光信号调制格式识别

光性能监测(OPM)是网络管理中的一个重要组成部分,它对于保证各种中间节点和目的节点的高质量服务至关重要。光调制格式、光信噪比(OSNR)识别是 OPM 的两个重要方面。近年来,相干光传输系统和先进的调制格式,如 M 元相移键控(PSK)和正交幅度调制(QAM)正在迅速建立起来,其中传统眼图分析仪由于缺乏相位信息而不再有效。相反,星座图被用来显示幅度和相位信息,并且全面地呈现 PSK 和 QAM 信号的多个性能指标。通过观察星座图,可以识别调制格式,估计光信噪比(OSNR),计算误差矢量大小(EVM),并分析各种损伤。然而,传统的星座图分析方法对专业知识的依赖性很强,只适用于经验丰富的工程师。同时,手工操作只能对近似值进行定性估计,难以得到准确的结果。另外,传统的统计方法需要获取每个星座点的信息,这意味着需要收集所有的同相和正交数据。这是一个相当耗时的过程,因此不适用于实时测试系统。因此,未来的星座图分析仪仍希望采用更先进的技术,在不需要人工干预的情况下,发展智能操作、无人为误差的精确测量和无数据统计的即时处理能力。

近年来,许多学者提出了基于神经网络的光信号性能监测技术。与传统的格式相比,基于神经网络的技术取得了最高的准确率。但是,神经网络庞大的结构和复杂的计算使其无法应用于实时系统。

在这里提出一种新型的调制格式识别的神经网络。在不降低神经网络识别的准确率的情况下,神经网络模型的大小能降低约97%。

近年来,基于神经网络的调制格式识别方法被广泛地讨论。本章参考文献[14]提出了一种基于卷积神经网络(CNN)的深度学习技术,实现了调制格式识别(MFR)和光信噪比(OSNR)估计的智能眼图分析仪。CNN具有特征提取和自学习的能力,可以从图像处理的角度对原始的眼图(图像的像素值)进行处理,而不需要知道其他的眼图参数或原始的比特信息。识别对象是4种一阶的调制格式:4PAM,RZ-DPSK,NRZ-DPSK,RZ-OOK。本章参考文献[15]提出了一种基于卷积神经网络(CNN)的深度学习技术,实现调制格式识别(MFR)和光信噪比(OSNR)估计的智能星座图分析仪。CNN具有特征提取和自学习的能力,可以从图像处理的角度对原始数据形式的星座图(即图像的像素点)进行处理,无须人工干预和数据统计。从示波器的星座图生成模块中,获得了6种在宽OSNR范围(15~30 dB和20~35 dB)内广泛使用的调制格式的星座图图像,进行了仿真和实验研究。

北京邮电大学王丹石博士借鉴了传统计算机视觉的卷积神经网络,提出了基于全精度卷积神经网络的光信号调制格式识别,面对5种调制格式,可以达到接近100%的准确率,OSNR检测值误差低于0.8 dB。但是,调制格式识别技术并不是太复杂的图像分类问题,不需要用如此复杂和庞大的神经网络。

本小节的模型从王丹石的论文中得到启发——可以将全精度的float32型数据的精度降低到int8,乃至二值化,配合合理的训练,并不会降低识别精度。

2.4.1 调制格式识别

异构型和动态性是下一代光纤通信网络的两大特性。异构型是在光网络中包含多种调制格式和速率,动态性是信号的调制格式可以动态的变化从而适应不同的信道。由于在发送端,可重构发射机使用的光调制格式多种多样,因此,使用了调制格式识别技术的数字接收机能够高效准确的接收并解调信号。使用调制格式识别技术,不仅能够使得信号的传输高效化,而且能够使得光学检测设备适用于多种调制格式,提高系统性能。

调制格式识别技术应用在通信系统中的信号检测之后,解调之前。技术原理为:首先对信号进行处理得到信号的特征参量,然后采用一定的技术措施对特征参量进行判定,最后确定信号的调制参数等影响解调正确率的因素,从而为后续的信号处理提供参考和帮助。

早期的调制格式识别技术主要采用人工识别的方式。通过使用不同调制方式的解调器接收高频信号,将其转变为可观察的信号,然后再根据信号的波形、频谱、幅度等可视可听的因素,人工地判定信号的调制方式。这种调制方式耗时耗力,而且遇到复杂的调制方式时不容易正确的识别,存在很大的弊端。

现在的调制格式识别技术,多采用自动机器识别技术。不仅能够克服人工识别的种种障碍,还能够抵抗对中心频率和带宽的估计误差、衰落效应等干扰因素。调制格式自动识别技术在协作通信和非协作通信领域都发挥了重要作用,在军用和民用领域应用广泛。比如:在军用领域,利用调制格式识别技术在电子对抗中可以截获地方信号进行监听和干扰;在民用领域,利用调制格式识别技术实现智能化的无线电检测。

调制格式识别技术时典型的模式识别问题——将处理对象进行有效的分类,当分类的对象时信号的调制格式时,就是调制格式识别。调制格式识别的流程有:获取信号,对信号进行预处理,提取信号的特征并且选择出能够有效分类的特征,设计分类器以及进行分类。调制格式识别需要有两组数据:调制格式集合以及进行训练的已知调制格式的信号样本集合。首先选择用于分类的特征参数,然后选择合适的分类器,从已知调制格式的信号样本集合中提取出特定的特征参数并利用选取的分类器进行训练。在训练的过程中不断的调整分类器的参数使得输出的数据满足误差需求,得到最终训练好的模型。因此,调制格式识别中最重要的两个环节就是特征的提取与选择及分类器进行分类。

调制格式识别的技术可以概括为两大类:基于似然函数的方法和基于特征的方法。基于似然函数的调制格式识别的技术使用概率和假设检验参数来识别问题,这种方法需要指定正确的假设并精心选取合适的门限值。但是基于似然函数的技术的计算复杂度较高,不易实现。基于特征的调制格式识别技术更加简单易行,使用更为广泛。特征的提取和选择过程,就是对原始数据进行特定的变化,得到最能反映分类差别的某种特征,在理想情况下,某种调制格式的信号经过特征提取和选择,将得到与其他调制格式信号具有明显差别的特征矢量。特征矢量的提取能够影响分类器的分类性能。

2.4.2　异或神经网络

二值化神经网络是一种将权重值和隐藏层激活函数值二值化为正一或者负一的神经网络。二值化神经网络主要针对神经网络权重来进行二值化来加速神经网络运算和减少权重的内存消耗。但是二值化神经网络还不够快,所以异或神经网络应运而生。相比于权重二值化神经网络,异或神经网络将网络的输入也转化为二进制值,所以,异或神经网络中的乘法和加法运算用按位异或和数1的格式来代替。从内存消耗来看,对于相同的网络结构,异或神经网络和二值化神经网络存储相同大小的权重。从计算量来看,异或神经网络的运算速度是全精度卷积神经网络的58倍,是二值化神经网络的29倍。由于卷积运算被按位运算代替,速度提升非常显著,但是精度也会相应地降低。

对于二值化神经网络的卷积操作来说,实数输入与二值化权重进行卷积,然后乘以实数尺度因子。对于异或神经网络卷积操作来说,二值化输入与二值化权重进行卷积然后乘以实数尺度因子和输入与卷积窗的缩放因子。二值化神经网络中卷积是使用加法或者减法来执行的,异或神经网络中卷积是按位异或和计数来实现的。

异或神经网络的权重二值化和二值化神经网络一样,用 W 的 L1 范数的平均来作为尺度因子。异或神经网络中的输入二值化会引入重复计算的问题,于是更高效的方法就是对输入求平均值得到 A。

异或神经网络通过同时对权重 W 和输入 I 进行二值化操作,达到既减少模型存储空间,又加速模型的目的。在传统计算机视觉领域,这么极端的压缩方案对准确率影响也比较明显。但是,对于光纤通信调制格式识别问题来说,它可以定位为一个较简单的计算机视觉问题,异或神经网络的识别功能是足够使用的,对准确率影响不大。本小节将异或神经网络应用于光通信系统的光性能监测中。

2.4.3 系统框架

系统框架如图 2-16 所示。

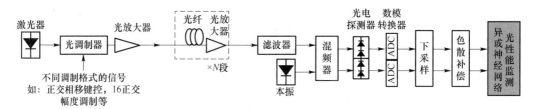

图 2-16 光传输系统框架图

发射端是包括一个激光器和一个信号驱动的光调制器。信号格式包括 QPSK,8QAM,16QAM,32QAM,64QAM。然后由光放大器控制入纤功率。传输信道包括 N 端光纤和光放大器链路。通过信道后的信号通过滤波器后和本振进行混频,随后通过光电探测器、数模转换器后得到数字信号,进入数字信号预处理阶段(包括下采样和色散补偿)。这里得到的信号进入异或神经网络光性能监测模块。异或神经网络结构图如图 2-17 所示。

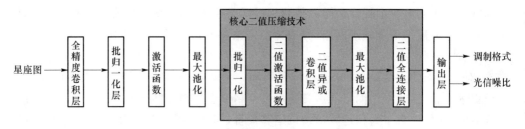

图 2-17 异或神经网络结构图

异或神经网络结构包括：全精度卷积层（卷积核 20 个）、批归一化层、激活函数、最大池化层、批归一化层、二值激活函数、二值异或卷积层（卷积核 500 个）、最大池化层、二值全连接层（500 个神经元）、输出层。其中，第一层卷积层依然是全精度的，第二层卷积层和最后的全连接层都被二值化。如果第一层卷积层也使用二值化，整个神经网络性能将大大降低。重点是第一批神经网络的输入是图 2-16 色散补偿后得到的星座图，星座图的尺寸是 28×28，输出是调制格式和光信噪比。

我们通过仿真系统生成 6 000 个训练样本和 2 000 个测试样本。调制格式包括 {QPSK，8QAM，16QAM，32QAM，64QAM}，光信噪比包括 {10dB，12dB，14dB，16dB，18dB，20dB}。例如，一组信噪比为 10dB 的 8QAM 的光信号接收到后，进入光性能监测模块，输出为 {{-1,+1,-1,-1,-1}{+1,-1,-1,-1,-1,-1}}。这样，通过 60 轮训练后，得到一个稳定的异或神经网络。

最后，我们从神经网络模型大小和准确率来统计异或神经网络的性能，对照组为全精度的卷积神经网络。二者网络结构保持一致，只有计算精度的区别，分别是 float32 和二值（+1,-1）。全精度神经网络与异或神经网络性能对比如表 2-1 所示。模型从 1.7MB 下降到 102KB，缩小了 94%。然而，调制格式识别的准确率都是 100%。信号的光信噪比的识别准确率基本没有降低。例如，8QAM 的信号光信噪比识别，从 99.6% 降低到 99.5%，降低了 0.1%，可以忽略不计。总之，本小节提出的方法在不降低识别准确率的情况下，大大缩小了模型大小。在实时系统中部署，降低硬件空间的约束，更加方便。

表 2-1　全精度神经网络与异或神经网络性能对比

类别	模型大小	调制格式	QPSK	8QAM	16QAM	32QAM	64QAM
全精度神经网络	1.7MB	100%	99.9%	99.6%	99.7%	99.4%	99.2%
异或神经网络	102KB	100%	99.9%	99.5%	99.7%	99.3%	99.0%

与全精度的神经网络对比，该方法在不改变识别准确率的情况下将模型压缩了 90% 以上，更适合实时环境。

总结：提出一种基于异或神经网络的光信号性能监测技术，与全精度的神经网络对比，该方法在不改变识别准确率的情况下将模型压缩了 90% 以上，更适合实时环境。

2.5　人工神经网络对 PAM4 信号进行光学性能检测

基于人工神经网络的单模系统损伤感知方案，首次实现了 PAM4 信号光信噪比（OSNR）、色散（CD）和差分群延时（DGD）的监测。而在模分复用系统中，损伤参数感知涉及多通道的链路损伤，包括光信噪比（OSNR）、模式色散（MD）、模式差分群时延（MDGD）、模式相关损耗（MDL）等，同时也要求能够感知收发机损伤（如 IQ 不平衡）、光源相位噪声以及通道速率、信号调制格式等参数。如果仍然采用传统的人工神经网络参数感知方法,需要对所有的不同速率、调制格式、光信噪比、模式色散、模式差分群时延、模式相关损耗及收发机损伤等信号组合进行特征提取和神经网络训练,需要大量的训练数据样本。同时,其神经网络节点数和网络层数巨大,结构复杂。因此,需要有更简单和更高效的参数感知方法。基于人工神经网络的复杂损伤参数感知主要研究内容包括:

(1) 模分复用系统信号损伤机理分析,包括模式色散、模式差分群时延、模式相关损耗、收发机损伤等各种损伤产生机理及相互作用规律。

(2) 高效的信号特征提取和分类技术。利用神经网络训练时,为了更好地进行参数估计和分类,需要对输入信号进行特征提取,将输入信号分为不同的子集,好的特征提取能够大降低神经网络结构的复杂性。

(3) 为有效地降低单个神经网络的规模,提高估计和分类的准确性,我们拟利用多个简单的神经网络通过级联的方式实现多参数的感知。需要对级联神经网络进行构建及分析,同时对网络层数、层节点数、激活函数进行选取和优化,分析训练样本数对性能的影响。

色散,在光以不同的速度在光纤中传播时,接收端会因为光信号到达的时间不同产生时间差,从而导致光信号脉冲的展宽,脉冲展宽的现象被称为色散。

随着分布式存储,云计算以及高清视频的发展,光通信网络的带宽呈爆炸式增长。在诸如数据中心连接和光接入网之类的短距离光通信系统中,具有强度调制和直接检测(IM/DD)的高级调制格式——即四级脉冲幅度调制(PAM4)已经显示出巨大的发展前景。通过使用较低的波特率,PAM4 可以有效地将每个通道的比特率提高到 50 Gbit/s 以上,同时能够以省电且经济高效的方式提供更长的传输距离。IEEE 400GbE P802.3bs 工作组已采用光学 PAM4 信令作为数据中心互连的唯一可行性技术标准。

光学性能检测 OPM 是网络管理中的重要元素,对于确保各种中间节点和目标节点的服务质量至关重要。在高速通信系统中,光学性能很大程度上取决于三个关键的物理层参数:光信噪比(OSNR)、色散(CD)和差分群时延(DGD)或一阶偏振模色散(PMD)。

在此之前,已经提出了几种统计学习理论(支持向量机模式分类和人工神经网络),来用于对 OOK 信号的光学性能的检测。

在本节中,我们提出了一种新的光学性能检测的方法,该方法利用从眼图中获取的 PAM4 信号参数来训练反向传播人工神经网络(ANN)模型。

2.5.1 原理介绍

与 OOK 信号相比,PAM4 信号的眼图更为复杂,它具有 4 个电平值、3 个眼高、6 个交叉幅度以及 6 个抖动。为了简单有效地获取眼图参数,我们将 PAM4 眼图分为 6 个部分,如图 2-18 所示,可以得到 6 个独立的交叉幅度和 6 个抖动。该方法也可以扩展用于光学 PAM-N 的信号参数提取。

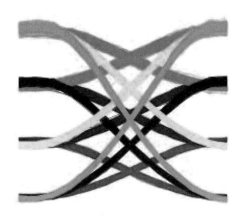

图 2-18 PAM4 信号的交叉部分

反向传播(BP)是一种计算方法,是相对于人工神经网络中的权重,计算出损失函数的梯度的方法。它通常用于通过调整权重来优化网络性能的算法中。

2.5.2 系统框架设计以及实现

VPI 软件用于前端和光通道的仿真,而基带 PAM4 编码器、眼图重构和 ANN 模型处理在 Matlab 中执行。单驱动 Mach-Zehnder 调制器(MZM)从外部调制 1 550 nm 处的连续波(CW)光,以产生光 PAM4 信号。单通道的数据速率为 56 Gbit/s。在 CD 仿真器和 DGD 仿真器之后,信号被发送到光信噪比设置模块以调整接收到的光信噪比。在接收器处,通过带宽为 50 GHz 的光学带通滤波器(OBPF)之后,光电探测器直接检测到 56 Gbit/s 的 PAM4 信号。眼图重构通过软件同步算法来实现,然后提取眼图参数以进行进一步的 ANN 模型处理。

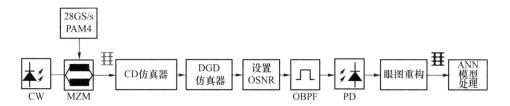

图 2-19 PAM4 系统中检测模型

我们设计了一个全连接的神经网络,该网络有 5 个隐藏层,每层分别由 6、5、6、5、6 个神经元,如图 2-20 所示。

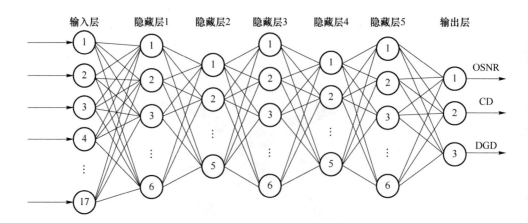

图 2-20 人工神经网络结构图

图 2-21 是 OPM 的 ANN 模型,它在输入层由 17 个神经元,在输出层由 3 个神经元,采用的激活函数为 Sigmoid 函数,采用的训练方法为 Quasi-Newton 方式。由于眼图参数会随着不同的组合而发生显著的变化,因此除 6 个独立的交叉幅度(CA1、CA2、CA3、CA4、CA5、CA6)和 6 个独立的抖动(Jitter1、Jitter2、Jitter3、Jitter4、Jitter5、Jitter6)外,还有最大电压和最小电压(V_{max},V_{min})、计算得眼图的 4 个水平值(V_0,V_1,V_2,V_3)、3 个眼图的高度(EHdown,EHmiddle,EHup)和 3 个眼图的平均品质因素(Q)作为输入参数。ANN 的输出是 OSNR、CD 和 DGD。

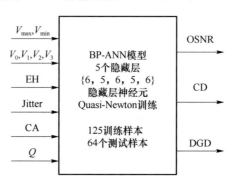

图 2-21 OPM 的 ANN 模型

对于光信噪比而言,损伤的检测范围为 26~42 dB;对于色散而言,损伤的检测范围为 0~400 ps/nm;对于差分群时延而言,损伤的检测范围为 0~8 ps。

在仿真过程中,使用了 125 个损伤组合眼图参数作为多层 BP-ANN 训练集:OSNR-26、30、34、38 和 42dB;CD-0、100、200、300 和 400ps/nm;DGD-0、2、4、6 和 8ps。

经过 500 次训练后,3 个损伤参数的训练误差小于 10e-5。图 2-22 展示了具有不同损伤组合的 PAM4 信号的眼图。

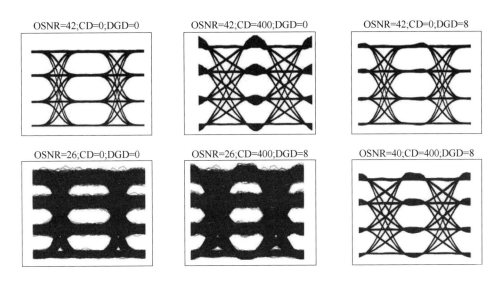

图 2-22 不同损伤组合的 PAM4 信号的眼图

从图中可以看出,不同的损伤组合在眼图中产生了不同的特征。训练模型后,我们使用一组不同的测试数据来验证模型训练的准确率,测试组合为:OSNR-28、32、36 和 40 dB;CD-50、150、250 和 350 ps/nm;DGD-1、3、5 和 7 ps。图 2-23 显示了 OSNR、CD 和 DGD 的测试结果以及和 BP-ANN 建模数据的比较结果。

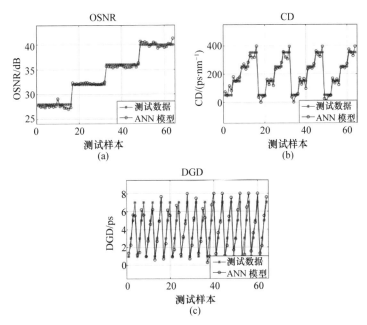

图 2-23 OSNR、CD 和 DGD 的测试结果

从图中可以看出,人工神经网络模型可以准确预测并发损伤,监测到的均方根误差:OSNR 为 0.21 dB,CD 为 6.79 ps/nm,DGD 为 0.8 ps,如表 2-2 所示。

表 2-2　训练及测试结果摘要

训练误差	训练样本	测试样本
<10e-5	125	64
OSNR RMS 误差	CD RMS 误差	DGD RMS 误差
0.21 dB	6.79 ps/nm	0.8 ps

2.5.3　结论

通过使用眼图得出的参数训练多层 BP 人工神经网络模型来对光学 PAM4 信号通信系统进行多损伤检测。仿真结果表明,所提出的神经网络模型能够准确估计 56GbpsPAM4 光信号的光信噪比、色散以及差分群时延。所提出的方法可以进行进一步的扩展从而检测更多的 PAM-N 光信号的性能。

本章参考文献

[1] 刘泽波. 偏振复用相干光 OFDM 系统信道估计技术研究[D]. 成都:电子科技大学,2014.

[2] 申超. 基于 OFDM 的中继系统同步及信道估计算法研究[D]. 北京:北京邮电大学,2013.

[3] Zhenhua Dong, Faisal Nadeem Khan, Qi Sui. Optical Performance Monitoring: A Review of Current and Future Technologies[J]. Joural of Lightwave Technology, 2016, 34(2):525-543.

[4] Faisal Nadeem Khan, Kangping Zhong, Xian Zhou. Joint OSNR monitoring and modulation formatidentification in digital coherent receivers using deep neural networks[J]. Optics Express,2017, 25(15):17767-17776.

[5] Yan Zhao, Chen Shi, Tao Yang. Low-complexity and joint modulation format identification and OSNR estimation using randomforest for flexible coherent receivers[C]. 2020.

[6] Dan Sadot, G. Dorman, Albert Gorshtein. Single channel 112Gbit/sec PAM4 at 56Gbaud with digital signal processing for data centers applications[J]. Optics Express,2015, 23(2):997.

[7] Jingjing Zhou, Changyuan Yu. Transmission Performance of OOK and 4-PAM Signals Using Directly Modulated 1.5-μmVCSEL for Optical Access Network

[J]. Journal of Lightwave Technology，2015，33(15):3243-3249.

[8] Ronald A Skoog，Thomas C Banwell，Joel W Gannett. Automatic Identification of Impairments Using Support Vector Machine Pattern Classification on Eye Diagrams [J]. IEEE Photonics Technology Letters，2006，18(22):2398-2400.

[9] Xiaoxia Wu，Ronald A. Skoog. Applications of Artificial Neural Networks in Optical Performance Monitoring[J]. Journal of Lightwave Technology，2009，27(16):3580-3589.

[10] Faisal Nadeem Khan，Thomas Shun Rong Shen. Optical Performance Monitoring Using Artificial Neural Networks Trained With Empirical Moments of Asynchronously Sampled Signal Amplitudes [J]. IEEE Photonics Technology Letters，2012,24(12):982-984.

[11] 张艳秋. 光纤通信系统中调制格式识别的研究[D]. 北京:北京交通大学,2016.

[12] 尚进. 光信号的识别技术研究[D]. 武汉:华中科技大学,2016.

[13] 翁恩聪. 数字传输系统的品质因数 Q[J]. 通信学报,1985,6(2):71-73.

[14] Wang D,et al. Modulation Format Recognition and OSNR Estimation Using CNN-Based Deep Learning[J]. in IEEE Photonics Technology Letters, 2017,29(19): 1667-1670.

[15] Wang D，Zhang M，Li J,et al. Intelligent constellation diagram analyzer using convolutional neural network-based deep learning[J]. Opt. Express,2017,25:17150-17166.

[16] 张建康,陈恩庆,穆晓敏. OFDM 系统中一种最大似然信道估计算法[J]. 兵工学报, 2009, 30(09): 1206-1210.

[17] 吕婉婷. 基于 PAM4 和 FTN 的直接检测光纤传输系统研究[D]. 北京:北京邮电大学, 2017.

[18] 陈颖. 偏振复用相干光 OFDM 信道估计技术的研究与仿真[D]. 北京:北京邮电大学,2011.

第3章 基于机器学习的偏振和模式解复用技术

3.1 传统的偏振和模式解复用原理

近年来,随着网络用户的持续增加以及新型网络数据业务的不断出现,网络中的数据流量急剧增长,可预见,将来网络容量将保持每 10 年 100 倍的增长趋势。不断增长的网络数据流量和动态的网络业务对光网络的信息承载能力提出了更高的要求。据保守估计,目前已铺设的单模光纤在未来 10 年内将达到容量上限,其技术潜力和网络需求间的矛盾日益显现。从光场的物理维度看,当前的时间(时分复用)、频率(波分复用)、偏振(偏振复用)和正交性(正交幅度调制)都已经得到充分利用,标准单模光纤的通信容量已经接近于其非线性香农极限(100 Tbit/s)。要进一步提高光纤的传输能力,必须引入新的维度和采用新的复用方式。近年来,以模式、纤芯复用为代表的多维复用技术已开始在高速光传输领域得到关注,并成功表明空间维度的引入可以带来传输容量数量级的提升。我们这里主要关注模分复用技术,暂不涉及基于多芯光纤的纤芯复用。实际上,模分复用和纤芯复用是互补关系,将多芯光纤的每一芯都做成少模光纤,纤芯和模式两个维度的结合,可以带来容量的进一步提升。相比于传统的通过增加光纤数量提高容量的方式,基于模分复用的光通信系统有如下几个优点:从容量的角度来讲,模分复用技术可以使信道容量产生数量级的提升,从而更好地满足未来大容量网络的需求;从能耗的角度来讲,模分复用的发射接收模块带来了光电器件进一步的集成空间,同等条件下光放大器等器件数量大大减少,从而可以有效降低能量的消耗;从成本的角度来讲,模分复用收发模块的高度集成也带来了成本的有效降低。

3.1.1 偏振复用及解复用

在 20 世纪中叶,基于光偏振的研究就已经被广泛开展,1991 年,Claude Herard 和 Alain Lacourt 提出有关偏振光复用的理论以及偏振光复用后的信号在单模光纤中传输的论述。伴随计算能力的提升,携带多维信息的偏振技术相比较传统的光强度传输技术的优势逐渐浮现出来。

偏振是指横波的振动矢量偏于某些方向的现象。根据麦克斯韦电磁理论,光波在与自身传输方向相垂直的平面上存在任意方向的振动矢量,即为光的电场矢量。在光学上,把光波具有的这种特殊的电场矢量称为光的偏振。光的偏振表明了光波具有横波特性。由于纵波只沿着与波一致的方向振动,因此不会发生偏振。振动方向对于传播方向的不对称性也称为偏振。光的偏振是光波自身固有属性,如果某一光波的电场矢量在空间无规律地快速变化,而不呈现出任何的方向性,则称为非偏振光,或是自然光。偏振光又根据其本身在传输过程中偏振态变化规律的不同,分为完全偏振光和部分偏振光。在光波中,如果绝大多数的电矢量具有相同的振动方向,则该光波被称为完全偏振光。其中,如果电矢量的振动方向只存在于某一确定的平面,则称该光波为线偏振光;如果电矢量的振动方向随时间做有规则的变化,则电矢量的运动轨迹在垂直于传播方向的平面上的投影呈圆形或椭圆形,则该光波称为圆偏振光或者椭圆偏振光。

偏振复用技术则是利用光的偏振程度,在同一波长信道中,通过光的两个相互正交偏振态同时传输两路独立数据信息达到加倍系统容量和频谱利用率的目的。它是光纤通信中一种比较新的复用方式,在这种复用方式中,传输波长的两个独立且相互正交的偏振态作为独立信道分别传输两路信号,从而使光纤的信息传输能力提高一倍且不需要增加额外的带宽资源。

在具体的偏振复用系统中,实现偏振复用的主要器件包括:偏振合束器 PBC、偏振分束器 PBS、偏振控制器 PC 及玻片等。偏振复用技术要求传输的两路信号的偏振态独立且相互正交,这就要求两束光信号是完全偏振光,且都为线偏振光或者圆偏振光。对于这两种光,偏振态意味着两束光波为偏振态相互垂直的线偏振光或者两束光波为左旋圆(椭圆)偏振光和右旋圆(椭圆)偏振光。

传统的偏振复用技术是利用偏振分束器或者耦合器产生偏振复用信号,在发送端信号源通过分束器分成两束光分别进入偏振器形成两偏振态正交的线偏振光,然后对链路正交偏振光分别进行调制,然后经过耦合器进行合波。在接收端,需要将该正交复用的光信号分割开来以得到两束独立的光路,可以利用直接检测和相干检测实现偏振复用系统的解复用,直接检测技术成本较低,并且相对简单。相干检测有灵敏度高、频带宽以及能够在数字域补偿损伤的优点。

基于直接检测实现的偏振解复用,通常通过对两个传输通道中的光信号进行实时监测,利用检测到的信息动态地调整两个传输通道中光信号的偏振态,最后利用 PBS 将其分开。直接检测技术的原理是跟踪和实时调整到达光接收机处的信号光的偏振态,利用得到的电信号表征传输光的 Stokes 状态,通过 PBS 将在发送端复用的光信号实现解复用,将两束正交的偏振光分开。

相干接收的原理如下:在接收端需要有一个与发射端光源具有相同频率相同相位的光源,称为本振光。接收到的光信号与本振光混频、偏振分集接收后得到的四路信号通过 PD 和 AD 后得到数字电压信号,经由数字信号处理技术处理实现载波相位恢复、时序恢复、色散补偿和偏振解复用。采用相干接收实现的偏振复用的系统,可以不受光信号调制格式的限制,提高了频谱利用率和传输容量。

3.1.2 模式解复用

在模式复用的系统中,每个信号都要被调制到独立的模式上以扩展系统的容量,同时为了保证模式复用系统的性能,需要在接收端加入信号处理技术来进行模式解复用,以平衡系统中的损伤。

解复用是复用的逆过程。现行的有两大类模式解复用的算法——时域均衡算法和频域均衡算法,按照有无数据辅助又可以分为数据辅助的均衡方法和无数据辅助的盲均衡方法。

偏振复用系统的解复用可以采用直接检测技术或者相干检测技术。在过去的工作中,业界提出了基于偏振复用的自零差检测技术,在两个独立的偏振方向上传输信号和导频,经过光纤传输后,信号和导频在接收端进行解偏振复用,然后两者进行混频实现相干检测。在该技术中,由于需要在一个偏振方向上独立的传输导频,偏振复用自零差检测导致频谱效率减半。最近几年,作为选择型技术之一,模式复用(MDM)在高速光传输领域被广泛讨论。通过用少模光纤取代单模光纤,MDM 可以打破单模光纤传输的"瓶颈",有效扩展系统容量。相比于利用多个并行的单模光纤实现用户接入,MDN-PON 可以有效地减少地系统能耗并与现有的单模系统兼容,从而带来低成本的接入网应用。

3.1.3 模式复用解复用器

1. 光纤熔融拉锥型模式复用解复用器

我们利用全光纤型熔融拉锥型模式选择耦合器来设计低模式串扰的模式复用器/解复用器。模式选择耦合器的制作是基于相位匹配条件。而在耦合的过程中,由耦合模方程推导:

$$\frac{dA_1(z)}{dz} = i(\beta_1 + C_{11})A_1 + iC_{12}A_2 \tag{3-1}$$

$$\frac{dA_2(z)}{dz} = i(\beta_2 + C_{22})A_1 + iC_{21}A_1 \tag{3-2}$$

其中,β_1 和 β_2 分别为单模光纤中基模和多模光纤中一个高阶模式的传输常数,A_1 和 A_2 分别为单模光纤中基模和多模光纤中一个高阶模式的模场幅度。自耦合系数 C_{11}、C_{22} 与互耦合系数 C_{21}、C_{12} 相比非常小,可以近似忽略,且近似有 $C_{12}=C_{21}=C$,于是在近似后可以推导出耦合器输出端口的功率分别为:

$$P_1(z) = |A_1(z)|^2 = 1 - F^2\sin^2\left(\frac{C}{F}z\right) \tag{3-3}$$

$$P_2(z) = F^2\sin^2\left(\frac{C}{F}z\right) \tag{3-4}$$

其中，F^2 为最大耦合功率，$F=\left[1+\dfrac{(\beta_1-\beta_2)^2}{4\,C^2}\right]^{-1/2}$。

由上述方程可知，光在光纤耦合器内传输时能量会在两根光纤之间进行周期性的转移，而耦合长度即指能量从一根光纤第一次完全转移到另一根光纤时传输的最短距离。从单模光纤端输入基模时，传输长度为 0，而当传输长度达到耦合长度时，单模光纤中的基模可以完全耦合至经预拉后多模光纤中与 LP_{01} 相位匹配的高阶模，此时少模光纤中该高阶模的能量达到最大值，从而完成模式转换。将预处理过的少模光纤和单模光纤放在拉锥机上进行熔融拉锥，满足不同相位匹配条件的不同模式信号经过一段光纤传输后，输出信号可以变为其他模式。因此，采用该模式复用器，基模信号可以转变为高阶模，而采用该模式解复用器，高阶模又可以转变为基模。

图 3-1 为两模式的模式复用解复用器结构。在模式复用器结构中，包括少模光纤输入臂、单模光纤输入臂、熔融拉锥部分和少模光纤输出臂。少模光纤输入臂输入 LP_{01} 模时，少模光纤输出端输出 LP_{01}；单模光纤输入臂输入 LP_{01} 模时，少模光纤输出端输出 LP_{11} 模，实现模式的复用。对应的，在模式解复用器结构中，当少模光纤输入端输入 LP_{01} 和 LP_{11} 模时，少模光纤和单模光纤输出端口分别输出 LP_{01} 模，实现模式的解复用。图 3-1 为两模式模式复用解复用器的模场图，可以看出成功实现了两个模式的复用和解复用。

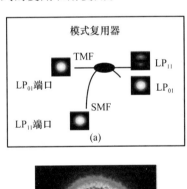
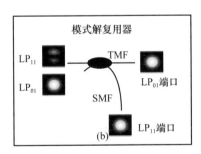
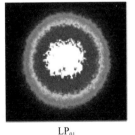
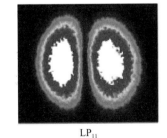

图 3-1　两模式模式复用解复用器

为了详细分析模式复用解复用器的性能，我们测试了模式复用解复用的插损和串扰情况。我们将两个模式复用解复用器背对背连接，如图 3-2 所示。我们在模式复用

器的 LP_{01} 端口和 LP_{11} 端口输入 0 dBm 的直流光信号,经过模式的复用和解复用后,在解复用器的两个端口测试其输出功率。表 3-1 为测试结果,可以看到 LP_{01} 模式的插损是 -2.4 dB,LP_{11} 模式的插损是 -5.5 dB,LP_{01} 到 LP_{11} 的串扰是 -16 dB,LP_{11} 到 LP_{01} 的串扰是 -28 dB。

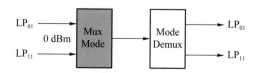

图 3-2　两模式复用解复用性能测试图

表 3-1　两模式复用解复用器性能测试结果

输入端口	输出端口	输出功率/dBm
LP_{01}	LP_{01}	-2.4
LP_{01}	LP_{11}	-16
LP_{11}	LP_{11}	-5.5
LP_{11}	LP_{01}	-28

　　为了进一步扩展复用规模,我们通过复用器级联的方法扩展模式复用和解复用的数量。图 3-3 为基于光纤熔融拉锥型的模式转换原理,当单模光纤的基模传播常数和少模光纤的高阶模传输传输匹配时,可以实现模式的复用和解复用。图 3-4 为级联型的三模式模式复用解复用器结构。通过复用器的级联,我们实现了 LP_{01}、LP_{11} 和 LP_{21} 模式的复用和解复用。图 3-5 为三模式模式复用解复用模场图。

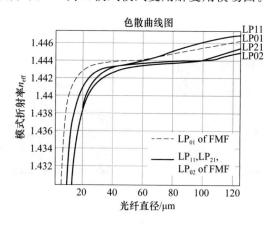

图 3-3　三模式复用解复用器模式转换原理

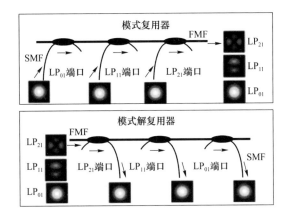

图 3-4　三模式复用解复用器

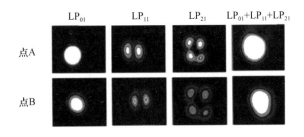

图 3-5　三模式复用解复用器模场图

2. 基于少模光子晶体光纤的模式转换器和波长转换器

光子晶体光纤（Photonic Crystal Fiber）通常以纯石英或聚合物等材料为基质，在光纤的横截面上具有二维的周期性折射率分布（空气孔或高折射率柱），而沿光纤长度方向不变。光子晶体光纤又名微结构光纤（Microstructured Optical Fiber，MOF）或多孔光纤（Holey Fiber，HF），它通过包层中沿轴向排列的微小空气孔对光进行约束，从而实现光的轴向传输。独特的波导结构使得光子晶体光纤与常规光纤相比具有许多无可比拟的传输特性，如无截止单模特性、可控的色散特性和良好的非线性效应。这里，我们考虑利用少模光子晶体光纤中的四波混频效应来实现模式和波长的转换。在少模系统中，由于多了模式的自由度，因此发生四波混频的条件和特点等不同于在单模光纤中。通过模间四波混频，可以实现模式和波长的同时转换，光子晶体光纤相比于传统光纤，可实现的非线性系数更大，波导色散更容易调节，应用在少模四波混频中可以在更大的波长范围内实现更高的能量转换效率。图 3-6 为光子晶体光纤的截面图，d 为空气孔直径，Λ 为相邻空气孔的间距。

PCF 的有效归一化频率 V_{PCF} 由 d 和 d/Λ 共同决定。

$$V_{\text{PCF}}(\lambda) = \frac{2\pi\Lambda}{\lambda}(n_{\text{core}}^2 - n_{\text{cladding}}^2)^{1/2} \tag{3-5}$$

其中，取 Λ 近似纤芯半径，取周围空气孔包层的基模有效折射率为包层有效折射率。

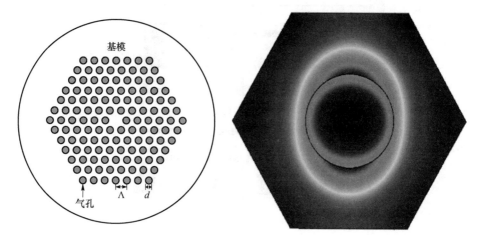

图 3-6　光子晶体光纤

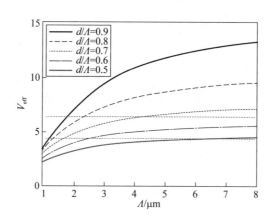

图 3-7　归一化频率与空气孔直径和相邻空气孔间距的关系

图 3-7 为归一化频率与空气孔直径和相邻空气间距的关系。我们通过对 PCF 参数的控制，可使得其模式数目控制在特定的模式，如图 3-8 所示。

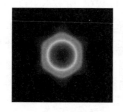 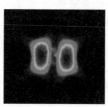 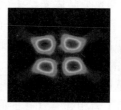 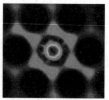

图 3-8　光子晶体光纤模场图

LP_{01} 　　　　　LP_{11} 　　　　　LP_{21} 　　　　　LP_{02}

同时，当我们固定 d/Λ 时，其模式随 Λ 的变化情况如表 3-2 所示。

表 3-2　$d/\Lambda=0.7$ 时，模式随 Λ 的变化情况

$\Lambda/\mu m$	n_{clad}	V_{eff}	LP$_{01}$	LP$_{11}$			LP$_{21}$			LP$_{02}$
			HE$_{11}$(2)	TE$_{01}$	HE$_{21}$(2)	TM$_{01}$	HE$_{311}$	EH$_{11}$(2)	HE$_{312}$	HE$_{12}$(2)
1.5	1.290 2	3.943 4	1.370 5 (1,2)							
2.0	1.320 7	4.734 0	1.398 4 (1,2)	1.334 6	1.331 6 (1,2)	1.334 1				
3.0	1.366 2	5.687 2	1.421 7 (1,2)	1.389 5	1.388 2 (1,2)	1.388 3				
4.0	1.392 2	6.216 4	1.430 9 (1,2)	1.411 7	1.411 1 (1,2)	1.410 9				
5.0	1.407 4	6.549 8	1.435 4 (1,2)	1.422 6	1.422 3 (1,2)	1.422 2	1.408 5	1.407 4 (1,2)		
6.0	1.416 8	6.787 6	1.437 9 (1,2)	1.428 9	1.428 7 (1,2)	1.428 6	1.418 6	1.417 8 (1,2)	1.416 7	
7.0	1.423 1	6.950 0	1.439 5 (1,2)	1.432 7 (1)	1.432 6 (1,2)	1.432 5	1.424 9 (4)	1.424 4 (1,2)	1.423 7	
9.0	1.430 5	7.193 2	1.441 2 (1,2)	1.437 (3)	1.437 (1,2)	1.436 9	1.432 1	1.431 9 (1,2)	1.431 6	
10	1.432 8	7.284 0	1.441 7 (1,2)	1.438 3 (4)	1.438 4 (2,3)	1.438 4 (1)	1.434 3	1.434 1 (1,2)	1.433 9	1.432 8 (1,2)

　　四波混频实现的基本条件是满足相位匹配条件。如果所有光都处于同一模式下，相当于单一模式的模内四波混频，和普通的单模系统一样。这里我们考虑两模式的四波混频。当采用两个模式实现四波混频，将两个模式波矢在参考点处展开：

$$\beta(\omega)=\beta_0+\beta_1(\omega-\omega_0)+\frac{\beta_2}{2}(\omega-\omega_0)^2+\frac{\beta_3}{6}(\omega-\omega_0)^3+\cdots \qquad (3\text{-}6)$$

相位失配量：

$$\Delta\beta=(\beta_3+\beta_4-\beta_1-\beta_2)$$

　　当相位失配量为零，即满足相位匹配条件时，可以实现模间四波混频。根据泵浦、信号以及闲频光组合种类，模间四波混频有多种模式组合选择，如图 3-9 所示。

　　这里我们考虑泵浦光在 LP$_{01}$ 和 LP$_{11}$，实现信号光从 LP$_{01}$ 到 LP$_{11}$ 模式转换的模间四波混频，如图 3-10 所示。

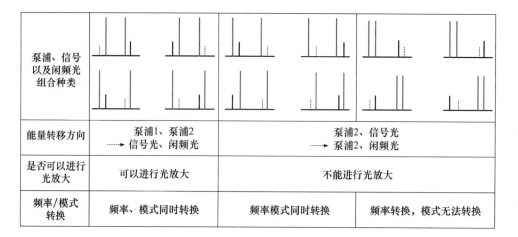

泵浦、信号以及闲频光组合种类		
能量转移方向	泵浦1、泵浦2 ······→ 信号光、闲频光	泵浦2、信号光 ······→ 泵浦2、闲频光
是否可以进行光放大	可以进行光放大	不能进行光放大
频率/模式转换	频率、模式同时转换	频率模式同时转换 频率转换，模式无法转换

图 3-9　模式组合选择

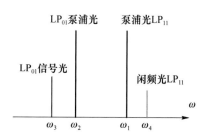

图 3-10　模间四波混频

我们将 LP_{01} 和 LP_{11} 两模式波矢在参考点处展开：

$$\beta(\omega)=\beta_0+\beta_1(\omega-\omega_0)+\frac{\beta_2}{2}(\omega-\omega_0)^2+\frac{\beta_3}{6}(\omega-\omega_0)^3+\cdots \tag{3-7}$$

$$\beta'(\omega)=\beta_0'+\beta_1'(\omega-\omega_0)+\frac{\beta_2'}{2}(\omega-\omega_0)^2+\frac{\beta_3'}{6}(\omega-\omega_0)^3+\cdots \tag{3-8}$$

相位失配量：

$$
\begin{aligned}
\Delta\beta &=\beta(\omega_3)+\beta'(\omega_4)-\beta'(\omega_1)-\beta(\omega_2)\\
&=(\omega_3-\omega_2)\left[
\begin{array}{l}
\beta_1-\beta_1'+\dfrac{\beta_2}{2}(\omega_2+\omega_3-2\omega_0)-\dfrac{\beta_2'}{2}(\omega_1+\omega_4-2\omega_0)\\
+\dfrac{\beta_3}{6}((\omega_2-\omega_0)^2+(\omega_2-\omega_0)(\omega_3-\omega_0)+(\omega_3-\omega_0)^2)\\
-\dfrac{\beta_3'}{6}((\omega_1-\omega_0)^2+(\omega_1-\omega_0)(\omega_4-\omega_0)+(\omega_4-\omega_0)^2)
\end{array}
\right]
\end{aligned}
$$

$$\tag{3-9}$$

当相位失配量接近零时，实现模式波长的转换。通过控制 PCF 参数，当 $d/\Lambda=0.8$，$\Lambda=1.565\ \mu\mathrm{m}$ 时，泵浦光在 1 550 nm 和 1 548 nm，其相位失配量如图 3-11 所示。在仿真中,我们选择 $\gamma LP_{01}=37.9/W/km$,$\alpha=0.226\ dB/km$,$LPCF=500\ m$,$P_{pump1}=0.3W$,$P_{pump2}=0.3W$,$P_{signal}=0.001W$,实现了信号光从 1 543 nm 到 1 555 nm 的转换。通过调制泵浦光频率,我们得到满足相位匹配条件的信号光转换范围,如图 3-12 所示。

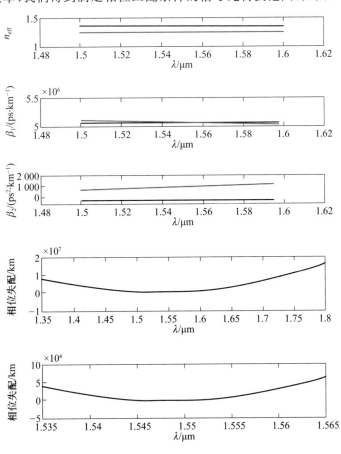

图 3-11　相位失配量情况

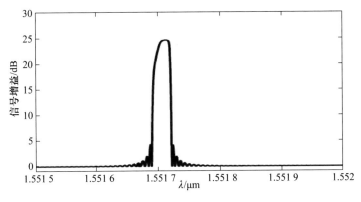

图 3-12　相位匹配信号转换范围

3.2 基于自零差检测的高速模式复用无源光网络

由于具有大带宽、协议透明性、增强的安全性和良好的可扩展性，波分复用无源光网络（Wave-length-Division-Multiplexing Passive Optical Network，WDM-PON）被认为是非常有前景的接入技术之一。为了更好地支持下一代高速率的 PON，在 WDM-PON 中引入了相干检测技术。相干检测技术可以提高频谱效率和接收机灵敏度，有效地增加网络传输距离，支持更高的分光比，在未来超密集波分复用系统中进一步提高系统的网络容量。然而，相干检测需要在光网络单元（Optical Network Unit，ONU）端使用窄线宽激光器作为本振，同时 ONU 端需要引入复杂的相干数字信号处理算法。为此，业界引入了自零差检测技术，通过利用发射机端的导频作为接收机的本振，接收端可以无须额外的激光器作为本振。在过去的工作中，业界提出了基于偏振复用的自零差检测技术，在两个独立的偏振方向上传输信号和导频，经过光纤传输后，信号和导频在接收端进行解偏振复用，然后两者进行混频实现相干检测。在该技术中，由于需要在一个偏振方向传输独立的传输导频，偏振复用自零差检测导致频谱效率减半。最近几年，作为选择型技术之一，模式复用（Mode-Division-Multiplexing，MDM）在高速光传输领域被广泛讨论。通过用少模光纤（Few-ModeFIber，FMF）取代单模光纤，MDM 可以打破单模光纤传输的"瓶颈"，有效地扩展系统容量。相比于利用多个并行的单模光纤实现用户接入，MDM-PON 可以有效地减少系统能耗并与现有的单模系统兼容，从而带来低成本的接入网应用。

因此，本节主要讨论 MDM 在接入网中的应用，提出了一种利用低模式串扰 FMF 和模式复用器/解复用器实现的低成本的自零差检测的 MDM-PON 方案。实验实现了 4 × 40 Gbit/s 偏振复用正交频分复用（Polarization Division Multiplexing Orthogonal Frequency Division Multiplexing，PDM-OFDM）信号在 55km 两模式 FMF 传输后的自零差检测。

3.2.1 OFDM 系统

数字调制技术可以分为两类：单载波调制技术和多载波调制技术。单载波调制技术是最基本的调制技术，作为光通信的重要组成部分，它已经在光通信领域使用了将近三十多年。多载波调制技术是数据通过相邻的子载波进行传输。正交频分复用系统是一种高效率的多载波调制技术，在相干检测和直接检测中，被认为是最有效的长距离传输调制格式。

符号间干扰（ISI）是同一信号由于多径传播从而在接收端信号相互叠加产生的干扰。OFDM 技术的主要思想是：在频域内将宽带信号分解成许多并行的正交子信道，信道的相干带宽大于每个正交子信道的带宽，这样会让每个子信道中的衰落近似为平衰落。在每个子信道上分别用子载波进行调制,各个子载波并行传输,从而能够抑制符号间干扰,并且还可以通过插入循环前缀来减少和消除符号间干扰的影响。

在数字无线通信中,高效地利用信道频带是人们广泛研究的重点。在宽带信道的信息传输中,信号会产生衰落。衰落对信号造成的影响是:信号分量会由于衰落的影响产生不同的幅度变化,从而造成信号的失真。而在窄带信道的传输中,信道中的不同频率分量的幅度具有强相关性,在经过时变多径信道的传输之后,不同分量的衰落具有强相似性。相似的衰落并不会对接收信号的波形造成明显的改变。因此,提高信道的传输效率以及抵抗信道的衰落特性的最有效措施就是采用正交频分复用(OFDM)的方法对信号进行多载波调制。

使用正交频分复用技术,以统一的方式进行调制、编码以及复用,能够有效地降低符号速率,同时完成信号传输以及信号的处理、检测和编码。在低速的情况下,处理非线性以及偏振模、色散更容易,而且能够使总的传输速率保持在 100 Gbit/s 以上。

全光正交频分复用技术的原理与正交频分复用技术原理一致,采用载波为光子载波,每个光子载波之间的间隔与波特率间隔严格相等,而且具有高相干性。在正交频分复用技术中,该项技术的核心内容是傅里叶变换。正交频分复用信号中各个子载波之间的正交调制与解调技术的依据就是傅里叶变换。传统的傅里叶变换技术的运算复杂度较高,而快速傅里叶变换可以减少傅里叶变换的运算难度,提高运算速率。

3.2.2　超密集波分复用系统

波分复用(WDM),指的是将多种不同波长的携带各种类型信息的光载波,经过合波耦合到一根光纤中进行传输。由于光的频率和波长具有一一对应的关系,因此波分复用是频分复用(FDM)的另一种变例,光信道间隔较远。波分复用技术能够提高光纤的频带利用率,兼容不同的光纤系统和不同性质的光信号,还可以实现在同一根光纤上双向传输的功能。

波分复用系统由光发射机、光传输部分、光接收机、光监控信道和网络管理系统五个部分组成。它的关键技术主要有:波分复用器/解复用器、光放大器和光源。其中,光放大器放大复用后的光信号,掺铒光纤放大器在 1 550 nm 处能够很好地完成放大功能。当光栅间隔不大于 100 GHz 或 0.8 nm 时,WDM 就被成为密集波分复用系统(DWDM)。

密集波分复用系统的信道间隔为 0.2～1.2 nm。密集波分复用技术具有超大的容量,对数据信号透明。组网灵活的优点,成为全光网络中的关键技术之一。

图 3-13 为具有组播功能的 WDM-PON 架构。OLT 端包括 $N-1$ 个单独的点对点(PTP)信道和一个组播信道。PTP 信号和组播信号由 Mach-Zehnder 调制器强度调制。PTP 信道中心频率是根据具有频率间隔 ω_1(例如,50 GHz)的 ITU-T 网格。为了避免频谱重叠,用于组播的信道具有 ω_2(例如,25 GHz)的频率偏移,如图 3-13 所示。然后多路复用器(MUX)合路多个信道作为下行信号。在远端节点(RN),WSS1

将下行信号分为组播路径和 PTP 路径。在组播路径中，WSS2 选择指定的信道和多个泵浦进入 HNLF 用于多泵浦 FWM。以三泵浦组播方案为例，频率间隔为 ω_1 和 $2\omega_1$ 的三个泵浦与组播通道组合，经过 HNLF 中的 FWM 之后，在原始信道的两侧生成具有频率间隔为 ω_1 的六个新信道。WSS3 将一个或多个组播信道与 PTP 信道合路到光环行器，用于下行传输。WSS3 可以配置为中心频率可变的带通或带阻滤波器，可以灵活地将组播数据传送到选定的 ONU。由于组播信号和 PTP 信号是频分复用的，所以每个波长信道上的下行信号可以被 ONU 成功解调。为了实现更多的组播通道，可以使用更多的泵浦来产生更多的 FWM 分量。在所提出的组播结构中，泵浦可以由光梳代替，其可以以紧凑和经济的方式提供一组稳定和平坦的频率梳齿。多泵浦 FWM 方案是偏振不敏感的，并且对信号格式和比特率是透明的，因此可以应用于单偏振和偏振复用信号。同时，通过在 OLT 节点配置组播信道的中心波长，可以灵活地选择不同发射机的信道进行组播，实现灵活的组播。RN 中的解复用器（DEMUX）为每个 ONU 分离 PTP 信号和多播信号。在 ONU，经过解复用之后，PTP 信号和组播信号通过各自的接收机进行直接检测。

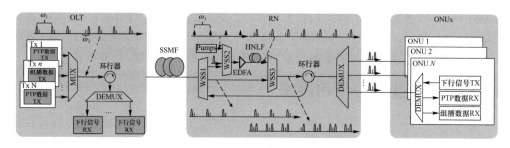

图 3-13　具有组播功能的 WDM-PON 基本原理

3.2.3　MDM-PON 原理

基于自零差检测的 MDM-PON 原理如图 3-14 所示。该机制可以扩展到双向传输系统中。

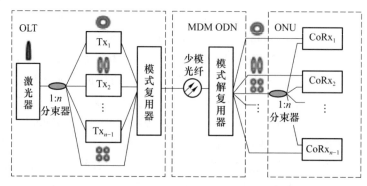

图 3-14　基于自零差检测的 MDM-PON 原理

在光线路终端(OLT)侧,激光器发出的光通过 $1:n$ 的分束器分成 n 路,其中 $n-1$ 路送往 $n-1$ 个独立的发射机进行单独调制,余下的一路作为导频不经过任何调制。经过调制的 $n-1$ 路信号和导频通过模式复用合路并转换为少模光纤中特定的空间模式。在光配线网络(ODN)端,信号和导频经过少模光纤传输后通过模式解复用器解复用,转换到 LP_{01} 模式并送到各个 ONU。在 ONU 侧,导频通过 $1:n$ 的分束器分成 n 路作为本振与信号进行混频,实现相干检测。在该结构中,利用低串扰的 FMF 和模式复用/解复用器,少模光纤传输和模式复用解复用器都不会产生强的模式串扰,因此 ONU 端的各路信号无须 MIMO DSP 处理就可以单独进行检测,导频和信号可以无须多入多出 MIMO 技术处理实现低串扰的分离,并实现自零差检测。

基于自零差检测的 MDM-PON 只利用少模光纤中的一个模式传输本振,因此其频谱效率降低程度与模式复用的通道数呈反比。当通道数目很多时,相比于独立激光器作为本振的外差检测方式,其频谱效率的损失可以忽略。同时,自零差检测可以有效地抑制激光器相位噪声,因此降低了 OLT 端和 ONU 端对发射接收窄线宽激光器的要求。在接收端,无须昂贵的可调的窄线宽激光器作为本振。

为了进一步降低网络成本,相干接收机中的混频器和 4 个平衡检测器可以用低成本的 3×3 耦合器和 3 个探测器取代。接收端的 DSP 也大大简化。因为自相干检测去除了独立的本振,接收端 DSP 无须频偏补偿,同时载波恢复也大大简化。相对于自相干 PDM-QPSK 系统,载波相位算法复杂度可以减少 10^3 倍,因此可以明显地降低系统的能量消耗。

通过级联波长复用和解复用器,该结构可以扩展至多波长应用,进一步扩展相干 PON 的网络规模。当采用反射性半导体光放大器的环形器对下行载波进行再调制时,可以实现无色 WDM-MDM-PON。

3.2.4　实验框图及实验流程

基于自零差检测的 MDM-PON 实验框图如图 3-15 所示。利用两模式的低模式串扰的少模光纤和模式复用/解复用器实现该 PON 结构。其中一个模式传输信号,另一个模式传输导频。

实验演示了 4 个波长的情形。在 OLT 发射端,4 个中心波长为 1 551.648 nm、1 551.848 nm、1 552.048 nm 和 1 552.248 nm 的激光器输出光通过波长复用器合路,激光器相邻波长的频率间隔为 25 GHz,符合超密集波分复用系统波长栅格要求。合路后的多波长信号通过 $1:2$ 分束器分成两路,一路进入 IQ 调制器进行调制,然后进行偏振复用模拟,另外一路不经过任何调制。模式复用器将调制后的信号与导频合路并转换为少模光纤中的各个模式。导频从 LP_{01} 转换到 LP_{11} 模式,信号以 LP_{01} 模式传输。LP_{11} 是一个模式组,含有两个模式,我们激发其中一个模式用于导频传输。每个通道的信号输入功率为 3 dBm,导频功率为 16 dBm。IQ 调制器又由 0GS/s 的任意波形发生器 AWG 驱动,经过偏振复用后产生 40 Gbit/s 的 PDM-QPSK-OFDM 信号。

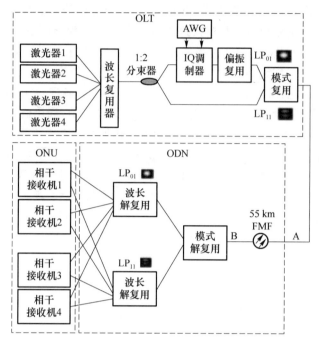

图 3-15　基于自零差检测的 MDM-PON 实验框图

信号和导频经过 55 km 少模光纤传输后,首先通过模式复用器解复用,然后送入波长解复用器进行波长解复用,解复用后的信号和导频在各个 ONU 中进行相干检测,得到各个信号通道和载波通道。少模光纤的纤芯直径为 13.5 μm,包层直径为 125 μm,纤芯和包层的反射系数分别为 1.446 和 1.440,折射率差为 0.42%,归一化频率为 3.24。因此,少模光纤只支持LP$_{01}$和LP$_{11}$模式传输,其传输损耗为 0.21 dB/km。经过 55 km 传输后,LP$_{01}$和LP$_{11}$的模式串扰小于 -18 dB。模式复用器和解复用器是基于光纤熔融拉锥制作,LP$_{01}$到LP$_{11}$的串扰为 -16 dB,LP$_{11}$到LP$_{01}$的串扰为 -26 dB。

在 ONU 端,经过解复用后的信号和导频送入相干接收机进行相干检测。偏振控制器将本振和信号对准。在基带的 OFDM 信号产生中,映射的正交相移键控 QPSK 信号首先分成多个包含 OFDM 符号的数据块。对于每个 OFDM 符号,210 个子载波用于数据传输,40 个子载波用于保护波带。相比于传统的 OFDM 机制,我们提出的检测机制无须插入用于相位估计的导频,从而可以有效地提高频谱效率。经过 256 点的离散傅里叶逆变换(Inverse Discrete Fourier Transform,IDFT)后,信号变换为复数域时域信号,同时长度为 10 个子载波的循环前缀和后缀用于抵抗光纤色散。信号发送前,在每个帧结构前部插入用于同步和信道均衡的训练序列。在自零差检测接收端,接收信号首先去除循环前缀和后缀,然后将信号变换到频域并进行信道均衡。由于导频和信号来自同一个激光器,经过信道传输后仍然保持一定的相关性,因此接收端无须频偏的估计和补偿,大大降低了接收端 DSP 复杂度和接收端能耗。

自零差检测 MDM-PON 光谱如图 3-16 所示。

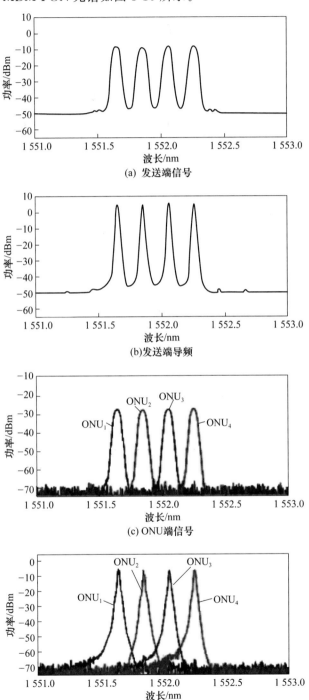

(a) 发送端信号

(b) 发送端导频

(c) ONU端信号

图 3-16　自零差检测的 MDM-PON 光谱图

在这里测试了发送端和接收端的信号和导频。为了测试模式复用器和解复用器的性能，我们还测试了输入端和输出端模场远场图，如图 3-17 所示。可以看出，经过模式复用器，LP_{01} 转换成了 LP_{11} 模式，经过解复用器后又回到 LP_{01} 模式。

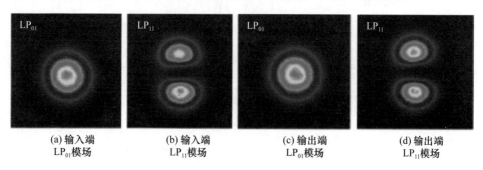

| (a) 输入端
LP_{01} 模场 | (b) 输入端
LP_{11} 模场 | (c) 输出端
LP_{01} 模场 | (d) 输出端
LP_{11} 模场 |

图 3-17　输入端和输出端模场远场图

接收端 4 个 ONU 的误码率 BER 性能如图 3-18 所示，我们测试了单通道和多通道的背对背传输性能作为参考。BER 由 10 帧 OFDM 符号总比特数为 10^6 测得。光纤的弯曲和几何结构改变会影响少模光纤中的信号传输，和传统的单模光纤系统类似。从测试结果可以看出，相比于单通道传输，在 10^{-3} 的 BER 性能下，4 通道传输会引入 2 dB 的功率代价。4 通道的 Q 值性能如图 3-19 所示，由图可见，相比于背对背的情形，55 km 的 FMF 引入小于 1 dB 的 Q 值代价。

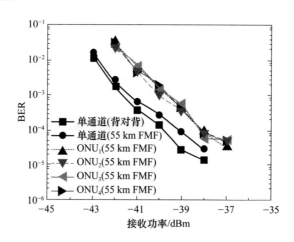

图 3-18　4 个 ONU 的 BER 性能

我们测试了自零差检测与传统的外差检测对激光器线宽的容忍性，如图 3-20 所示。在自零差检测中，发射端激光器的线宽分别为 5 kHz 和 1 MHz；在传统的外差检测中，采用一个独立的线宽为 1 MHz 的激光器作为 ONU 端的本振。由图可知，相比于外差检测，自零差检测有更高的线宽容忍度，在两种线宽情形下，自零差检测的性能

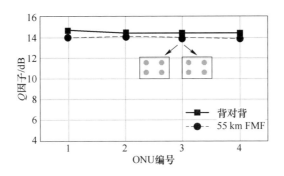

图 3-19　4 通道的 Q 值性能图

几乎相同。自零差检测在接收端不仅去除了作为本振的额外的激光器,同时还可以在发射端考虑采用低成本的宽线宽激光器来进一步降低系统成本。此外,我们还比较了不同串扰情形下自零差检测和外差检测的性能差异,如图 3-21 所示。

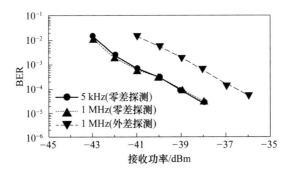

图 3-20　激光器线宽比较

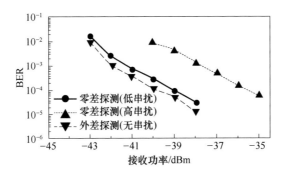

图 3-21　不同串扰情形下的性能比较

我们分别测试了模式串扰为 -10 dB 和 -26 dB 时的性能。可以看出,相比于外差检测方式,自零差检测在不同串扰的情形下会引入 0.5 dB 和 4 dB 的功率代价。因此,系统性能非常依赖于模式复用器、解复用器和少模光纤的串扰特性。为了获得更好的性能,需要采用更低模式串扰的模式复用器、解复用器和少模光纤。

通过调整输入模式复用器的信号功率和导频功率对传输性能进行优化。Q 值与输入信号功率的关系如图 3-22 所示,导频功率固定为 16 dBm,优化信号功率,单通道信号功率由 1 dBm 增加到 6 dBm,我们测量 ONU_1 和 ONU_3 的性能作为参考。从图中可以看出,优化的信号功率为 4 dBm。这是因为过低的信号功率会降低信号的光信噪比从而导致性能下降,过高的信号功率会导致信号到导频更强的串扰以及引入更强的光纤非线性。

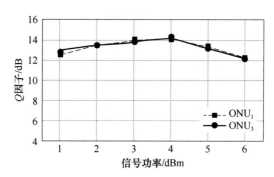

图 3-22 Q 值与输入信号功率的关系

Q 值与输入导频功率的关系如图 3-23 所示。信号功率固定为 3 dBm,导频功率由 15 dBm 增加到 20 dBm,可以看出优化的导频功率为 18 dBm。过低的导频功率会导致接收端本振过低的光信噪比,而过高的导频功率则会导致本振到信号的串扰增强,它们都会降低系统的性能。当 ONU 数量进一步增加时,发射机需要更大的导频输入功率,接收端也需要进行功率放大以得到优化的信号和导频功率。发射机端增大的载波功率会引入更强的串扰,从而导致性能的下降。

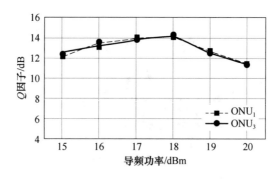

图 3-23 Q 值与输入导频功率的关系

3.2.5 结果总结

本节提出了一种基于自零差检测的高速 MDM-PON 方案,并实验实现了 4×40 Gbit/s

OFDM 信号经过 55 km FMF 传输后的无误码自零差检测。此外,本书还比较了自零差检测对激光器线宽的容忍性,结果表明,基于 MDM 的自零差检测可以有效地抑制激光器相位噪声,同时相干接收端的 DSP 算法也可以简化。最后,为了获得最佳的传输性能,对信号功率和导频功率进行了优化,优化的信号功率为 4 dBm,优化的导频功率为 18 dBm。

本章参考文献

[1]　周馨雨. Stokes 空间中的偏振解复用技术研究[D]. 成都:西南交通大学,2016.

[2]　李昊康. 基于 DSP 的偏振解复用技术研究[D]. 北京:北京邮电大学,2019.

[3]　杨春勇. 基于卷积神经网络的涡旋光相干解复用[J]. 中南民族大学学报,2020, 39(4):390-396.

[4]　陈远祥,余建国,王任凡,等. 基于自零差检测的高速模式复用无源光网络[J]. 光通信研究,2017,(05):1-5.

第4章 基于机器学习的线性和非线性补偿技术

4.1 光通信系统的线性和非线性作用机制

模分复用技术在提升传输容量的同时,也增加了光通信系统的复杂度。当复用通道数呈数量级增加时,复用的光信号不仅受到模式内的各种线性和非线性效应损伤的影响,同时也受到模式间的随机耦合效应以及随机耦合、模式色散和非线性的联合作用。而现有的线性和非线性光纤光学的理论研究主要集中于单模光纤中光信号特性和演化规律,少模光纤中光信号的线性和非线性物理损伤及补偿机制仍有待建立或者完善。从光网络层面来看,随着模分复用技术的引入,结合原有的时间复用、频率复用、偏振复用,光网络规模将进一步加大,复杂性也进一步加强。为了实现有效的故障管理,减少网络运营的成本,充分利用光网络的灵活性、可重构性和光通道的自愈性,也需要高效的物理损伤感知与补偿机制。目前,基于相干检测的数字信号处理技术(Digital Signal Processing,DSP)是用于补偿光通道物理损伤的主要手段。但是,随着网络系统规模的扩大、网络灵活性的提升,传统的补偿机制由于复杂度较高、补偿效果有限、自主学习能力较差等原因,面临着极大的挑战和升级需求,主要包括:

(1)需要提升智能学习能力。随着网络规模的扩大、传输链路的复杂性的提升,使得数字信号处理面临的情况更加的复杂多变,比如信号的速率、调制格式、带宽以及信号的复用方式灵活可变,信号传输的链路复杂时变,收发机也同样可以根据需求灵活可调。传统的感知和补偿算法往往是针对某一种特定格式或复用方式的信号,而未来多维复用光网络中的接收信号所遭受的损伤不再是确定已知的,这使得传统的感知和补偿机制不再适用。

(2)需要降低复杂度。为了满足未来网络通信实时的需求,随着大规模集成电路的发展,在线补偿通信系统的损伤已经成为了可能。因此,相较于软件实现补偿算法,补偿与感知的算法应该具有较低的复杂度,从而有利于算法的硬件实现。因此,在进行算法的创新时,需要重点考虑算法的复杂度,尽可能使得感知补偿的算法的复杂度较低并且高效的算法。

(3)需要提升自适应补偿能力。在光网路中,由于网络参数的动态变化,信号遭受的损伤也在不断变化。在光纤传输链路中,信道状态会随着路由设置的变化而不断变化,从而导致信号经过不同的传输距离、不同的光纤链路后遭受的各类损伤也实时地进行改变。因此,要求提出的感知与补偿机制具有较强的自适应性,自适应的补偿不同的信号损伤。

因此,发展高效智能、低复杂度且具有自适应能力的损伤感知与补偿机制,对构建未来大规模的多维复用光通信系统有重要的现实意义。

另一方面,随着计算机通信技术的飞速发展,人们搜集信息和处理信息的能力得到极大的提升,如何在复杂系统中发掘蕴含的有用信息,成为诸多领域共同追求的目标。正是在这种需求的驱使下,机器学习技术被提出并且受到广泛的关注。机器学习是一系列智能统计算法的统称,这些算法可以通过自主训练和学习来解决各个领域的多种问题,包括计算机视觉、语音识别、自然语言处理、统计学习、数据挖掘和模式识别等,它是实现人工智能的核心技术之一。机器学习的并行分布处理能力以及它所特有的高度容错性、自组织和自学习能力可以让计算机获取新的知识或技能,重新组织已有的知识结构使之不断改善自身的性能。光通信系统可以利用机器学习的智能学习能力,通过自身的学习过程来捕捉信号所遭受的不同损伤特性,进而实现与信号损伤相对应的补偿功能。因此,我们将探索基于机器学习的统计信号处理方法用于解决模分复用光通信系统中物理损伤灵活多变的问题。

根据损伤对光纤通信中的影响,可以把损伤分为线性损伤和非线性损伤。线性损伤主要有五类:光纤损耗、色散、偏振模色散、极化相关损耗和窄带滤波。随着 EDFA 的出现,基本解决了光纤的损耗问题,色散成了系统性能的主要限制因素。光纤的非线性效应可以分为两种:与折射率有关的非线性效应;由激光和材料之间的相互影响激发产生的非线性效应。与折射率有关,即光纤的折射率随着光强的变化而变化,从而引起的非线性的现象,统称为克尔效应。克尔效应又可以分为自相位调制(SPM)、交叉相位调制(XPM)和四波混频(FWM)。由激光和材料之间的相互影响激发产生的非线性效应称为受激非弹性散射,包括受激布里渊散射(SBS)和受激拉曼散射(SRS)。

4.1.1 色散

先来说光纤损耗,定义衰减系数 $\partial = -\dfrac{10}{L}\log\dfrac{P(L)}{P(0)}$, L 指的是传输距离(单位为 km), $P(0)$ 指的是信号进入光纤时的功率, $P(L)$ 是传输距离为 L 时的功率。光纤能够成为良好的传输介质的原因是在技术上克服了光纤信道的衰减。

光以不同的速度在光纤中传播时,接收端会因为光信号到达的时间不同产生时间差,从而导致光信号脉冲的展宽,脉冲展宽的现象被称为色散。

通信系统中脉冲的展宽,会导致上一个信号的拖尾影响下一个信号的频谱,从而导致符号间的干扰(ISI)。色散具有累积效应,它随着传输距离的增加而增加。色散又可以分为模式色散和模间色散。

在多模光纤中,不同的模式以不同的速率传输,因此产生脉冲展宽的现象称为模式色散。假设在光纤中,传输最快的模式沿着光纤中心轴传输,其传输时间 t_1 为:

$$t_1 = \frac{Ln_1}{c} \tag{4-1}$$

其中,L 是光纤的长度,n_1 是光纤的折射率,c 是光速。

传输最慢的模式沿着与光纤中心轴夹角为 θ 的轴传播,其传输时间 t_2 为:

$$t_2 = \frac{Ln_1}{c\cos\theta} \tag{4-2}$$

因此可以得到光纤模式色散的公式:

$$\Delta t = t_1 - t_2 = \frac{Ln_1}{c}\left(\frac{1}{\cos\theta} - 1\right) \tag{4-3}$$

根据斯涅尔定律:当 $\theta = \theta_{max}$ 时,$\cos\theta_{max} = \dfrac{n_1}{n_2}$,因此

$$\Delta t = \frac{Ln}{c}\frac{\Delta n}{n} \tag{4-4}$$

在一般的应用中,希望最后得到的脉冲展宽小于脉冲宽度 T 的几分之一,并且在传统的多模光纤中,最高比特率低于长途通信的要求,因此,多模光纤仅限于在短途通信距离中使用。为了减缓模式色散对脉冲的影响,在一般的应用中,采用渐变折射率多模光纤。但是,它只适用于中等距离中等容量的系统。

单模光纤,顾名思义,它在传输中只传送一种模式的信号,因此单模光纤中没有模式色散,在单模光纤中主要的色散形式是色度色散,色度色散是不同颜色的光以不同的速度在光纤中传输。

色度色散又分为材料色散和波导色散。在常规单模光纤中,波长大于 $1.3\ \mu m$ 时材料色散是正的,而波导色散是负的。在常规单模光纤中的某一确定的波长下,波导色散可以抵消材料色散,使得总的色散为 0,此波长就是零色散波长。因此为了抵消色度色散,我们在常规的光纤中可以将波长选在零色散波长附近。使用色散补偿光纤来补偿色散是在光域补偿色散的有效方式。

4.1.2 偏振模色散

理想的单模光纤是圆柱形的,而且是各向同性的。但是在制造光纤的过程中,光纤的实际结构往往会偏离理想结构,使得光纤各处的折射率不同,存在差异,难以理想化。在实际的应用中,光纤也要受到弯曲等外部的作用,具有随机性。光纤截面的随机变化导致了同一光的两个偏振态的传播常数不同,造成模式双折射。模式双折射程度定义如下:

$$B_m = \frac{|\beta_x - \beta_y|}{k_0} = n_x - n_y \tag{4-5}$$

其中,n_x,n_y 是两个正交偏振态的有效折射率,它表明对于给定的 B_m 值,两种模式在光

纤内传输时,其功率周期性地交换,此周期定义如下,L_B 称为偏振拍长。有效模折射率较小的轴称为快轴,在此轴上光传输的群速度较大,有效模折射率较大的轴称为慢轴。

$$L_B = \frac{2\pi}{|\beta_x - \beta_y|} = \frac{\lambda}{B_m} \qquad (4-6)$$

通常由于光纤纤芯的各向异性,单模光纤的 B_m 不是常数,而是随机起伏的,结果进入光纤的线偏振光很快变成无规偏振光。在长距离、短脉冲传输的光通信系统中,群速度色散会使同一信号的不同偏振态以不同的速度在光纤中传输,导致到达终点的时间不同,因此会出现延时,这种脉冲展宽的现象称为偏振模色散。脉冲展宽的程度用 ΔT 表示,对于给定的光纤长度 L 和传输双折射 B_m:

$$\Delta T = |\frac{L}{v_{gx}} - \frac{L}{v_{gy}}| = L|\beta_{Lx} - \beta_{Ly}| = L\delta\beta_1 \qquad (4-7)$$

由偏振模色散产生的延时的大小取决于光纤的偏振模系数以及系统的传输距离。偏振模色散是由光纤中随机双折射造成的,因此是动态的,具有随机性。对能够迅速调节补偿的偏振模补偿器的研究成为偏振模色散补偿研究的重点。对整个随机波动取平均,由 ΔT 的均方根表征 PMD,ΔT 的方差为:

$$\sigma_T^2 = <(\Delta T)^2> = 2(\Delta' l_c)^2 [\exp(-\frac{L}{l_C}) + \frac{L}{l_c} - 1] \qquad (4-8)$$

其中,Δ' 是本征模色散,相关长度 l_c 定义为两种偏振成分能保持相关的长度,若 L 大于 0.1 km,则可以认为 $l_c \ll L$,于是有

$$\sigma_T \approx \Delta'\sqrt{2 l_c L} \equiv D_P \sqrt{L} \qquad (4-9)$$

其中,D_P 是 PMD 参量。

差分群时延 $\Delta\tau_{DGD}$ 正比于光纤长度的平方根,D_{PMD} 是偏振模色散系数:

$$\Delta\tau_{DGD} = D_{PMD}\sqrt{L_{fiber}} \qquad (4-10)$$

在仿真中,一般以图 4-1 所示结构模拟偏振模色散,它包括一系列的表示光纤中光信号偏振态变化的幺正琼斯矩阵以及表示水平和数值偏振态时延的矩阵。

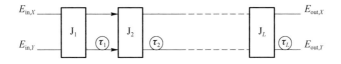

图 4-1 偏振模色散的模拟

如果表示光纤中光信号偏振态变化的幺正琼斯矩阵随机变化,而且式(4-11)成立:

$$\tau_1 = \tau_2 = \cdots = \tau_{L_{PMDE}} = \tau_{PMD} \qquad (4-11)$$

那么差分群时延的平均值为

$$\tau_{DGD} \geqslant \tau_{PMD}\sqrt{L_{PMDE}} \qquad (4-12)$$

4.1.3　极化相关损耗

光脉冲在单模光纤中传输时,通过的光学器件会导致脉冲信号与光纤中心轴夹角改变。光分解为两个互相垂直的分量,也就是主偏振方向,光在传输的过程中,在这两个方向上的损耗不相同,导致了偏振模色散。偏振模色散和色散一样,都会在接收端展宽信号脉冲宽度,而极化相关损耗会改变这两个分量的幅度。许多应用在光纤链路中的光学器件,如光梳、光栅、掺铒光纤放大器等,都具有极化相关损耗,并且不能准确预测。光学器件都有极化相关损耗,但是一般来说它们的值都比较小。但有的光学器件情况不同,比如线性光学偏振器上的某一方向上的损耗非常小,光纤几乎可以完全通过;而垂直方向上的损耗非常大,从而使这个方向上的光纤几乎不能通过,这样就可以将非偏光转变成线性偏振光。

由于在长距离光通信系统中,许多器件都有极化相关损耗,并且是随机连接在一起的,因此光信号在通过光纤链路时受到的损耗是各异的。而在高速光通信系统中偏振模色散与极化相关损耗相互结合,产生一些新的损伤,使得信号的误码率增高,从而降低系统的性能。产生极化相关损耗的原因有很多,最主要的有以下几点:光纤中的色散、光纤发生了弯曲、光界面之间的角度以及斜反射。

极化相关损耗会对偏振模色散造成影响,主要表现在会使得偏振模色散加大及影响到系统的偏振模色散的统计分布。

4.1.4　窄带滤波

密集波分复用系统中,光信号在传输的过程中,通过各个节点上的光栅以及光上下路器件时,其窄带滤波效应均会对光信号造成滤波损伤。

4.1.5　自相位调制

自相位调制时光纤中信号传输的一种特性。光纤具有各向异性,其折射率具有非线性的特性,在光纤中,光线的折射率随着电场强度的变化而变化,使得在光纤中传输的信号也发生变化。这种是由信号自身场强的变化引起的相位的变化的现象,称为自相位调制。

在光纤的非线性系统中,非线性薛定谔方程可以化简为:

$$\frac{\partial E}{\partial z} = -\frac{\alpha}{2}E + \mathrm{j}\gamma \mid E\mid^2 E \tag{4-13}$$

解方程得

$$E(z,T) = E(0,T)\exp\left(-\frac{\alpha z}{2}\right)\exp(\mathrm{j}\varphi_{\mathrm{SPM}}(z,T))$$

$$\varphi_{\mathrm{SPM}}(z,T) = \mid E(0,T)\mid^2\left(\frac{L_{\mathrm{eff}}}{L_{\mathrm{NL}}}\right) \tag{4-14}$$

其中,L_{eff}是光纤的有效长度(由于损耗,它小于光纤的实际长度),L_{NL}是光纤的非线性长度。由给定的式子可知,非线性相移$\varphi_{SPM}(z,T)$随光纤长度 L 的增大而增大。

由此得知,光纤的自相位调制效应是由光信号本身强度变化引起的自身非线性相位变化,但脉冲形状保持不变。自相位调制在频域上导致的频谱展宽是由于非线性相移与时间有关而引起的。也可以理解为:脉冲在光纤中传输的过程中,新的频率分量在不断地产生,这些由自相位调制产生的频率分量展宽了频谱,使之超过了脉冲的初始宽度。

4.1.6　交叉相位调制

自相位调制是仅有一束电磁波在光纤中传输的情况,光纤的交叉相位调制指不同的模式在同一光纤中传输时,相邻信道的变化会导致待测信号的变化。交叉相位调制是由相邻的信道功率导致的待测信道的非线性相移。因此,任何交叉相位调制都会伴随着自相位调制的产生。交叉相位调制在相位调制系统中造成的影响是极其恶劣的。任意的相位抖动都会导致系统信噪比的恶化。而在幅度调制的系统中,如果没有色散的存在,交叉相位调制的影响可以忽略不计。但是交叉相位调制在 WDM 光系统上会限制系统的性能,也会导致系统信噪比的恶化。

交叉相位调制既有有利的一面,也有不利的一面。交叉相位调制可以在光脉冲中引入频率啁啾,可用于脉冲压缩;它引起的相移也可以用于光开关。两束光在光纤中沿着反方向传输时,前向波和后向波可以通过交叉相位调制发送相互作用,可以影响光学陀螺仪的性能。

4.1.7　四波混频

四波混频可以有效地产生新的光波,在量子力学中,一个或几个光波的光子被湮灭,同时产生了几个不同频率的新光子,且在此参量过程中,净能量和动量是守恒的,这样的过程就称为四波混频。能够利用四波混频进行波长变换、相位共轭、通过"压缩态"来减少量子噪声以及产生超连续谱。

4.1.8　受激拉曼散射

受激拉曼散射是光纤非线性光学中一个很重要的非线性过程,它可以使光纤成为宽带拉曼放大器和可调谐拉曼激光器,也可使某信道中的能量转移到相邻信道中,从而严重地限制多信道光通信系统的性能。

在任何分子介质中,自发拉曼散射将一小部分入射功率由一光束转移到另一频率下移的光束中,此过程为拉曼效应。量子力学的描述为:入射光波的一个光子被一个分子散射成为另一个低频光子,同时分子完成其两个振动态之间的跃迁。入射光作为泵浦产生称为斯托克斯波的频移光。

4.1.9　受激布里渊散射

受激布里渊散射是一种在光纤内发生的非线性过程,其所需要的入射功率远低于受激拉曼散射要求的泵浦水平。一旦达到受激布里渊散射阈值,受激布里渊散射将把绝大部分输入功率转换为后向斯托克斯波。受激布里渊散射通常会对光通信系统造成危害,同时,它又可用作光纤布里渊激光器和放大器。

受激布里渊散射类似于受激拉曼散射,它产生相对于入射泵浦波频率下移的斯托克斯波,频移量由非线性介质决定。然而,它们两者之间存在着显著的不同。例如,单模光纤中由受激拉曼散射产生的斯托克斯波向前后两个方向传输,而由受激布里渊散射产生的斯托克斯波则仅有后向传输波;受激布里渊散射的斯托克斯频移比受激拉曼散射的频移小三个量级;受激布里渊散射的阈值泵浦功率与泵浦波的谱宽有关,受激拉曼散射几乎不会发生。因为受激布里渊散射参与的是声频声子,而受激拉曼散射参与的是光频声子。

受激布里渊散射可以经典地描述为泵浦波、斯托克斯波通过声波进行的非线性相互作用,泵浦波通过电致伸缩产生声波,然后引起介质密度的周期性变化,泵浦引起的折射率光栅通过布拉格衍射散射泵浦光,由于多普勒位移与以声速移动的光栅有关,散射光产生了频率下移。同样,在量子力学中,这个散射过程可以堪称是一个泵浦光子的湮灭,同时产生了一个斯托克斯光子和一个声频声子。

4.2　传统的光纤损伤补偿技术

4.2.1　色散的补偿

色散补偿技术的研究重点有:动态色散补偿、宽带的要求、环境温度的限制。动态补偿是指在长距离的传输系统中,需要及时且精确地补偿到色散和色散斜率,并且由于温度的变化等引起的色散的波动也需要动态地补偿。动态色散补偿的技术有啁啾光纤光栅色散补偿、环行谐振器、虚像相位阵列、沉积了加热金属的相位平板光栅、连接基于高阶模光纤的长周期光栅的光开关、多腔反射滤波器等。此外,如何在带宽的增加下有效地对色散进行补偿也是目前的研究重点。环境温度的变化也会影响到色散补偿系统的性能,因此温度在设计色散补偿系统时也需要考虑进去。

色散补偿的基本原理是使用一个或者多个负色散的器件对光纤的正色散实施抵消,对光纤中的色散累计进行补偿,从而使系统的总色散量减小。目前,光传输系统中的色散补偿的方案可以分为两大类:基于光纤的色散补偿技术〔有色散补偿光纤(DCF)、反色散光纤(RDF)等〕,采用色散补偿模块对通道色散及色散斜率进行补偿〔基于啁啾光纤布拉格光栅(FBG)、镜像相位阵列(VIPA)、平面博导的各类色散补偿器等]。

1980年,色散补偿光纤的概念被提出,掺铒光纤放大器在通信系统中的使用加速了 DCF 的发展,从最早的匹配包层型发展到多包层折射率剖面型,多包层折射率剖面型的色散补偿光纤不仅能够得到很高的负色散,还能够降低弯曲损耗。色散补偿光纤在 1550 nm 波段具有很大的负色散,可以补偿传输光纤的色散和色散斜率,是现在通用的技术,发展已趋成熟。色散补偿光纤是无源器件,安装灵活,能够实现宽带色散补偿和一阶色散、二阶色散全补偿,还能够与 1310 nm 的零色散标准单模光纤兼容。

1982年,F. Ouellette 首先提出了采用啁啾光纤布拉格光栅作为反射滤波器实现色散补偿的理论。它的原理是:当光脉冲通过线性啁啾光栅后,短波长的光的时延比长波长的光的时延长,正好起到了色散均衡的作用,从而实现了色散的补偿。啁啾光纤布拉格光栅能够补偿的色散量和带宽是由光栅的长度和啁啾量决定的。采用啁啾光纤布拉格光栅这种方法,器件紧凑、插入损耗低、非线性效应小、对偏振不敏感,其色散斜率可以控制为与传输光纤相同,而且可以通过应力或者温度进行动态调谐。

随着通信技术的不断发展,色散补偿技术也在更加趋近于智能化、高效化、动态、宽带、小型化,能够满足逐渐增长的需求。

4.2.2 偏振模色散的补偿

在高速光通信系统中,偏振模色散已经成为限制系统速率和传输距离的主要因素之一。由于在光纤生产过程中产生芯不对称和内应力,成缆过程中形成边应力、扭曲以及使用过程中存在压力、弯曲、环境温度变化,这些因素都造成偏振模色散,光纤中的偏振模色散的变化完全随机。对偏振模色散的补偿方案都需要对偏振模色散进行实时监测。

常用的偏振模色散的检测方法有两种:电功率法和 DOP 法。电功率法是以某一特定的电域频率分量功率作为偏振模色散的检测信号,其与偏振模色散的相关度较好,但是电功率法使用的光探测器所需带宽与光信号码元速率密切相关,高速光信号对光探测器要求较高。以光信号的偏振度(DOP)作为偏振模色散的检测信号的方法称为 DOP 法,DOP 法与光信号的码元速率无关,无须使用高昂的电子器件,而且可以用于多种调制格式,因此 DOP 法更适合用于检测偏振模色散。

研究偏振模色散具有重要的意义:能够充分利用已经铺设好的光缆,降低成本;为智能的光网络准备条件;为超高速的光纤通信系统的发展做准备。

偏振模色散的补偿的基本原理:首先在光域或者电域上将两个偏振模信号分开,然后用延迟线分别对其进行延时补偿,在反馈回路的控制下,使两个偏振模之间的时延差为零,最后将补偿后的两个偏振模信号混合输出。偏振模补偿技术可以分为三类:电补偿、光电补偿和光补偿。电域的补偿是对光接收机接收到的信号进行电域上的均衡,电补偿器主要由两个部分构成:横向滤波器和判决反馈均衡器,横向滤波器用于减小偏振模色散的代价。光电补偿要求有两个或者两个以上的光电探测器，通过光电探测器来补偿两路信号的时延。光补偿则是在光纤链路后面连接调整偏振的器件（比如偏振控制器）和双折射元件，通过调整偏振控制器件来完成对偏振的补偿。

电补偿可以补偿传输过程中的偏振模色散的影响，也可以补偿其他的损伤的影响，但是会受到电速率瓶颈的限制，在 40 Gbit/s 以及更高速的系统中难以胜任。光电补偿方案中需要用到多个光电探测器，成本也会提高。而光补偿不受信号速率的限制，有灵活、方便、易于集成的优点，其应用优势比较明显。光学 PMD 补偿实际上是在光纤链路的传输末端加入一个偏振模色散补偿器。

4.2.3　克尔效应的补偿

光纤是非线性信道，光功率的增加会导致严重的非线性效应——克尔效应，克尔效应是二次电光效应，在某个极化方向施加的电场的作用下，该方向的折射率会发生改变，从而限制系统容量的增加。因此，光纤传输系统的最大容量取决于光纤的克尔效应。针对克尔效应，已经提出了许多的解决方案，主流的补偿克尔效应造成的损伤的方法可以分为光域补偿技术和数字域补偿技术。主要有数字向后传播算法 DBP，Volterra 级数非线性均衡器 VNLE，相位共轭算法 PC，微扰算法 PPD 和先进调制格式算法等。

1. 数字向后传播算法

数字向后传播算法是一种最基本的非线性补偿算法，信号在光纤中的传输可以表示为：

$$\frac{\partial E_{x/y}}{\partial z} + j\frac{\beta_2}{2}\frac{\partial^2 E_{x/y}}{\partial t^2} + \frac{\alpha}{2}E_{x/y} = j\gamma'(|E_x|^2 + |E_y|^2)E_x \tag{4-15}$$

其中，$E=[E_x, E_y]$ 是传输的光信号，下标 x, y 表示信号的两个偏振态，α 是光纤的衰减系数，β_2 是二阶色散系数，γ 是光纤的非线性系数，$\gamma' = \frac{8}{9}\gamma$ 是双偏振态非线性系数。

DBP 的基本思想是通过反演 NLSE 方程建立一段虚拟光纤，来补偿光纤传输过程中的线性和非线性损伤，其中虚拟光纤的参数与真实传输系统中的光纤参数绝对值相等，方向相反。反演 NLSE 方程通过建立分布傅里叶方法 SSFM 实现。逻辑上是相当于在接收端模拟了一段与传输链路完全反向的虚拟光纤，使得信号经过此虚拟光纤后，尽可能地与发射端的信号相同。

SSFM 算法将光纤传输链路分成许多长度为 h 的小段光纤并进行反演，h 为仿真步长。当 h 足够小时，可以认为信号损伤是由线性和非线性损伤构成，并可以通过线性和非线性补偿模块进行补偿。

DBP 进行补偿的过程如图 4-2 所示。

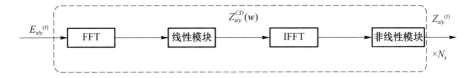

图 4-2　补偿示意图

损伤补偿的过程用公式可表示为：

$$\begin{cases} Z_{x/y}^{CD}(w,z)=E_{x/y}\exp\left[-\mathrm{j}h\left(\dfrac{\alpha}{2}+\mathrm{j}\,\dfrac{\beta_2}{2}\right)\right] \\ Z_{x/y}(w,z)=Z_{x/y}^{CD}\exp\left[-\mathrm{j}\varphi\gamma'h\left(\mid Z_x^{CD}\mid^2+\mid Z_y^{CD}\mid^2\right)\right] \end{cases} \tag{4-16}$$

$Z_{x/y}^{CD}$ 为线性补偿模块的输出,补偿了光纤的损耗和色散,经过频域时域转化,非线性补偿模块将补偿克尔非线性效应损伤,$Z_{x/y}$ 为非线性补偿模块的输出,$0<\varphi<1$ 为优化参数,式中的指数部分代表了非线性克尔相移。步长 h 决定了 SSFM 算法的精确度和复杂度,步长越小精度越高。

DBP 算法的优点在于能够很好地补偿信道内的非线性损伤,但是对于信道间的非线性损伤和自发辐射噪声与信号之间的相互作用产生的非线性损伤的补偿效果较差。

2. 相位共轭算法

相位共轭算法可以分为光域和数字域两种。光域的相位共轭算法将光纤链路分成两段,利用相位共轭器件使信号在第二段光纤链路的非线性损伤与第一段链路的非线性损伤相反,进而消除非线性影响。但是这种光域的相位共轭级数需要采用诸如相位共轭器等额外的光学器件,并且有需要精确地把相位共轭器件安放在光纤传输链路的中间的特殊需求,同时也会引入额外的非线性损伤。

2013 年提出的相位共轭双波算法是基于数字信号处理的相位共轭非线性解决方案,其在光纤链路中传输相位共轭的两组数据,一般为偏正方向上的两组数据。当光纤链路为色散对称时,从薛定谔方程 NLSE 可知,相互共轭的数据受到的非线性损伤也为相位共轭。因此,可以利用此共轭关系,将非线性损伤从接收到的信号中剥离出来,恢复原始的信号。相位共轭双波算法的性能较好,算法的结构简单,计算复杂度极低,能很好地应用与实际的系统,但是会牺牲掉一半的频谱效率,并且只适用于QPSK、8QAM 等信号,对于 16QAM 以上的信号并不适用。

3. PDD 算法

PDD 算法的优点在于能够单步求出非线性损伤,相较于 DBP 算法,复杂度会得到一定程度的降低,但是它的非线性扰动系数数目非常庞大,复杂度仍然较高。通过把信号之间的相乘转换为信号的旋转可以减少 PDD 算法中乘法器的使用,从而降低计算的复杂度。但是对于高阶调制格式,PDD 算法的复杂度仍然很高,是其应用的瓶颈。

4. 设计信号调制格式

系统光信噪比的性能和系统的非线性容忍度都取决于信号的调制格式。相比于低阶调制的 BPSK 信号,高阶调制的 16PSK 信号更容易受到非线性因素的影响。因此,设计调制格式不仅可以提高系统的非线性容忍度,还能够提高系统的传输性能。

对于单载波(比如 GSM)的调制格式,可以通过两种方式来提升系统的非线性容忍度:星座几何整形和星座概率整形。星座几何整形优化星座图上星座点的位置,使得星座点之间的最小欧氏距离最大化,提高线性的信噪比性能,但是没有对非线性损伤进行优化,在系统中存在非线性损伤时,系统的传输性能依旧会下降。概率整形则是根据信道情况设定一个熵值并求得整形系数以及星座图上每一个星座点出现的概率,通过改变星座点的分布概率提高系统的抗噪声性能。

5. 其余算法

非线性傅里叶变换算法是一种在非线性傅里叶域内传输信息的方法,能够有效地抑制非线性损伤,但是复杂度很高,实时性较差。

Volterra 级数是非线性物理现象的数值仿真的方法。基于反 Volterra 级数可以建立 Volterra 级数非线性均衡器,反向模拟信号在光纤中的传输,用于补偿非线性损伤和光纤的色散。Volterra 级数非线性均衡器可以有效地补偿信道内的非线性损伤,并且可以采用仅需 DBP 一半计算时间的并行结构。

随着机器学习的广泛应用,利用机器学习算法解决光纤的非线性效应的级数也不断地被提出。其中利用支持向量机建立非线性判决器的技术在处理非线性损伤方面也得到了很好的应用。

4.3 基于 SVM-KNN 算法的非线性判决器

光纤中的线性以及非线性效应导致了光通信中系统性能的恶化,因此,如何补偿光纤中的各种各样的损伤是光通信研究领域中的重中之重。在相干光通信系统中,光纤的线性效应已经出现了相对较好的解决方案,现在限制传输距离以及信号传输质量的主要因素是光通信系统中的非线性效应。在此之前,已经有人提出过解决非线性效应的方法:建立非线性模型,利用非线性模型进行补偿;数字反向传输算法利用作用效果相反的光纤非线性效应与传输中的非线性效应进行相抵消,也能够补偿信号的色散效应,也可以这么理解:使用数字向后补偿算法,相当于在通信系统的接收端模拟加载了一段与传输链路中完全反向的虚拟光纤,通过该段虚拟光纤后的信号能够最大程度上与发送的原始信号相同;一些基于数值近似的算法能够将非线性效应转换为容易补偿的形式。

近年来,机器学习在光通信领域的应用越来越广泛,利用机器学习的算法来补偿光纤中的线性和非线性损伤也逐步得到研究。机器学习算法以其高效的运算能力、强大的模拟能力和学习能力,能够有效地解决光纤中的各类损伤。

接下来,讲述机器学习算法在光纤通信中补偿的案例,进一步感知机器学习在光通信领域中高效的数据处理方式和对系统性能的显著提高。

我们要根据接收到的信号来判断发送端发送的是 M 个信号波形中的哪个波形。

判决算法的目的是找到一个理想的判决门限,使得判决的误码率最小。根据统计判决理论,用统计方法做判决的步骤如下。

(1) 做出假设:在通信系统中,首先对信源输出的 M 个可能的离散符号或其相应的 M 个可能的发送信号波形做出 M 个假设,用 $\{s_i, i=1,2,\cdots,M\}$ 表示,且每个假设出现的概率为先验概率,用 $P(s_i)$ 表示。

(2) 信道的转移概率:对接收到的信号 $r(t)$ 进行观察,由于发送信号 $s_i(t)$ 受到信道加性噪声的干扰,所以其观察值可能是一个随机变量或是由多个随机变量构成的随机矢量。若观察矢量是由 N 个实值的随机变量构成的 N 维随机矢量,用 $r=(r_1,\cdots,r_N)$ 表示,则此观察矢量 r 与发送端各假设 s_i 之间无确定的函数关系,但却有转移概率的关系,则其转移概率关系可用条件概率密度函数 $p(r|s_i)$(若 r 中各 r_i 是连续随机变量),或用条件概率 $P(r|s_i)$(若 r 中各 r_i 是连续随机变量)来描述。此观察矢量的条件概率密度函数或条件概率在不同假设成立的条件下是有区别的,这就为统计判决提供了有用的依据。

(3) 选择合适的判决准则:在数字通信中,要根据观察矢量 r 做出发端发的是哪个 s_i 的估计,其判决输出用 $\hat{s}$ 表示。若判决输出 $\hat{s}$ 不等于发端的 s_i,则判错,为使平均错判概率最小,选择最大后验概率准则(MAP 准则),即最小错判概率准则作为判决准则。

(4) 最佳地划分判决域:将已知的先验概率 $P(s_i)$ 及已知的条件概率密度函数与 MAP 准则相结合,得到一判决公式,从而将观察空间最佳地划分为各判决域 $D_i,i=1,2,\cdots,M$。

(5) 最佳判决:观察矢量 r 落入哪个判决域 D_i,就做出发的是哪个 s_i 的判决,输出 $\hat{s}$,这样就可使平均错判概率 P_e 最小。

在先验概率相等条件下的 MAP 准则,称为最大似然准则 ML。在均匀的星座图中,最大似然估计准则认为,信号的某个符号属于令该点的似然函数最大的星座点。在概率分布星座图中,利用最大后验概率进行判决,通过已经接收到的信号推断该信号最可能来自哪个星座点。但是在非线性效应的影响下,信号会发生畸变,表现在星座图上就是星座点的旋转偏移交叠。因此,线性的判决算法已经不能解决非线性效应。

光纤通信中的判决与聚类具有相似之处,只要将判决算法的目标转化到机器学习中,利用机器学习算法也能够得到与判决算法类似的效果。

下面,介绍一种基于机器学习的非线性判决器。

为了满足未来无线网络业务不断增长的需求,已经提出了结合光纤和无线通信优势的光载无线通信(RoF)技术用于宽带无线接入。在 RoF 系统中,由于使用 DMT(分离复频调制)技术的 IM-DD(强度调制直接检测)系统具有频谱效率高和结构简单的优点,因此可以使用该系统来有效利用毫米波频率范围内几兆赫兹的可用带宽,DMT(分离复频调制)技术是正交频分复用(OFDM)技术的一种修改形式。与正交频分复用系统相比,分离复频调制会在发射机中执行快速傅里叶逆变换(IFFT)之前的复杂共轭运算,因此可以将复值 OFDM 信号转换为实值 OFDM 信号。

尽管 DMT 可以将传输距离扩展到几十千米,但是由于长距离传输中不可避免的线性失真和非线性失真,系统的性能也会随之下降。线性失真可以通过信道估计和均衡来补偿。对于非线性失真,需要特殊的补偿方法。在此之前,已经提出了许多补偿方法,如 Volterra 非线性补偿、非线性预补偿和均衡器。另外,现代机器学习方法显示了其在光通信系统中的非线性均衡和非对称决策中的巨大潜力。与传统的复杂线性均衡或计算繁重的非线性补偿技术相比,基于机器学习的方法可以有效地提高整体系统性能,并且具有较高的计算效率。

本节中提出了两种基于机器学习的非线性分类器,用于进行接收信号的判决,以减轻 RoF 系统的非线性损伤。在我们的设置中,马赫曾德尔调制器(MZM)用于生成基带 16QAM-DMT 光信号。在 80 km 单模光纤传输之后,通过光电二极管(PD)中的远程外差,产生毫米波。为了缓解 MZM、光纤信道以及色散(CD)和平方律检测之间的相互作用所带来的非线性损伤,提出了基于 k 近邻(KNN)和支持向量机(SVM)的机器学习方法进行信号判决。相比于传统的最大似然(ML)判决算法,基于机器学习的判决方法可以有效地降低误码率。同时,优化训练参数以改善判决系统性能。

4.3.1 ROF 系统

无线通信是电磁波在空间中交换信息的一种通信方式。它的主要应用波段有毫米波、厘米波和分米波。5G 的波长为毫米级,超宽带、超高速以及超低延时。1G 实现了模拟语音通信,2G 实现了语音通信的数字化,3G 实现了语音以外的多媒体通信,4G 实现了局域高速上网,而 5G 将实现随时随地万物互联。这个跨度的变换,ROF 系统的出现功不可没。为了扩充系统的容量,满足逐渐增长的需求,以及增加无线载波传输的距离,将微波加载到光载波上的系统完全替代了以往的无线载波传输。

ROF 系统就是将微波信号加载到光载波上,通过光纤的传输,在发射端通过光电转换还原出原始的微波信号,通过天线将其发送给移动终端。它由四个部分组成:中心站(Central Station,CS)、基站(Base Station,BS)、光纤链路(上行链路以及下行链路)和用户终端。其中最主要的两个部分是中心站和基站。图 4-3 是 ROF 的系统框图。

中心站负责无线通信中的资源管理、基带信号处理以及微波信号调制,能够实现信号的转换、控制与再生。基站仅保留光电/电光互换功能,这样可以将昂贵的设备都集中在中心站,使得多个基站可以共享资源,降低系统成本。中心站将微波信号调制加载到光载波上,然后通过下行链路传输到基站。基站将来自中心站的光信号经过光电转换器还原出原始的微波信号,再经过天线发送给用户终端。在上行传输中,用户终端将微波信号通过天线发送到基站,基站再将通过天线接收到的信号通过电光转换器将微波信号调制到光载波上,再通过上行链路传输到中心站进行处理。ROF 系统是一个副载波调制系统。

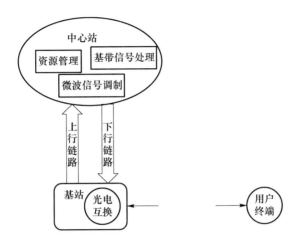

图 4-3 ROF 系统

由于空气对无线信号的吸收和反射程度以及电缆的阻抗都会随着信号载波频率的增加而增加,因此光纤的传输损耗远低于信号在传输线中的损耗,因此 ROF 系统具有低损耗的特点;同时,光纤不仅有着传输损耗低的优点,它也能够提供巨大的传输带宽,因此 ROF 系统也有大带宽的优点;此外,由于 ROF 系统的主要组成部分为中心站和基站,中心站包括了很多昂贵以及重要的器材,基站仅有光电/电光转换器,这样的特点使得 ROF 能够安装及维护操作简单,降低了基站的维护成本;除上述的优点外,ROF 系统最明显的一个优点是它具有强抗电磁干扰的能力,因为在光纤中传输的信号,不容易受到外界电磁场的干扰,而且一部分没有加载在光载波上的微波信号通过光纤信道传输时能够很快地衰减,从而避免对信号造成影响。

在 ROF 系统中,在中心站,信号通过强度调制,调制到光载波上;在基站,通过直接解调的方式检测出信号。

4.3.2 DMT 系统

与正交频分复用原理一样,离散多音技术(DMT)是基于正交频分复用原理的多载波调制,理论基础与正交频分复用原理相同,在发端利用快速傅里叶逆变换实现子载波的正交化,收端基于快速傅里叶变换实现解调。DMT 将信道分割成多个子信道,能够提高频带的利用率。

DMT 的调制解调框图如图 4-4 所示。

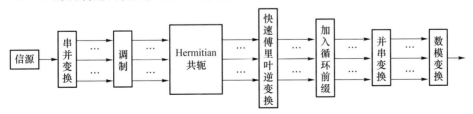

图 4-4 DMT 调制解调框图

从框图中可以得知,DMT 与 OFDM 最大的区别是 DMT 在进行快速傅里叶逆变换之前做了 Hermitian 共轭对称,因此快速傅里叶逆变换之后得到的信号都是实信号。

4.3.3　光外差法产生毫米波

光生毫米波的原理是用光学的方法产生两个相干的光载波,经过光电探测器的差拍作用,生成的光电流的频率为两个光载波的频率之差。在目前的 ROF 系统中,光外差法是最简单有效的毫米波生成方法,它的原理简单来说就是利用光电探测器的相干检测,使得两束频率间隔为所需毫米波频率的光波在高速光电探测器上差频生成毫米波信号,外差生成的微波频率与差频光波频率间隔一致,其频率仅仅受限于光电探测器的带宽。

本节中光外差法的结构如图 4-5 所示。

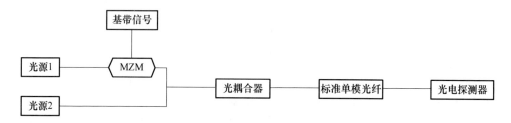

图 4-5　光外差法

目前使用的光外差法的光源来源主要有三种:两个或两个以上激光器产生的光波进行混频,利用单纵模多波长激光器实现微波信号的产生和调谐特性,结合外部调制器。光外差法,也是限制 ROF 系统性能的主要因素。

4.3.4　实现流程以及框图

在我们的 ROF 系统中,MZM 调制连续波长的光波以生成光学基带信号。然后,已调制信号和一个未经任何调制的光波一起传输。在单模光纤传输之后,通过远程外差实现毫米波的产生。互调失真,光纤非线性以及在接收器上 CD 和平方律检测之间的相互作用所引起的 MZM 非线性将导致信号非线性失真。在光纤和其他光电设备的共同作用下,理想的决策边界不再是线性的。因此,最大似然决策将导致较大的误码率。本书提出了一种基于机器学习的用于信号判决的非线性判决器。

KNN 是一种简单有效的机器学习分类算法。K 是用户定义的常数,每个样本可以用其最近的 K 个邻居表示。通过分配最接近 K 个训练样本的标签来对未标记的测试数据点进行分类。具有 KNN 决策的 16QAM 星座图如图 4-6(a)所示。星点是带有标签的训练数据。深灰色的圆点是测试数据,它的 5 个最近邻居的标签是{0,0,0,1,4}。因此,应将其判断为情况{0}。同样,浅灰色的圆点的 7 个最近邻居的标签为

$\{11,14,15,15,15,15,15\}$，因此应将其判断为情况$\{15\}$。我们使用欧几里得距离来确定其最近邻居。分类器通过找到最佳超平面来将一个类别的所有数据点与另一个类别分离。

SVM 分类器通过找到最佳超平面来将一个类别的所有数据点与另一类别分离。SVM 的最佳超平面表示两个类别之间的距离最大。裕度是指平行于没有内部数据点的超平面的平面最大宽度。SVM 重点在寻找最佳分类边界来区分两个类别。如图 4-6(b)所示，当要确定 16QAM 信号时，需要 4 个 SVM 分类器。每个 SVM 分类器负责一位数据。我们选择径向基函数作为 SVM 内核函数。

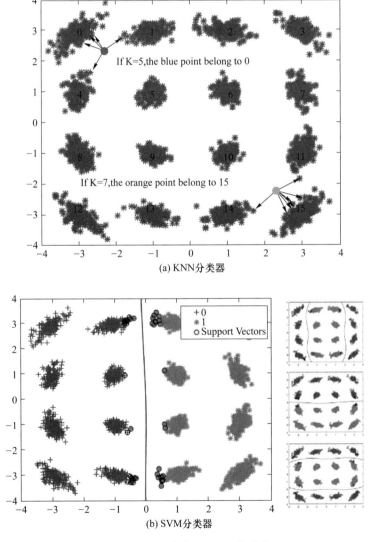

(a) KNN分类器

(b) SVM分类器

图 4-6　KNN 分类和 SVM 分类器

10-GS/s 16QAM-DMT ROF 系统的仿真模型如图 4-7 所示。

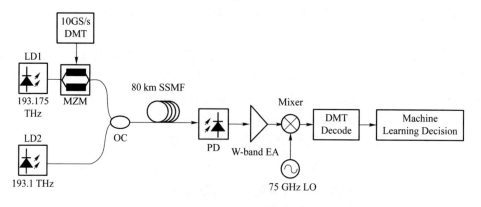

图 4-7　ROF 仿真模型

我们使用 VPI Transmission Maker 软件生成毫米波信号。在 Matlab 中执行 DMT 编码和解码、KNN 决策和 SVM 决策。在 DMT 调制中,通过 FFT 处理以 16QAM 格式调制的 240 个数据子载波。经过复杂的共轭运算后,将 240 点数据扩展为 480 点数据,并在 IFFT 之后获得实数值。IFFT 的大小为 512。应使用长度为 40 的循环前缀(CP)。在每个帧处插入训练序列,以进行时间同步和信道估计。

激光器 1(LD1)产生的中心波长为 193.175THz 的连续波长光波与产生的 DMT 信号被 MZM 调制,生成光学基带信号。中心频率为 193.1THz 的激光器 2(LD2)被用作载频产生源。两个激光器的线宽为 100 kHz。然后,两个信号通过光耦合器(OC)耦合。在 SSMF 传输 80 km 之后,DMT 信号和未调制的激光被发送到 PD 进行光外差法处理以产生中心频率为 75 GHz 的毫米波信号。

在我们的仿真中,我们关注于非线性损伤的补偿,因此,为了进行简单处理,省略了自由空间传输过程。在光电探测器之后,W 波段的 DMT 信号被电放大器(EA)放大。然后,信号由一个高频本地振荡器驱动的电动混频器进行下变频。最后,执行基带 DSP 算法和机器学习判决来进行 BER 误码率的计算。

图 4-8 示出了 BER 性能与接收光功率的关系。改变输入到光电探测器的光功率,然后分别执行 3 种决策方法——最大似然(ML)、SVM 和 KNN。从结果可以看出,SVM 判决和 KNN 判决具有相似的误码率。与 ML 判决方法相比,误码率为 10^{-3} 时,SVM 判决和 KNN 判决的接收灵敏度提高了 0.6 dB。我们改变调制幅度,以研究 MZM 的调制指数对 BER 性能的影响。驱动器幅度从 0.2 到 0.6 变化,输入到 PD 的光功率固定为 −16dBm。当驱动器振幅较低时,MZM 的非线性可忽略不计。但是,光载波与信号边带的功率比很大,这会降低接收器的灵敏度。当驱动器幅度较高时,信号边带的功率较大,从而提高了接收器的灵敏度。然而,MZM 的非线性成为主要的限制因素。从结果可以看出,当驱动器幅度在 0.35V 至 0.45V 范围内时,SVM 决

策和 KNN 决策可以将 BER 性能提高一阶。

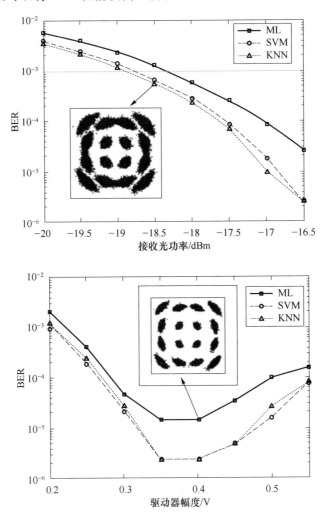

图 4-8 BER 性能与接收光功率的关系

我们还优化了训练参数,以提高判决的正确率。SVM 训练性能取决于训练数据的数量,而 KNN 取决于训练数据的数量和 K 值。我们首先在 KNN 决策中优化 K 值,如图 4-9(a)所示。驱动器幅度为 0.4 V,接收光功率为 -19 dBm。当 K 较小时,存在底部填充问题,而当 K 太大时,存在过拟合问题。两者都会降低系统的性能。K 的最佳值是 $5 < K < 14$。同时,我们针对 SVM 和 KNN 优化训练数据的数量,如图 4-9(b)所示。当训练数据的数量增加时,两种训练性能都得到提升并逐渐稳定。当训练数据的数量小于 1 500 时,SVM 具有更好的性能,因为训练样本仅用于区分非线性边界。当训练数据的数量大于 2 000 时,KNN 具有更好的性能,因为 KNN 可以利用大量接近的样本进行判断。尽管 KNN 决策具有更好的性能,但它具有更高的计算复杂度。这是因

为在 SVM 决策中,我们只需要计算测试点和 4 个 SVM 边界的距离。在进行 KNN 决策时,我们需要首先计算测试点和所有训练数据的欧氏距离,然后对结果进行排序以找到 K 个最近的邻居。

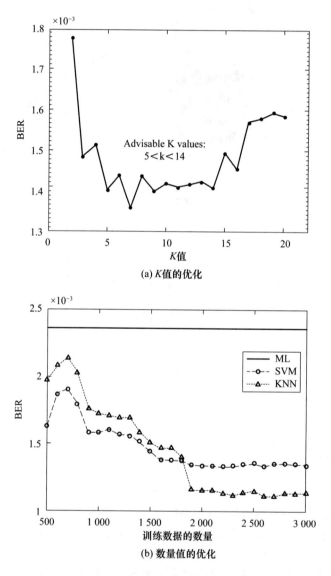

(a) K 值的优化

(b) 数量值的优化

图 4-9　K 值的优化和数量值的优化

通过使用 KNN 分类器和 SVM 分类器来减轻非线性星座失真,我们提出了一种针对 ROF 系统的新颖信号决策方法。仿真结果表明,这两个分类器可以有效降低 DMT 调制 ROF 系统的误码率。

4.4　基于光学系统中的 k-means 改进的 PS-QPSK

近年来,由于混乱网络流量的增长,光纤传输系统吸引了越来越多的注意力。为了满足"绿色通信"的要求——高效节能的调制格式,提出了偏振切换正交相移键控(PS-QPSK)的传输方式。同时,PS-QPSK 在光通信系统中也具有灵敏度优势。已经有人对 PS-QPSK 传输性能做了大量的研究。

目前,在补偿光纤中的线性和非线性损伤方面,已经提出了许多的技术,机器学习方法在这方面表现出色,如光通信中用于信号恢复的光子机器学习实现、机器学习辅助的光互连、在通信网络中使用的机器学习等。在这些技术中,聚类算法 KNN 是非常有效的。

在工作中,我们在光学系统中使用偏振切换正交相移键控的调制格式,并且首次将 k-means 算法应用到该系统中。经过试验检测,与传统的最大似然方法相比,我们的方法可以更有效地克服线性和非线性损伤。

4.4.1　PS-QPSK 系统

光作为一种电磁场,在两个正交偏振方向上有两个正交的相位成分,由此可以扩展出四维信号空间,信号在光的四个维度(两个正交偏振态的同相和正交相位)上进行调制解调。通过在四维信号空间中优化调制格式,增大星座点之间的最小欧氏距离,进而提高系统的抗噪声性能。与偏振复用的幅度和相位调制不同,四维调制格式的偏振态之间相互关联。

PS-QPSK 是典型的四维调制格式,也是自提出以来最简单、能量效率最高的四维调制格式。理论研究表明,在光噪声下其具有更高的灵敏度,在 100 Gbit/s 的波分复用场景下,具有更高的非线性容限。该调制格式每个符号携带 3bit 有效信息,对应 8 种可能的状态。其中两个比特定义一个 QPSK 符号,而第三比特用于在两个偏振态中选择一个来传输信号。

在电域,光波的幅度可以被写作:

$$E=\begin{pmatrix}E_{x,\gamma}+iE_{x,\gamma}\\E_{y,\gamma}+iE_{y,\gamma}\end{pmatrix}=\begin{pmatrix}|E_x|\exp(i\varphi_x)\\|E_y|\exp(i\varphi_y)\end{pmatrix} \tag{4-17}$$

其中,下标 x 和 y 分别表示极化成分,γ 和 i 分别表示电域中的实部和虚部,φ_x 和 φ_y 表示相位取值范围为 $[-\pi,\pi]$。

就其相位、振幅和极化状态而言,电场可以等效地被描述为:

$$E=\|E\|\exp(i\varphi_a)\boldsymbol{J}=\|E\|\exp(i\varphi_a)\begin{pmatrix}\cos\theta\exp(i\varphi_y)\\\sin\theta\exp(-i\varphi_y)\end{pmatrix} \tag{4-18a}$$

$$\|E\|^2=|E_x|^2+|E_y|^2 \tag{4-18b}$$

$$\theta=\sin^{-1}\left(\frac{|E_y|}{\|E\|}\right) \tag{4-18c}$$

式(4-18b)和式(4-18c)是 x 和 y 之间的相对相位和幅度,$\boldsymbol{J}$ 代表琼斯向量,通常将其标准化。

最后一种表示信号的方法是使用带有真实成分的四维向量:

$$\boldsymbol{S}=\begin{bmatrix} E_{x,\gamma} \\ E_{x,i} \\ E_{y,\gamma} \\ E_{y,i} \end{bmatrix}=\begin{bmatrix} \|E\|\cos\varphi_x\sin\theta \\ \|E\|\sin\varphi_x\sin\theta \\ \|E\|\cos\varphi_y\cos\theta \\ \|E\|\sin\varphi_x\cos\theta \end{bmatrix} \qquad (4\text{-}19)$$

星座点的坐标如表 4-1 所示。

表 4-1　星座点的坐标

Symbol	I_x	Q_x	I_y	Q_y
[0,0,0]	1	0	0	0
[0,0,1]	0	0	1	0
[0,1,0]	−1	0	0	0
[0,1,1]	0	0	−1	0
[1,0,0]	0	1	0	0
[1,0,1]	0	0	0	1
[1,1,0]	0	−1	0	0
[1,1,1]	0	0	0	−1

PS-QPSK 调制器结构如图 4-10 所示。

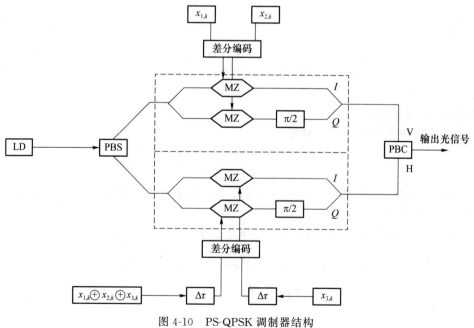

图 4-10　PS-QPSK 调制器结构

调制器结构充分利用 PM-QPSK 系统,驱动信号中三路为有效数据流,将前三路数据进行按位异或可得第四路数据,因此两个正交偏振态上均对应为 QPSK 符号,且两路 QPSK 信号之间具有相位关联,而后分别对两个偏振态上的 QPSK 符号进行差分编码。两个正交偏振态上的 QPSK 调制采用并联双驱动的 MZM,且每个 MZM 均为推拉的工作方式以避免啁啾。为了利用 PM-QPSK 系统的偏振解复用算法,需要去除两个偏振态信号的相关性,因此在发送端的某一个偏振态(如 H 偏振态)上引入几个符号周期的时延,接收端在偏振解复用结束后在另一个偏振态上引入相同的时延,恢复 PS-QPSK 信号。

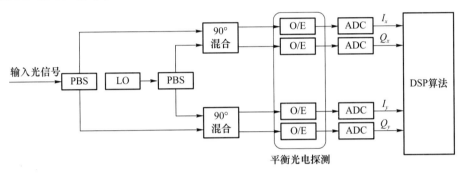

图 4-11 PS-QPSK 信号的相干接收

PS-QPSK 信号的相干接收与 PM-QPSK 相似,如图 4-11 所示。接收端输入光信号与本振光经 90°光混频器后经平衡接收机得到 4 路光信号 I_x、Q_x、I_y、Q_y,经模数转换(ADC)之后输入数字信号处理(DSP)模块,执行相干接收 DSP 算法,恢复原始信号以进行判决。DSP 算法模块如图 4-12 所示。

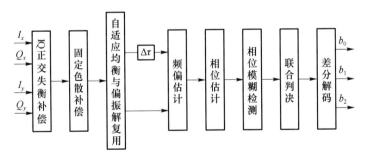

图 4-12 DSP 算法模块

DSP 接收算法分为:IQ 正交失衡补偿、固定色散补偿、自适应均衡与偏振解复用、频偏估计、相位估计、相位模糊检测、联合判决、差分解码。PS-QPSK 信号正交偏振态之间有相位约束关系,在独立进行两个偏振态上的相偏估计时,会分别产生不同的相位模糊,导致相位约束关系被破坏,因此需要进行相位模糊检测。

4.4.2　k-means 算法

k-means 算法是无监督学习算法的一种,它是聚类算法中最基础的一种。无监督学习是根据未知类别的训练样本特征来解决各种问题。聚类算法是根据给定数据中的特征,得到数据之间的距离和密度,然后利用无监督学习算法将该组数据分成 N 个不同的簇。它的具体实现方式如下:

(1) 随机选取 k 个点作为 k 个初始质心;

(2) 计算其他点到这 k 个质心的距离;

(3) 如果点 A 距离第 N 个质心最近,则 A 点属于第 N 类,并加上标签;

(4) 计算同一个聚类中点向量的平均值,作为新的质心;

(5) 迭代直到所有的质心不再变化。

4.4.3　实验验证

PS-QPSK 系统的仿真模型如图 4-13 所示。

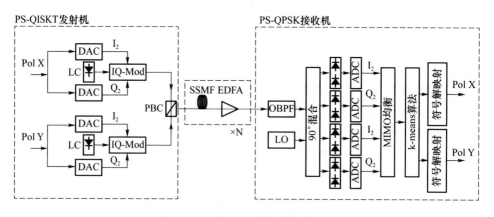

图 4-13　PS-QPSK 系统的仿真模型

我们使用 VPI 软件来仿真该 PS-QPSK 系统,包括光发射机、光纤传输链路、光接收机。PS-QPSK 的编码/解码和 k-means 算法都在 Matlab 中执行。

在发送端,按照表 4-1 的形式,利用偏振束组合器(PBC)组合得到偏振切换正交相移键控(PS-QPSK)信号。光纤链路中包含 N 个跨度,每个跨度都由 80 km 的标准单模光纤和掺铒光纤放大器组成。发射器和接收器中的激光线宽均为 100 kHz。

在接收端,通过光纤传送过来的接收信号被送入带有本地振荡器的 90°混频器中,在被 4 个平衡光电二极管检测之前受到干扰。然后开始执行 ADC 采样以及均衡。在 PS-QPSK 决策和解码过程中,所提出的 k-means 算法能够有效地抑制噪声。

我们将 k-means 算法应用在 PS-QPSK 系统中,并用 S 表示信号。对于欧氏空间中的样本数据,我们假设 SSE(平方误差之和)为:聚类的目标函数和衡量不同聚类结果的指标：

$$\text{SSE} = \sum_{i=1}^{k} \sum_{x \in C_i} \text{dist}(S, C_i) \qquad (4\text{-}20)$$

其中，k 表示聚类中心的数量，C_i 表示第 i 个中心，它是聚类 C_i 的质心，dist 表示欧几里得距离，SSE 表示平方误差的和。最佳聚类结果应使 SSE 最小。具体的执行步骤如下：

（1）随机选定一个初始点作为质心。

（2）通过计算每个样本与质心之间的相似度（欧氏距离）将样本点分组为最相似的类别。

（3）重新计算每个类别的质心，直到质心不再发生变化为止。

（4）我们通过确定每个样本所属的类别来准确检测信号。

为了获得更多的关于 k-means 算法在 PS-QPSK 系统中的特殊功能，通过评估不同的接收功率和光信噪比的 BER，我们得到了接收机的敏感度。通过将不同的敏感度和参考值比较来得到敏感度的损伤，参考值是通过最大似然方法获得的。所有的结果都表明在偏振切换正交相移键控系统中，加入 k-means 算法的系统性能都比加入最大似然算法的性能好。

如图 4-14 所示，在接收功率同为 -21 dB 的情况下，经过 1 600 km 的标准单模光纤传送后，ML 和 k-means 算法的 BER 分别为 9.8×10^{-4} 和 6.9×10^{-4}。

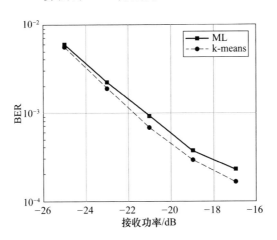

图 4-14　ML 和 k-means 算法的 BER 性能对比

如图 4-14 所示，图中展示了在背对背的传输系统中，BER 与光信噪比的关系，与 ML 系统相比，平均提高了 3×10^{-3} BER。

4.5 基于机器学习的聚类算法补偿光学 16 QAM-SCFDE 系统的多重损伤

近年来,单载波传输引起了人们对高速长距离光纤传输的极大兴趣,并且正在开发 Tbit/s 或更高速的系统。一方面,与多载波正交频分复用系统(CO-OFDM)相比,由于较低的峰均功率比,单载波传输系统遭受的非线性传输损伤更少。另一方面,频域均衡通常具有较小的计算复杂度,同时能够实现更大的灵活性。因此,具有频域均衡的单载波传输系统(SCFDE)有望用于更高速的光纤传输系统。

在采用了高阶调制格式 QAM 的长距离传输系统中,非线性光纤损伤会严重限制传输距离和系统容量。为了补偿非线性损伤,已经提出了各种技术,如数字反向传播(DBP)、非线性极化串扰消除、非线性预补偿和后补偿。传统的非线性补偿技术的缺点是它的数字的复杂度相对较高,复杂度与传输距离成正比,不适合未来灵活的光网络。

最近,包括人工神经网络(ANN)、支持向量机(SVM)和 k-means 在内的机器学习技术在光通信系统中引起了极大的注意。作为一种典型的机器学习算法,k-means 算法作为减轻非线性相位噪声和射频载波恢复的方法被提出。但是经典的 k-means 算法对初始质心很敏感,并且不同的聚类质心会导致不同的聚类结果,尤其是在样本数和聚类数较大时。因此,在大容量、高阶调制格式的光通信系统中,k-means 算法并不是一个最合适的算法来补偿线性和非线性的损伤。另外,早期的聚类算法集中于补偿单个损伤,如何同时补偿多个损伤仍然是一个挑战。

在本节中,我们提出了平衡迭代规约层次聚类算法(BIRCH),以同时补偿高阶调制光传输系统中的多重线性和非线性损伤。

4.5.1 BIRCH

传统的聚类算法可以分为五类:划分方法、层次方法、基于密度的方法、基于网格的方法和基于模型的方法。BIRCH 是一种有效传统的层次聚类算法,能够一遍扫描,有效聚类,同时有效处理离散点。

平衡迭代规约层次聚类算法(BIRCH),是一种综合的层次聚类算法,适用于大规模的数据集。它利用聚类特征树(CF Tree)进行快速聚类。CF Tree 的每个节点都由几个聚类特征组成,CF Tree 可以动态构建,并且可以从外部存储器中一一读取所有数据,因此适用于实时通信系统。CF Tree 包括了聚类的有用信息,占用空间小,能够直接放在内存中,可以提高算法在大型数据集合上的聚类效率以及可伸缩性。

BIRCH 的核心是 CF 和 CF Tree。其中 CF(Clustering Feature)是一个三元数据组(N,LS,SS),N 是该簇中点的数目,LS 是 N 个点的线性和,SS 是 N 个点的平方

和。CF Tree 存储了层次聚类簇的特征,每一个节点都是由若干聚类特征组成。CF Tree 由根节点、枝节点和叶节点构成,它主要有三个重要参数:B,L,T。B 是内部节点平衡因子,它限制非叶子节点的子节点数;L 是叶节点平衡因子,限制叶子节点子簇个数;T 是簇的半径阈值,表示了簇与簇之间的紧密程度。

具体构建 CF Tree 的过程如图 4-15～图 4-19 所示。

在 CF Tree 的构建过程中,新数据将插入到最接近该数据的叶中。如果插入数据后,叶的直径大于类直径 T,则叶子节点将被拆分。

假设图中的 B 为 5,L 为 4。

(1) 我们读入第一个新的数据点 $A_1(a_1,b_1)$,将它放入一个新的 CF 数组 CF_1,该数组中此时的值为 $(1,[a_1,b_1],a_1^2+b_1^2)$,将 CF_1 放入根节点 root,建树流程如图 4-15 所示。

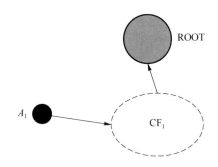

图 4-15　建树流程(1)

(2) 我们读入第二个数据点 $A_2(a_2,b_2)$,判断该点与第一个点之间的距离是否大于半径阈值 T。若小于 T,则更新 CF_1 中的数据,将第二个样本点加入 CF_1 中,此时 CF_1 中的数据为 $(2,[a_1+a_2,b_1+b_2],a_1^2+a_2^2+b_1^2+b_2^2)$。若大于 T,则生成新的三元数组 $CF_2(1,[a_2,b_2],a_2^2+b_2^2)$,root 根节点中有两个 CF 三元组 CF_2 与 CF_1。建树流程如图 4-16 所示。

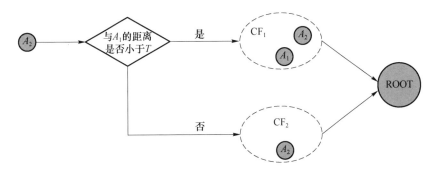

图 4-16　建树流程(2)

（3）直到生成 4 个 CF 数组。此时新进入的数据 $A_N(a_n, b_n)$ 需要判断是否重新分裂，如果 A 在已经形成的 4 个 CF 数组形成的簇中之一 CF_3 中，则将 A_N 加入 CF_3，加入后的 CF_3 为 $(m, [a_1+a_2+\cdots+a_n, b_1+b_2+\cdots+b_n], a_1^2+a_2^2+\cdots+a_n^2+b_1^2+b_2^2+\cdots+b_n^2)$；否则，则建立一个新的 CF_N 容纳 A_N，并重新分裂根节点。建树流程如图 4-17 所示。

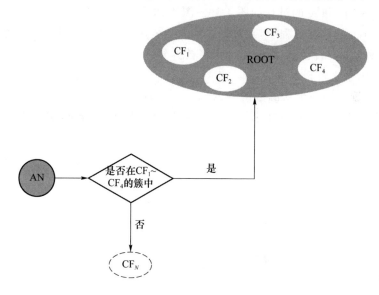

图 4-17　建树流程（3）

（4）节点的分裂：在 $CF_1 \sim CF_4$ 中找到最远的两个 CF 作为种子 CF，（此处假设最远的两个 CF 为 CF_1 和 CF_2），然后将剩下的 CF_3、CF_4 以及新的 CF_N 重新划分到这两个新的节点上。建树流程如图 4-18 所示。（ROOT real 是分裂后的根节点，LN_1 和 LN_2 是种子节点）

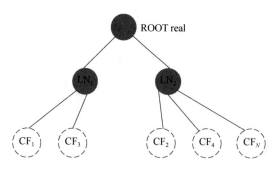

图 4-18　建树流程（4）

（5）继续有新的数据进入聚类，首先判断它是否属于 5 个 CF 簇中的任意一个，若是，加入它所属的簇；若否，则选择离它最近的 LN，将 LN 进行再分裂。此后进入的新数据按照上述步骤重复进行，直到将全部数据遍历完全。

形成的 CF Tree 如图 4-19 所示。

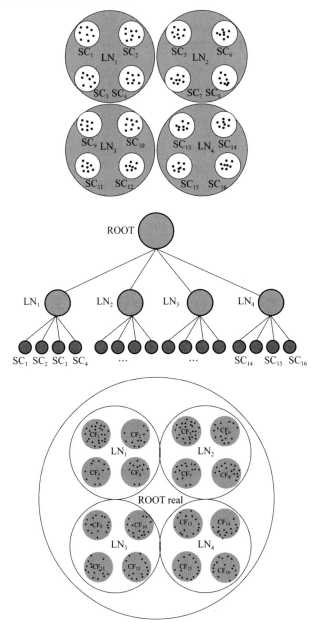

图 4-19　形成的 CF Tree

4.5.2　SCFDE

单载波频域均衡技术与正交频分复用技术性能相似,它结合正交频分复用技术和单载波传输技术的优点,发送的是单个调制后的信号,信号包络稳定,具有较低的峰均功率比,因此具有更少的非线性损伤、更简单的运算复杂度和更大的灵活性。单载波系统通常采用在发送端发送训练序列来对估计信道的冲激响应,接着用均衡技术对信道失真进行补偿。

在 OFDM 系统中,当独立调制的很多子载波连续在一起传输时,OFDM 信号有非常高的峰均比(PAPR)。当 N 个同相位的信号叠加在一起时,峰值功率是平均功率的 N 倍。高的 PAPR 会给系统带来很多不利因素,如增加 ADC 和 DAC 的复杂度,降低射频放大器效率等。同时,光信号在光纤传输过程中,高的 PAPR 会带来严重的非线性损伤。这里采用改进型的 OFDM 技术——SCFDM(也称为 DFT-spread OFDM 技术)。SCFDM 作为 OFDM 技术的改进,由于其内在的单载波特性,信号的 PAPR 较 OFDM 小。

基于 SCFDM 的直接上/下变频的相干光系统的信号处理流程如图 4-20 所示。

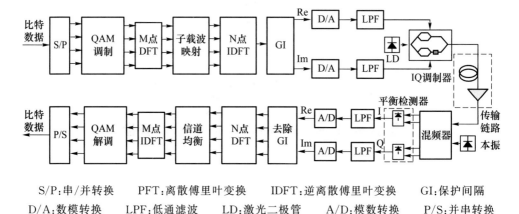

S/P:串/并转换　　PFT:离散傅里叶变换　　IDFT:逆离散傅里叶变换　　GI:保护间隔
D/A:数模转换　　LPF:低通滤波　　LD:激光二极管　　A/D:模数转换　　P/S:并串转换

图 4-20　直接上/下变频 CO-SCFDM 系统框图

在发射端,输入的数字信号首先进行串/并(Serial to Parallel,S/P)转换。经过星座映射后形成包含多个比特的信息符号。这里采用 Gary 编码技术,信息符号被映射为一个二维复值信号。映射后的信息符号经过 M 点的 DFT 由时域变换到频域,然后信号在频域进行子载波的映射,经过 N 点的 IDFT,信号由频域变换到时域。随后插入保护间隔(Guard Interval,GI)并通过 DAC 将信号转换成实时信号波形。保护间隔可以防止由于光纤信道色散引起的符号干扰。信号经过低通滤波器(Low Pass Filter,LPF)消除带外噪声后,通过光 IQ 调制器,由基带变换到光域。其中,光 IQ 调制器是由一对具有 90°相偏的马赫曾德尔调制器(Mach-Zehnder Modulator,MZM)组成。

经过链路传输后,在接收端,采用相干接收的方式对信号进行接收解调。接收信号首先和本振信号混频,经过平衡检测器后,信号由光域直接下变频到基带 SCFDM 信号。经过低通滤波器滤除带外噪声后,SCFDM 信号由 ADC 进行采样,去除 GI 后,经过 DFT 变换到频域。经过窗口同步,频率同步和子载波恢复同步后,对信号进行均衡。然后信号通过IDFT变换到时域进行星座的解映射。解映射后的数据流,经过串并转换,最终得到原始的发送的数字比特。

4.5.3　QAM 调制

QAM 的编码调制框图如图 4-21 所示。

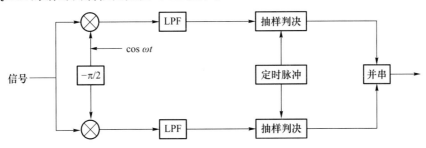

图 4-21　QAM 的编码调制框图

首先二进制序列经过串并转换划分后分为两路,分别与正交载波相乘,两路信号叠加之后合并产生 QAM 信号,再输出到发送端。QAM 信号的解调采用正交相干解调的方式,一路与 $\cos \omega t$ 相乘,另一路与 $\sin \omega t$ 相乘,然后经过低通滤波器,输出经过抽样判决得到恢复的电平信号。

4.5.4　实验验证

图 4-22 中显示了用于评估光学 CO-SCFDE 传输系统性的聚类性能的仿真设备。VPI Transmission Maker 软件平台用于前端和光通道仿真,而基带 16 QAM 编码器和接收器 DSP 在 Matlab 和 Python 中执行。

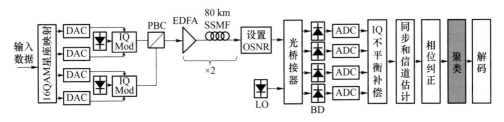

图 4-22　仿真流程框图

在发送端,一串二进制序列经过 16 QAM 星座映射,再经过 DAC 转换后,数据被调制到波长为 1 550 nm 的连续光波上以产生 16 QAM 的光信号。然后,两个偏振信号经过 PBC 进行合并。光纤链路包括两个跨段,每个跨段包括 80 km 标准单模光纤(SSMF)和掺光纤放大器(EDFA)。经过 OSNR 设置模块后,信号被发送到接收器进行相干检测。

在接收器处,经过 IQ 失衡补偿之后,执行同步和频域均衡。接收到的电信号通过 512 点 FFT 变换到频域,并共同执行信道均衡。然后,IFFT 将信号转换到时域。在相位校正之后,执行 BIRCH 聚类以供判决。

为了评估多损伤补偿性能,我们调整了 IQ 调制器中两个臂的幅度(分别为 1 和 0.9)和相位(分别为 90°和 85°)。同时,我们导入偏振不平衡(分别为 1 和 0.9)并调整发射器激光线宽(300 kHz)。经光纤传输后,非线性传输损伤将会引起非线性相位噪声。因此,传输信号遭受多个线性和非线性损伤。除提出的 BIRCH 方案外,我们还测试了经典的 k-means 算法和最大似然(ML)决策方案进行比较。

图 4-23 显示了 BER 性能与 OSNR 的关系。光纤的输入功率为 0 dBm,传输距离为 200 km。从结果可以看出,BIRCH 和 k-means 算法具有相似的性能,并且两者都可以提高传输性能。再利用聚类算法进行补偿之后,在 10^{-3} 的 BER 之下,OSNR 改善了 10 dB。

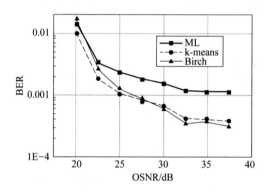

图 4-23　BER 性能与 OSNR 的关系

图 4-24 示出了具有不同聚类方案的接收到的星座图。我们可以看到,在光纤传输之后,信号会同时遭受线性和非线性损害。BIRCH 和 k-means 算法可以有效地为光学 16QAM-SCFDE 系统创建非线性决策边界。

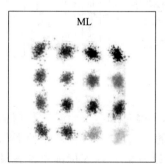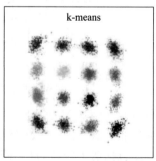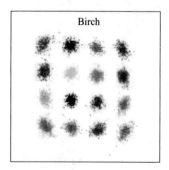

图 4-24　不同聚类方案的接收到的星座图

为了验证非线性补偿能力,我们将 OSNR 固定为 35 dB,并调整输入到光纤的信号功率。结果如图 4-25 所示。从 ML 曲线可以看出,当输入功率超过 0 dBm 时,非线性会增加,这将恶化传输性能。与 ML 相比,BIRCH 和 k-means 可以提高 BER 性能和非线性耐受能力。对于 BIRCH,优化的输入功率为 1 dBm。

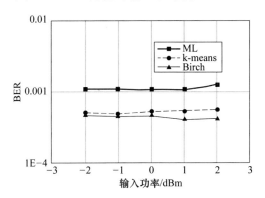

图 4-25　光纤功率与误码率的关系

图 4-26 显示了 BER 性能与传输距离的关系。输入到光纤的信号功率为 0 dBm,OSNR 为 35 dB。在 ML 方案中,BER 为 10^{-3} 时,传输距离约为 180 km。经过聚类算法,传输可以扩展到 510 km。与 k-means 相比,BIRCH 具有更好的性能。

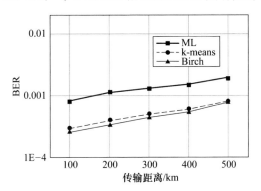

图 4-26　BER 性能与传输距离的关系

在本节中,我们提出了一种基于机器学习的聚类方法,详细讲了 BIRCH 算法的原理、SCFDE 的实现方式和提出的模型的工作原理(提出的 BIRCH 算法可以有效地为光学 16QAM-SCFDE 传输系统创建非线性决策边界)。与 ML 决策边界相比,提出的 BIRCH 算法可以有效地补偿多种线性和非线性损伤。

如图 4-27 所示,在 PS-QPSK 系统中,传统最大似然算法的运算复杂度为 $O(8N)$,而 k-means 算法的运算复杂度为 $O(8IN)$,8 指的是在 PS-QPSK 系统中的星座点的数量,N 指的是接收到的 PS-QPSK 符号的数量,I 指的是迭代收敛的数目。一般情况下,可以认为 I 恒定且相对较小。因此,与传统的最大似然算法相比,当 N 足够大时,运算复杂度几乎不会增长。

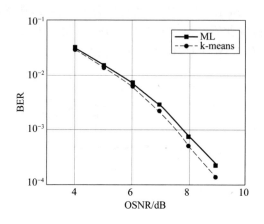

图 4-27　性能对比

本章参考文献

[1]　沈晓强,于娟,邵钟浩.光纤中的极化相关损耗[J].江苏通信技术,2002,18(5):
　　　12-15.

[2]　袁学光.高速光通信系统中的偏振模色散监测和补偿[J].北京邮电大学学报,
　　　2011,34(3):113-117.

[3]　陶宁.高速光通信系统中偏振模色散补偿方案研究[D].杭州:浙江大学,2010.

[4]　许玮.高速光纤通信系统中码型调制技术与偏振模色散补偿技术的研究[D].
　　　北京:北京邮电大学,2008.

[5]　谢连妮.光纤通信中的克尔非线性补偿技术[J].激光与光电子学进展,2019,
　　　56,(6):06002-1:06002-10.

[6]　王锐.色散补偿技术的最新进展[J].光通信研究,2008(6):27-29.

[7]　王铁军.色散补偿技术的最新进展[J].中国科技核心期刊,2004(6):57-59.

[8]　Govind P,Agrawal. Nonlinear fiber optics & applications of nonlinear fiber optics
　　　[M].贾东方,译.北京:电子工业出版社,2010.

[9]　余玉揆.光纤传输系统非线性损伤补偿抑制技术研究[D].哈尔滨:哈尔滨工程
　　　大学,2018.

[10]　何子龙.超高速相干光传输系统中 PS_QPSK 调制与编码调制技术研究[D].
　　　北京:北京邮电大学,2016.

第5章 相位噪声抑制算法

5.1 相位噪声的概念

相位噪声,实际上是频率源的频率稳定性的一种表征。一般是指系统中各种噪声引起的输出信号相位的随机波动。系统的频率稳定度根据引起方式的不同可以分为短期频率稳定度和长期频率稳定度。长期频率稳定度指的是因为系统中某些器件或线路由于温度失常或者老化所引起的频率漂移,在这里我们不做具体讨论。通常,短期稳定性是主要考虑因素,所以我们可以认为相位噪声是短期频率稳定性,但它只是一种物理现象的两种不同表现形式。对于一个振荡器,频率稳定度是衡量其在一个指定的时间段产生相同的频率的能力。如果信号频率瞬时变化而不能保持恒定,则信号源会因为相位噪声而不稳定。

随着现代通信系统的快速发展,系统时钟由 Hz 到 MHz,现如今已经迈入到 GHz 级。但是时钟速度的提高也使得相位噪声和抖动从在模拟设计中不可忽视转变到在数字芯片以及电路板的设计中造成其性能的损耗。在高速系统中,时钟或者振荡器波形存在一定时延的定时误差。这些定时误差会导致数字 I/O 口的最大速率无法达到所设计的额定速率,从而导致通信链路的误码率增大。如果定时误差较大还会影响到 A/D 转换器的动态范围,使其减小不满足设计要求。

相位噪声是衡量频率标准源(高稳定晶体振荡器、原子频标等)频率稳定性的重要指标,随着研究的深入,对频率标准源以及噪声抑制算法的不断优化,噪声的量值也变得越来越小。所以在测量相位噪声谱时对测量的标准和精度要求也在逐渐提升。

现代电子系统和设备都不能脱离相位噪声测试的要求,因为本机振荡器的相位噪声影响到频率调制(FM)和相位调制(PM)系统的最终信噪比(SNR),并使某些调幅(AM)探测器的性能恶化。相位噪声还会影响频移键控(FSK)和相移键控(PSK)的最小误码率、频分多址(FDMA)接收系统的最大噪声功率等。在许多先进的电子系统和器件中,往往存在低相位噪声频率源的核心技术。因此,如何对相位噪声进行表征、测量和如何降低相位噪声是现代电子系统不可回避的问题。

5.1.1 相位噪声的定义

信号源的理想状态是输出一个单一的频率,即在频域内的频谱是一条无穷窄的线

(δ 函数)。但在实际应用中,任何信号的频谱都不是绝对纯净的,只要它在时间上不是无限的,所产生的频谱就会有一定的宽度,或多或少地伴随着随机相位漂移和周期性杂散干扰,我们称之为相位噪声。

假设用一个标准的正弦波来表示一个理想的信号源

$$V(t) = V_0 \sin 2\pi f_0 t \tag{5-1}$$

其中,$V(t)$ 是信号的瞬时电压,V_0 是信号的标准峰值电压幅值,f_0 是信号的标准频率。此时信号的频谱为一根谱线,信号处于理想状态,如图 5-1 所示。

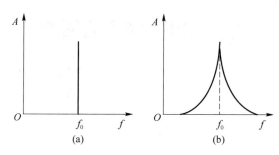

图 5-1   正弦信号的频谱图

然而,在实际应用中,任何信号源都不是绝对稳定的,即信号幅值有部分为无效的,信号源夹杂着其他频率或相位随机波动,实际输出变成

$$V(t) = [V_0 + \varepsilon(t)] \sin [2\pi f_0 t + \Delta\varphi(t)] \tag{5-2}$$

其中,$\varepsilon(t)$ 是幅度的瞬时起伏,$\Delta\varphi(t)$ 为相位的瞬时改变,并且这时信号的频谱如图 5-1(b)所示。

在绝大多数情况下,信号的幅值中瞬时起伏都是远小于标准峰值电压幅值的,即 $\varepsilon(t) \ll V_0$,它不会直接引起频率或相位的波动,可以忽略不计。然而,在倍频器和其他非线性器件中,幅度调制(AM)可能会转变为相位调制(PM),或者相位调制(PM)转变为幅度调制(AM)。因此,式(5-2)可以重写为

$$V(t) = V_0 \sin [2\pi f_0 t + \Delta\varphi(t)] \tag{5-3}$$

通常在式(5-3)中,将 $\Delta\varphi(t)$ 作为主要研究的内容,因为它是产生相位非理想改变的主要来源。

输出的瞬时相位是

$$\Phi(t) = 2\pi f_0 t + \Delta\varphi(t) \tag{5-4}$$

输出的瞬时频率是

$$f(t) = \frac{\mathrm{d}}{\mathrm{d}t}\Phi(t) = 2\pi f_0 + \frac{\mathrm{d}}{\mathrm{d}t}\Delta\varphi(t) = 2\pi f_0 + \Delta\dot{\varphi}(t) \tag{5-5}$$

相对频率起伏定义为

$$y(t) = \frac{\Delta\dot{\varphi}(t)}{2\pi f_0} \tag{5-6}$$

一般情况下，相位噪声可以表示为

$$\Delta\varphi(t)=\Delta\varphi_n(t)+\Delta\varphi_{m1}\cos\omega_{m1}t+\Delta\varphi_{m2}\cos\omega_{m2}t+\cdots \qquad (5-7)$$

其中，$\Delta\varphi(t)$ 是随机相位噪声，$\Delta\varphi_{mi}\cos\omega_{mi}t(i=1,2,3)$ 是周期性杂散干扰。

5.1.2 相位噪声的表征

（1）相位起伏谱密度 $S_\varphi(f)$

相位噪声有许多种表征形式，其中最基本的一种是相位起伏谱密度，符号为 $S_\varphi(f)$。当信号通过理想状态下的相位检波器后得到的输出信号的频谱就是相位起伏谱密度，它可以用如下等式表示：

$$S_\varphi(f)=\frac{\Delta\varphi_{rms}^2(f)}{B_n} \qquad (5-8)$$

其中，B 为等效噪声分析带宽，单位为 Hz；$\Delta\varphi(f)$ 为在距离载波 f 处的相位起伏有效值，单位为 rad。实际测量时，只要是在等效噪声分析带宽 B 内的 $S_\varphi(f)$ 偏移在 f_m 的变化都是可以忽略不计的。

将相位起伏谱密度用对数表示：

$$S_\varphi(f)\big|_{dB}=10\lg\frac{\Delta\varphi_{rms}^2(f)}{B_n} \qquad (5-9)$$

或者表示为

$$S_\varphi(f)\big|_{dB}=20\lg\frac{\Delta\varphi_{rms}(f)}{1(rad)}(dBr/Hz) \qquad (5-10)$$

其中，dBr/Hz 为相对于 1 Hz 带宽内的 1 rad 的 dB 数。

由上面可知，相位起伏谱密度这种表征方法让相位噪声的测量可以直接使用相位解调器来进行。这让 $S_\varphi(f)$ 在分析相敏电路〔数字调频（FM）、PSK 和 QAM 通信线路〕中相位噪声对其造成的影响时是十分有用的。

（2）频率起伏谱密度 $S_v(f)$

在相位分析时另一种常用的表达方法是频率起伏谱密度，符号为 $S_v(f)$。当信号通过理想状态下的调频鉴相器后得到的输出信号的频谱就是相位起伏谱密度，它可以用如下等式表示：

$$S_v(f)=\frac{\Delta f_{msa}^2(f)}{B_n} \qquad (5-11)$$

它也可以定义为 1 Hz 带宽内频率起伏的均方功率。对于 $S_v(f)$ 中任何测量带宽 B_n 的变化都必须忽略。

将频率起伏谱密度 $S_v(f)$ 用对数表示：

$$S_v(f)\big|_{dB}=10\lg\frac{\Delta\varphi_{msa}^2(f)}{B_n} \qquad (5-12)$$

或者表示为

$$S_v(f)\big|_{dB} = 20\lg\frac{\Delta\varphi_{rms}(f)}{1(rad)}(dBr/Hz) \tag{5-13}$$

其中,dBr/Hz 为相对于 1 Hz 带宽内的 1 rad 的 dB 数。

(3) 相对频率起伏谱密度 $S_y(f)$

相对频率起伏谱密度 $S_y(f)$ 是另一种相位噪声分析的表达式,用公式表示为

$$S_y(f) = \left(\frac{1}{f_0}\right)^2 f^2 S_\varphi(f) = \left(\frac{1}{f_0}\right)^2 S_v(f) \tag{5-14}$$

(4) 单边相位噪声 $\mathcal{L}(f)$

美国国家标准局将单边相位噪声 $\mathcal{L}(f)$ 定义为在 1 Hz 带宽内,偏离载波频率 f_m 的相位调制边带的 P_{SSB} 与总信号功率 P_S 的比值,如下所示:

$$\mathcal{L}(f) = \frac{P_{SSB}}{P_s} = \frac{1\ Hz\ 带宽内信号的相位噪声调制单边带功率}{总信号功率} \tag{5-15}$$

其中,$\mathcal{L}(f)$ 通常以对数方式表示,它的单位是 dBc/Hz。$\mathcal{L}(f)$ 虽然是最常见的相位噪声形式之一,但它只是相位噪声的一种表征,并不能直接的反应相位噪声。这种表示方法的优点是它与频谱分析仪上观测到的射频(RF)功率有一个简单的关系。在研究时首先进行正弦频率信号的调制,再将其转换为相位调制信号,从而得到 $\mathcal{L}(f)$ 与正弦相位以及随机的相位调制之间的一般关系。

为了得到 $\mathcal{L}(f)$ 与随机或正弦相位调制之间的一般关系,首先研究了正弦频率调制信号,然后将其转换为相位调制信号。

上面所说的几种相位噪声的表达中,式(5-14)和式(5-15)是频率稳定度的频域值。相对频率波动谱密度 $S_y(f)$ 被定义为频率稳定度,"单向相位噪声" $\mathcal{L}(f)$ 被定义为频率稳定度的表征量。

经常会有人将相位噪声和抖动弄混,其实相位噪声和抖动是对这一种干扰现象的两种不同的定量描述方法。

抖动是一个时域概念,抖动是对信号时域变化的测量结果,它从本质上描述了信号周期距离其理想值偏离了多少。通常,10 MHz 以下信号的周期变动并不归入抖动一类,而是归入偏移或者漂移。抖动有两种主要类型:确定性抖动和随机性抖动。确定性抖动是由可识别的干扰信号造成的,这种抖动通常幅度有限,具备特定的(而非随机的)产生原因,而且不能进行统计分析。随机抖动是由难以预测的因素引起的时间序列的变化。例如,影响半导体晶体材料迁移率的温度因素可能会引起载流子电流的随机变化。此外,半导体加工工艺的变化,如掺杂浓度不均匀,也可能导致抖动。随机抖动最基本的特性之一是随机性,因此可以用高斯分布来描述。

而相位噪声是频域的概念,相位噪声是测量信号时间序列变化的另一种方法,只是通过将这种方法测量的结果显示在频域内。如果没有相位噪声,则振荡器的全部功率应集中在频率 $f = f_0$。然而,相位噪声的出现使振荡器的功率扩大到相邻频率,从而导致边带。在距离中心频率合理距离的偏移频率下,边带功率下降到 $1/f_m$,f_m 是

频率与中心频率的差。相位噪声通常定义为给定偏移频率下的 dBc/Hz 值,其中 dBc 是 dB 单位在该频率下的功率与总功率的比值。

5.1.3　激光器中的相位噪声

　　CO-OFDM 系统对相位噪声非常敏感,即使相位噪声很小,系统的性能也会急剧下降。非线性效应、光纤色散、激光线宽等因素会产生相位噪声,导致系统误码率增加。在CO-OFDM系统中,发射激光器和本机振荡器激光器的线宽是相位噪声的主要来源。

　　理想的激光器输出光仅通过受激辐射方式(Stimulated Emission,STE)发射,这种输出光具有绝对单一的频率,相位稳定。因此,理想激光的谱密度函数就是严格的狄拉克(Dirac)函数。但是由于激光中粒子存在着自发辐射现象,光场的振幅和相位将随时间变化[1]。所以在实践中,激光的发射光谱被明显加宽,激光的谱密度函数不再是狄拉克(Dirac)函数,而是在中心频率附近的有限频率范围内分布,具有一定的频谱宽度,其归一化功率谱密度函数可以表示为

$$g(f)=\frac{2/(\pi\Delta f)}{1+((f-f_0)/(\Delta f/2))^2}\qquad(5\text{-}16)$$

其中:Δf 为激光器光谱的半高全宽,即线宽;f_0 是激光器的中心光载波频率。

　　由于激光的自发辐射不可避免,CO-OFDM 系统在使用激光器时会受到随机相位噪声的干扰,即相位噪声(Phase Noise)。

　　在受到相位噪声干扰的情况下,激光传输的光波的振幅矢量可以表示为

$$E(t)=|E(t)|\exp(j(2\pi f_0t+\varphi_0+\varphi(t)))\qquad(5\text{-}17)$$

其中,$|E(t)|$ 是激光输出的振幅,f_0 是激光器输出的中心频率,φ_0 是激光输出的相位,$\varphi(t)$ 是激光输出的随机相位,即相位噪声,$\varphi(t)$ 在 (π,π) 范围内随机变化。相位噪声 $\varphi(t)$ 可以看作是一种维纳(Vinax)随机过程,虽然它本身不是平稳的,但它的差值是平稳的,服从高斯分布,即 $\Delta\varphi=\varphi(t+\tau)-\varphi(t)$ 服从高斯分布,均值为零,方差为 $2\pi\Delta f\tau$(Δf 为线宽,τ 为两个时间点之间的间隔)[2]。

　　发射机激光器和本机振荡器激光器都有一定的线宽,线宽频率的变化会反映在 OFDM 光信号上,使得 OFDM 光信号的中心频率随线宽频率随机变化。当接收机相干接收到 OFDM 光信号时,本机振荡器激光器和发射机激光器的频率不完全相同,从而导致接收信号中引入随机相位噪声。相位噪声随激光器线宽的增加而增大。

5.1.4　振荡器的相位噪声

　　振荡器是一种非线性器件,它的作用是产生稳定的振荡波。由于其非线性效应,振荡器在实际中会产生谐波与互调产物。输出端的带通滤波器正常情况下是可以将谐波成分滤除的,不需要进行详细的讨论。互调产物分为两种,分别为载波与噪声互

调以及噪声自身互调,这两种都算作噪声。如果振荡器具有良好的品质,非线性较弱,这时噪声互调分量很小不用考虑。由于载波与噪声互调后频率基本与载波频率没有差别,并且由于载波本身的功率较大,所以这时的互调产物功率也很大,成为需要解决的主要问题[3]。

由上面可以知道,振荡器的相位噪声(Phase Noise)是因为其非理想元件引起的噪声对载波造成随机的相位调制且无法忽略。虽然在理论分析时只对相位干扰进行相应分析,但需要提到的是实际上相噪对载波的干扰包括幅度与相位两个方面。虽然在上述我们给出了许多种相噪的表征方法,但单边带噪声载频功率比(dBc/Hz)是工程中最常出现的。其物理意义是噪声与载波在 1 Hz 内的相对功率大小。这种直观的表示方法也有其不足,它并不能在频域内表示相噪过程的相位,而是只能表示其过程的幅度。

振荡器噪声主要取决于谐振电路的负载 Q 值、谐振电路的噪声和振荡器本身的噪声。振荡器噪声主要由 4 个部分组成:

(1) 由闪烁噪声调频产生的相位噪声(具有 $1/f_m^3$ 的特性,其中 f_m 为载波偏移频率);

(2) 由散弹噪声和热噪声产生的相位频率调制(具有 $1/f_m^2$ 的特性);

(3) 由闪烁噪声相位调制产生的相位噪声(具有 $1/f_m$ 特性);

(4) 由散弹噪声和热噪声产生的相位调制噪声(称为白噪声)。

低噪声振荡器通常用晶体振荡器,由于谐振电路的高 Q 值,载波频率的近相位噪声性能良好。如果不考虑有源器件的闪烁噪声和振荡器线性化,高质量 LC 振荡器的相位噪声表达式如下[4]:

$$\left(\frac{N_{op}}{C}\right)_{f_m} = \frac{FkT}{C}\frac{1}{8Q^2}\left(\frac{f_0}{f_m}\right)^2 \tag{5-18}$$

即偏离载波频率 f_m 处相位噪声的 PSD(N_{op})与载波功率 C 之比,式(5-18)中 Q 是振荡器的品质因数,F 是放大器的噪声因数,T 是绝对温度,k 是路德维希·玻尔兹曼常数(1.23×10^{-23} J/K)。

从方程(5-18)可以看出,当振荡器参数确定后,相位噪声水平与偏移频率的平方成反比,即以 -20 dBc/Hz 每十倍频程的速率(f^{-2})下降,这在一定的频率偏移范围内是适用的。式(5-18)所描述的关系式不适用于接近载波的区域,其中的 PSD 的相位噪声包络以 f^{-3} 速率降低,这是一个典型的非平稳过程,所以将它用 PSD 来描述在数学上是不准确的。

5.1.5 锁相环 PLL 的相位噪声

锁相环(PLL)产生的相位噪声较小,通常用均值为零的平稳高斯随机过程来表示。

锁相环线性化相位模型如图 5-2 所示。利用压控振荡器(VCO)输出信号的相位

θ_e 作为输入,并与通过分频器后的参考相位 θ_r 进行了比较。这些结果是通过一个传递函数为 $F(s)$ 的低通环路滤波器得到的,其输出信号用于控制 VCO,其中 VCO 增益为 K_0。我们可以得到整个锁相环系统的转移函数:

$$H(s) = \frac{\theta_F(s)}{\theta_e(s)} = \frac{s^2}{s^2 + 2s\xi\omega_n + \omega_n^2} \tag{5-19}$$

其中,$K_0 \cdot K_D \gg 1$(K_D 为鉴相器的增益),s 表示拉普拉斯算子,ξ 为阻尼系数,$f_n = \omega_n/2\pi$ 表示 PLL 的环路带宽,表达式如下:

$$\omega_n = \sqrt{\frac{K_0 \cdot K_D}{nR_1C}}$$

$$\xi = \frac{R_2C}{2}\sqrt{\frac{K_0 \cdot K_D}{nR_1C}}$$

PLL 系统输出的总的相位噪声的单边带谱密度(PSD)可以写为[4]:

$$S_t = S_0 \cdot H + S_r \cdot n^2 + S_n \tag{5-20}$$

其中,S_0 是 VCO 输出的相位噪声(即自由振荡器的相位噪声),S_r 是参考源的相位噪声,S_n 代表其他噪声源引入的噪声谱密度。

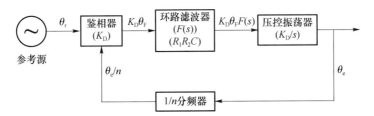

图 5-2 锁相环的线性化相位模型

5.1.6 相位噪声的统计模型

(1)白噪声模型

振荡器输出具有随机相位干扰的载波信号,可以表示为:

$$c(t) = \cos[2\pi f_0 t + \varphi(t)] \tag{5-21}$$

其中,f_0 为载波频率,$\varphi(t)$ 表示随机的相位干扰,即相位噪声。

$$c(t) = \mathrm{Re}\{e^{j2\pi f_0^t} \cdot e^{j\varphi(t)}\} = \mathrm{Re}\{e^{j2\pi f_0^t} \cdot p(t)\}, \quad j^2 = -1 \tag{5-22}$$

其中,

$$p(t) = e^{j\varphi(t)} \tag{5-23}$$

理论上,$\varphi(t)$ 可以模拟为带限白噪声过程,即相位噪声单边带谱密度(PSD)曲线是平坦的,没有急速下降过程。这个模型就是最恶劣情况的表示。相位噪声在时域上是乘性噪声,在频域上对信号频谱造成卷积干扰。因此,该模型可以从两个方面来理解:在时域,相位噪声的两个样本之间没有关系,它是完全随机的;在频域,一个子载波对任何其他载波造成的载波间的干扰是完全相同的。

本章参考文献[5]对这个模型进行了详细的分析,并给出了计算机仿真结果。从之前对振荡器的相位噪声的性能分析中,我们可以看到,尽管这个模型考虑了最坏的情况,但是不能反映实际的相位噪声统计特性,所以我们没有详细讨论这种相位噪声模型。

(2) 维纳相位噪声模型

在一个更精确的模型中,$\varphi(t)$ 被模拟为一个具有零均值和 $2\pi\beta|t|$ 方差的维纳过程 (Wiener Process)[6,7],其中 β 是相位噪声洛伦兹谱密度两边带的 3 dB 带宽。文献中常用线宽一词来描述相位噪声谱的 3 dB 带宽。维纳过程也被称为布朗运动 (Brownian Motion)或随机游走(Random Walk)。维纳过程是一个非平稳过程,具有独立的平稳增量,满足正态分布,即:$\varphi(t_0+t) - \varphi(t_0) \sim N(0, 2\pi\beta \cdot t)$,其中 t_0 是任意时间的起点。可以看出,在该模型的假设下,相位噪声方差随时间趋于无穷大,因此只适用于自由振荡器输出的相位噪声模型。维纳过程相位噪声可以表示为:

$$\varphi(t) = \int_0^t v(u)\mathrm{d}u \tag{5-24}$$

其中,$v(t) = \mathrm{d}\varphi(t)/\mathrm{d}t$ 表示由相位噪声引入的瞬时频率偏移,是一个零平均值的加性高斯白噪声过程。

5.1.7 相位噪声对系统可能造成的影响

(1) 对接收机的影响

随着电子技术的发展,器件的噪声系数越来越低,放大器的动态范围越来越大,增益也越来越大,从而更好地解决了电路系统的灵敏度、选择性和线性等主要技术指标。随着技术的发展,对电路系统的要求越来越高,这就要求电路系统必须具有低的相位噪声。在现代技术中,相位噪声已成为限制电路系统性能的主要因素。低相位噪声是提高电路系统性能的重要手段。

在现代接收机中,高动态性、高选择性、宽带灵活性等各种高性能都受到相位噪声的限制。特别是在当前电磁环境越来越恶劣的情况下,如何从强干扰信号中提取出弱信号对于接收机来说尤为重要。如果在弱信号附近有强干扰信号,这两个信号通过接收混频器,就会产生所谓的倒易混频现象。

本机振荡器相位噪声差时,混频后中频信号被混频后的干扰信号所淹没,如果本机振荡器相位噪声好,那么信号就可以暴露出来。只要有良好的窄带滤波器就能有效地滤除信号。如果本地振荡器相位噪声差,即使中频滤波器可以滤除强干扰中频信号,强干扰中频信号的噪声边带仍然淹没了有用信号,使接收机无法接收弱信号,这尤其适用于高动态、高选择性的接收器。因此,要想接收机具有良好的选择性和大动态性,接收机的本机振荡器信号相位噪声必须是良好的。

（2）对通信系统的影响

相位噪声对通信系统有很大的影响,特别是在现代通信系统中,由于信道状态多,频道密集且不断变化,对相位噪声的要求越来越高。如果本机振荡器信号的相位噪声很差,会增加通信中的误码率,影响载波频率跟踪的精度。

恶劣的相位噪声不仅增加了误码率,影响了载波频率跟踪精度,而且影响了通信接收信道内外的性能测试。接收机选择性越高,相位噪声就必须越好,接收机灵敏度越高,相位噪声要求也必须越好。

（3）对多普勒雷达系统的影响

当目标在很低的高度飞行时,雷达会遇到很强的地杂波。为了从强地杂波中提取信号,雷达必须具有很高的改善因子。由于杂波进入接收机,混合后的有用信号和强地面反射波很难分离,特别是当目标以低速运动且接近地面时,很难找到目标,此时,提高雷达性能的唯一途径就是提高雷达改善因子。

为了提高低空突防目标的低空探测能力,频率源的低相位噪声非常重要,如果雷达能够区分强杂波环境中的运动目标,就必须产生极低的相位噪声信号、本机振荡器信号和相干参考信号,当改善因子大于 50 dB 时,频率源的时域毫秒频率稳定度应优于 10^{-10} dB,S 波段 1 kHz 的相位噪声应优于 -105 dBc/Hz,100 kHz 应优于 -125 dBc/Hz。

另外,雷达经常工作在脉冲模式下,特别是在低重频雷达中,调制的雷达载波频谱为辛格谱（Singh）,每个辛格谱的远端相位噪声叠加在其他辛格谱上,相邻辛格谱之间的相位噪声严重恶化。当频率源的"远端"相位噪声不够低时,这种恶化是显而易见的。从这个角度看,雷达频率源不仅要求偏离 1 kHz 相位噪声,而且还要求偏离 10 kHz、100 kHz 和 1 MHz。一般情况下,为了保证脉冲调制后的发射光谱合格,需要减小功率谱,以获得较好的改善因子。

（4）OFDM 系统中相位噪声的影响

在 OFDM 系统中,将输入的随机数据经过星座映射转换后进行串并变换变成频域信号 X_k,然后将 X_k 的 N 点 IFFT 转换成时域信号 x_n,经过并串变换后插入循环前缀后发送到信道:

$$x_n = \sum_{k=0}^{N-1} X_k e^{j\frac{2\pi nk}{N}}, \quad n = 0,1,2,\cdots,N-1 \tag{5-25}$$

在接收端接收到的信号为 y_n:

$$y_n = [x_n \otimes h_n + v_n] \cdot e^{j\varphi(n)} \tag{5-26}$$

其中,h_n 为信道的冲激响应,v_n 为高斯白噪声,$\varphi(n)$ 为相位噪声. 对接收信号 y_n 进行串并变换后作 N 点 FFT 运算,变为频域信号 Y_k:

$$Y_k = \frac{1}{N} \sum_{n=0}^{N-1} y_n \mathrm{e}^{-\mathrm{j}\frac{3\pi t}{N}}$$

$$= \frac{1}{N} \sum_{n=0}^{N-1} \left\{ \left[x_n \otimes h_n + v_n \right] \cdot \mathrm{e}^{\mathrm{j}\xi(n)} \right\} \mathrm{e}^{-\mathrm{j}\frac{3\pi t}{N}}$$

$$= X_k \cdot H_k \cdot Q_0 + \sum_{l=0, l \neq k}^{N-1} X_l \cdot H_l \cdot Q_{l-k} + V_k, \quad k = 0,1,2,\cdots,N-1$$

$$(5-27)$$

其中，$Q_0 = \frac{1}{N} \sum_{n=0}^{N-1} \mathrm{e}^{\mathrm{j}\varphi(n)}$，$Q_{l-k} = \frac{1}{N} \sum_{n=0}^{N-1} \mathrm{e}^{\mathrm{i}\left[\frac{2\pi}{N}n(l-k)+\varphi(n)\right]}$，$H_k$ 为信道冲激响应的频域表式，V_k 为高斯噪声 v_n 的频域表示。

从 Y_k 的表达式可以看出，相位噪声对 OFDM 系统的影响表现在两个方面：

第一部分导致整个信号星座产生 Q_0 的随机旋转，这被称为共同相位误差 CPE（Common Phase Error）。从上面的方程可以看出，Q_0 是一个对同一个或多个符号的不变复数，也就是说，在同一个或多个符号中，CPE 对其所有的子载波具有同样的效果。基于这一特性，可以使用导频来跟踪和抑制系统中的 CPE 效应。

第二部分指出，产生了载波间干扰 ICI（Inter-carrier Interference），ICI 导致信号星座点分散，由于这种分散是随机的，所以对子载波的影响也无法推断因而不宜消除。ICI 会导致 OFDM 系统中的子载波间的正交性受到影响，这种子载波间的互相干扰会导致接收端不能恢复原始信号，使系统的误码率增加。

5.1.8 小结

本节我们对相位噪声的一些基本概念进行了讲解，如对相位噪声的定义进行了描述。然后对相位噪声的几种表征方式〔相位起伏谱密度 $S_\varphi(f)$、频率起伏谱密度 $S_v(f)$、相对频率起伏谱密度 $S_y(f)$ 以及单边相位噪声 $\mathcal{L}(f)$〕进行了描述并解释了相位噪声和抖动之间的异同点。随后又对相位噪声在不同器件（即激光器、振荡器、锁相环）中的不同表达分别进行了描述，对相位噪声的两种统计模型（即白噪声模型和维纳相位噪声模型）进行了描述。最后对相位噪声对不同的系统造成的不良影响进行了讲解。

5.2 相位噪声的补偿方法

5.2.1 CO-OFDM 中抑制相位噪声的研究意义及现状

CO-OFDM 技术能够有效地容忍系统中的 CD 和 PMD[8]，并且具有很高的频谱效率。CO-OFDM 系统是相干检测技术和 OFDM 技术的结合。由于系统容易受到激光线宽和激光频率偏移引起的线性相位噪声的影响，所以对激光器的输出线宽要求很窄,但是频率偏移可以通过一些频率估计和补偿的方法来解决。在 CO-OFDM 系统中,随着传输距离和传输功率的增加,非线性光纤引起的非线性相位噪声将影响信号在光纤链路中的传输。同步正交频分复用(CO-OFDM)系统中的相位噪声引起子载波间干扰(ICI)和公共相位误差(CPE),降低了接收信号的质量。因此,相位噪声的估计、相位噪声的补偿以及相位噪声的影响的抑制显得尤为重要。

解决相位噪声的方法有两种,即从系统硬件和仿真编码两个方面解决。一种方法是将激光器的线宽减小到理想状态,但这种激光器的成本较高,增加了系统的成本。另一种方法是在接收端补偿接收信号的相位噪声,以减少相位噪声对信号的损害,这种方法既不增加系统成本,也可以使信号正常进行解调。因此,许多学者对相位噪声补偿进行了深入的研究。目前常用的相位补偿算法都是在 OFDM 符号中插入训练序列或导频来跟踪相位噪声,这种方法增加了系统的冗余度,降低了有效性。因此,在不降低系统有效性的前提下,寻找一种抑制 CO-OFDM 系统相位噪声的方法是值得探讨和研究的。

X. Yi 等人在 2007 年详细介绍了基于导频子载波的数字相位估计的理论基础和实验结果[9]。利用导频相位估计方法,成功地重构了 SSMF 中 1 000 km QPSK 星座的 8 Gbit/s 传输速率。同时报道了基于数据的相位估计方法可以减少系统的 OSNR 损伤。Shieh 提出了一种 CO-OFDM 系统的最大似然相位估计方法[10]。2011 年,解放军科技大学的郝耀红提议使用插入导频和训练序列进行相位估计[11]。2012 年,新加坡国立大学提出了一种将训练序列数据不固定周期地插入基于决策的相位估计方法[12]。

直至目前相位噪声估计的方法日渐增多与完善,如何在估计的前提下更好的降低相位噪声是现在科研人员的目标之一。2003 年 Keang-Po Ho 提出了一种用来消除由于光纤中的非线性特性引起的相位噪声的电色散补偿技术。通过优化补偿,剩余相位噪声的标准差可以减少一半,在非线性约束传输系统中传输距离可以增加一倍[13]。

2007 年,S. L Jansen 提出了一种外差式单边带 CO-OFDM 系统。该方法能有效地补偿 CO-OFDM 系统中的相位噪声。另据报道,在 CO-OFDM 系统中,一个 20 Gbit/s 的速率的信号在不进行色散补偿的情况下传输 4 160 km,并对整个链路信号进行连续监测。结果表明,该材料的色散容限大于 77 000 ps/nm[14]。

2010 年,S. Randel 等人提出了一种基于射频的 CO-OFDM 系统导频相位补偿方法[15]。同年,M. E. Mousa-Pasandi 等人提出了一种自适应加权信道均衡器,这种均衡器是基于数据的且可以有效地减少系统中的相位噪声,该方法可以在长距离的光 OFDM 传输系统中进行使用[16]。而后其又相继提出了一种零成本相位噪声补偿方法[17]。该方法使用直接判决相位均衡器并且可以有效降低系统中的相位噪声,但是仅限于 CO-OFDM 系统。

5.2.2　公共相位误差补偿算法

相位噪声对 OFDM 系统的影响可以分为频域的公共相位误差(CPE)和载波间干扰(ICI)两部分,它们都可以通过将信号转换到频域中,然后再发送端插入导频,在接收端通过将信号中的导频提取并分析进行估计,以此对噪声进行补偿。先前的研究发现,在频域对相位噪声及逆行分析和补偿的难度远小于在时域进行相应的操作,所以现行的大多数方法都是在频域中对相位噪声进行补偿和消除。在早期的相位噪声消除中,只考虑了公共相位误差(CPE),而载波间干扰(ICI)被认为是高斯噪声。该方法仅适用于相位噪声线宽较小的情况,当相位噪声线宽较大时,仅仅对 CPE 进行补偿已不足以满足系统性能要求。

公共相位误差(CPE)补偿算法可以分为两类:一类是数据辅助算法;另一类是盲估计与补偿算法。

(1) 数据辅助算法

墨尔本大学 W. Shieh[18,19] 等人提出了基于最大似然法以及训练符号的导频辅助(PA)算法。导频辅助算法是应用最广泛的一种算法,它通过将插入到 OFDM 符号中的梳状导频的相位偏移估计的平均值来估计 CPE。这种方法通过添加额外的导频开销来提升算法的准确性。但由于其准确度是随着导频数量的增多而增大的,所以频谱效率也会随着导频的数量增加而降低[20]。

(2) 盲估计与补偿算法

由上文可知,导频辅助法会影响频率效率,为了减少导频的开销,人们开始研究新的方法来代替导频辅助法。美国麦吉尔大学的 M. E. Mousa-Pasandi[21] 等人提出了一种基于判决指导的相位噪声盲估计与补偿算法。这种方法通过对当前符号的初始判决进行分析,从而对相位噪声进行估计,再重新进行补偿和解调。然后逐一更新平衡参数。这种方法的缺点是估计到补偿这一复杂的步骤需要进行两次,这无疑会使时间复杂度大大增加。而后新加坡国立大学 S. Cao[22] 等人通过对这种方法的改进,提出了一种判决辅助(DA)方案,这种方法可以有效地减少估计、补偿和解调的步骤数量。这种方法对当前符号的相位噪声的估计是通过前一个符号的判决估计再估计来得到的。这样就可以将估计、补偿的步骤大幅缩减,不需要多次循环而改为执行一次即可。浙江工业大学 H. Ren[23-25] 等人提出了一种非迭代盲估计(IFB)算法,他们通过使用一个代价函数代替相位的偏转。这个代价函数是对 QAM 调制星座图中的相移周期性进行研究所得到的。这种方法通过代价函数减少了算法的复杂度,同时使得系统对 CPE 的容忍度提高。此外,上海大学 J. J. Ma[26,27] 等人提出了一种基于一维投影直方图的 CPE 盲补偿算法,该算法在 CO-OFDM 系统中使用图像倾斜角度的获取问题代替相位噪声估计问题,最优的 CPE 值由星座图(数字通信)及其投影直方图确定并且将其进行补偿。

5.2.3　载波间干扰抑制算法

ICI 抑制算法可以分为三大类：基于 CPE 估计值的 ICI 算法、基于滤波器的 ICI 算法以及基于基底扩展的 ICI 算法。

（1）基于 CPE 估计值的 ICI 抑制 ICI 算法

麦吉尔大学的 M. E. Mousa-Pasandi 和 D. V. Plant[28] 提出了一种基于线性插值（LI）的 ICI 补偿算法，该算法能够部分抑制相邻 OFDM 符号之间的线性插值干扰。新加坡国立大学的 S. Cao[29] 等人提出了一种时域子载波间干扰（ICI）盲抑制算法，该算法为了提高相位估计的时间分辨率，在时域中将一个 OFDM 符号重新划分为许多个字符号，再应用 ICI 抑制算法，以此减少子载波间的干扰。华南师范大学的 X. Hong[30] 等人将上述算法有效地结合起来，提出了一种基于线性插值的字符号 CPE 补偿算法。

（2）基于滤波器的 ICI 抑制算法

美国安捷伦科技有限公司在相干光通信（CO-OFDM）中使用卡尔曼滤波器（KF）来解决相关问题，这种方法可以很好地跟踪相位，因为 ICI 符合维纳过程并且卡尔曼滤波器属于维纳滤波器。由于 CO-OFDM 系统是非线性的，所以为线性滤波问题提供了良好的解决方案的卡尔曼滤波器并不能很好地解决 ICI 在 CO-OFDM 系统中的问题。为了解决这一问题，埃尔朗根-纽伦堡大学 L. Pakala 和 B. Schmaus[31] 提出了一种基于扩展卡尔曼滤波器（EKF）的 ICI 抑制算法。蒙斯大学[32] 对此方案进行了优化，找到了一种简化的扩展卡尔曼滤波算法，该方法在不同的子载波数量下插入相对应数量的导频来适应其变化，从而将扩展卡尔曼滤波器在导频辅助补偿和盲补偿两种方法间灵活切换。

（3）基于基底扩展的 ICI 抑制算法

北京大学的杨博士[33] 团队提出了一种基于正交基展开（OBE）的载波间干扰抑制算法，该算法对 ICI 干扰分量的推导依托于导频子载波的扩展相位噪声矢量和正交基。此外，杨博士[34] 团队还提出了一种基于特征向量基（EBE）展开的抑制算法，该算法以主成分分析（PCA）并且将特征向量作为基，对相位噪声矢量进行扩展，不同的激光线宽可以训练不同的基底，从而可以准确地估计子载波间干扰（ICI）。

5.2.4　小结

本节主要介绍现有常用的相位噪声的补偿方法，然后对 CO-OFDM 中抑制相位噪声的研究意义及现状进行了介绍，对器件降低相位噪声和编码降低的方法进行了对比，最后介绍了当前比较典型的相位噪声补偿方法，公共相位误差（CPE）补偿算法（数据辅助算法、盲估计与补偿算法）和载波间干扰（ICI）抑制算法（基于 CPE 估计值的 ICI 抑制算法、基于滤波器的 ICI 抑制算法和基于基底扩展的 ICI 抑制算法）。

5.3 基于高斯基展开的相位噪声抑制算法

相干光正交频分复用(CO-OFDM)因其频谱效率高、对色散(CD)和偏振模色散(PMD)[35]具有良好的鲁棒性,近年来引起了人们的广泛关注。然而,CO-OFDM 也更容易受到来自不完全激光器和光纤非线性的相位噪声的影响。公共相位误差(CPE)和载波间干扰(ICI)是相位噪声的两个部分。通过计算共相旋转,CPE 可以很容易地进行补偿,因此主要研究的是 ICI 补偿。

相干光正交频分复用系统相位噪声主要分为两个部分:公共相位误差和子载波间干扰。导频辅助相位噪声估计方法将导频子载波周期性地插入相干光正交频分复用符号以补偿公共相位误差[36]。因此主要的工作集中在子载波间干扰补偿上。在子载波间干扰相位噪声补偿方面,人们提出了许多方法。比如线性插值(LI)用于相邻相干光正交频分复用符号[38],可以实现部分 ICI 抑制。利用一组测试相位进行盲相位噪声估计可以有效地抑制 ICI[39]。然而,抑制性能与测试相位阶数的数量有关,并且由于需要大量的测试阶段,该方法对于实际实现来说相对复杂。北京大学杨川川博士提出了基于离散傅里叶变换(DFT)正交基展开(OBE)和特征向量基展开(EBE)的相位噪声抑制方法[40]。与 OBE 方案相比,EBE 方案通过主分量分析来分析相位噪声,从而得出更合理的依据。然而,在 EBE 方案中,为了在光纤传输之前获得相位噪声的特征向量,需要背对背(BtB)预训练,这会增加系统的操作复杂度。对比目前的各种针对相干光正交频分复用相位噪声的抑制方法,OBE 算法是复杂度较低,性能最好的。但是离散傅里叶基并不是描述相干光正交频分复用相位噪声最好的基[41]。由于激光器相位噪声模型是一个维纳过程,其增量服从高斯分布,我们拟采用高斯基展开(GBE)来抑制相位噪声,这样既可以不在 EBE 算法中预训练,也可以达到比 OBE 更好的效果。

5.3.1 实验原理

在相干光正交频分复用(CO-OFDM)系统中,采用窄线宽激光器可以降低相位噪声的影响,窄线宽激光器价格昂贵,无法大规模商用。目前市场上的窄线宽激光器(线宽100 kHz)价格为 2 万元人民币,而分布式反馈激光器(DFB)(线宽 1 MHz)价格约1 000 元人民币。如果能用复杂度较低的 DSP 算法有效抑制 CO-OFDM 的相位噪声,那么廉价的分布式反馈激光器也能应用于相干光正交频分复用。我们的研究目标是:相干光正交频分复用收发端的激光器线宽高达 8MHz 以上时,传统的导频辅助的CPE 算法对于抑制子载波间干扰(ICI)基本无效时,采用高斯基展开相位噪声抑制算法(GBE)。

F 和 F^{H} 表示 DFT 矩阵和 IDFT 矩阵。上角标 T、H 和 $*$ 表示转置、共轭转置和共轭。在发射端，A_m 表示第 m 组频域 OFDM 符号，则第 m 组时域 OFDM 符号 a_m 是通过对 A_m 进行离散傅里叶逆变换(IDFT)得到的：$a_m = FA_m$。在接收端，第 m 组时域 OFDM 符号表示为 r_m。通过离散傅里叶变换(DFT)后，我们得到频域 OFDM 符号 R_m：$R_m = F^{H} r_m$。考虑到色散(CD)、偏振模色散(PMD)、相位噪声(PN)和 EDFA 放大器的自发辐射噪声(ASE)等光纤传输链路损伤，接收端频域 OFDM 符号可以表示为：

$$R_m = F\phi_m F^{H} H A_m + w_m$$

其中：H 是一组 $N \times N$ 对角矩阵，用于描述信道，H 可以通过信道估计得到；φ_m 表示相位信息，我们令 $\varphi_m = \mathrm{diag}(\varphi_m)$；$w_m$ 为 AWGN 信道引起的残余误差。我们定义 W 为高斯基。不同于 OBE 和 EBE 算法，我们不再用正交基 B 或者特征向量基 P，而用 W 来描述相位噪声。故通过高斯基展开的相位噪声可以描述为 $\varphi_m = W \gamma_m$。通过信道估计与均衡后，接收端信号可以表示为：$A_m = H^{-1} \mathrm{diag}(R_m) W^* \gamma_m^* + \varepsilon_m$，其中 ε_m 为 AWGN 信道和模型的误差引起剩余误差。我们定义 $C_m = H^{-1} \mathrm{diag}(R_m) W^*$。所以上式可以表示为：$A_m = C_m \gamma_m^* + \varepsilon_m$。在每一个 OFDM 符号中，我们均匀地插入导频用以估计相位噪声。$S_p a_m$ 表示第 m 组 OFDM 符号的导频子载波。在接收端，从均衡之后的 OFDM 符号中提取导频信息，通过上式可得：$S_p A_m = S_p C_m \gamma_m^* + S_p \varepsilon_m$。根据最小均方误差准则，可以计算得 γ_m^* 的估计值 $\gamma_m^* = [(S_p C_m)^{H} S_p C_m]^{-1} (S_p C_m)^{H} S_p a_m$。故信道均衡和相位噪声抑制后的信号可以表示为：$\hat{a}_i = C_i \gamma_i^*$。高斯基展开的 CO-OFDM 相位噪声抑制算法系统框图如图 5-3 所示。

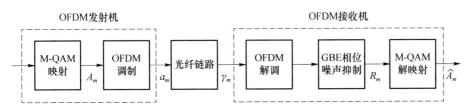

图 5-3　高斯基展开的 CO-OFDM 相位噪声抑制算法系统框图

下面简述高斯基的设计。

激光器相位噪声模型是一个维纳过程，其增量服从高斯分布。故我们采用高斯基来估计相位噪声。高斯基的公式为高斯函数 $W_n = e^{-\frac{(x-\mu_n)^2}{2}}$。密度为 11 的高斯基如图 5-4 所示，横轴为相干光正交频分复用傅里叶变换点数(1 024)，纵轴为高斯值。

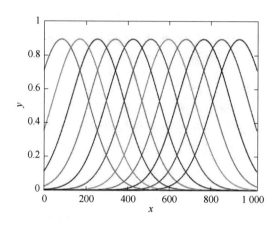

图 5-4　高斯基

5.3.2　仿真结果

我们运用商业软件 VPI Transmission Maker 9.1 来验证 GBE 算法对于相干光正交频分复用相位噪声抑制的效果。相干光正交频分复用系统框图如图 5-3 所示。OFDM 信号的帧格式如下：FFT/IFFT 长度为 1 024；调制格式为 QPSK；循环前缀 CP 和循环后缀分别为 30，导频数量为 60。光纤链路包括 N 段，每段包含 80 km 标准单模光纤（SSMF）和一个 EDFA 放大器。发端激光器和收端的激光器线宽一致，所以总线宽为发端线宽的 2 倍。在接收端，接收的信号和收端本振被一起送入 90°混频器，然后通过两个平衡探测器进行相干检测。最后在 OFDM 解码阶段，我们采用 GBE 算法来估计相位噪声。我们用 10 个不同的随机数种子进行蒙特卡洛模拟来计算 GBE 相位噪声抑制算法的误码率（BER）性能。为了更好地验证 GBE 算法的性能，我们用 OBE 算法和 EBE 算法与之对比。

图 5-5 比较了 3 种算法在 1 600 km 光纤传输中，激光器线宽-误码率仿真结果。在误码率为 10^{-3} 时，OBE 算法对于激光器的要求为 5MHz，而 GBE 算法对激光器线宽的要求仅为 6.2 MHz，降低了 1.2 MHz。这意味着 GBE 算法可以大大降低 CO-OFDM 系统对激光器线宽的要求。

我们也仿真计算了 3 种算法的最长传输距离，如图 5-6 所示。当总线宽为 2 MHz 时，为了保证 10^{-4} 以下的误码率，OBE 算法能支持 1 120 km 的传输距离。而 GBE 算法能支持 1 440 km，提高了 320 km。

5.3.3　小结

本节提出一种基于高斯基展开的相干光正交频分复用系统的相位噪声抑制算法，既可以不在 EBE 算法中预训练，也可以达到比 OBE 更好的传输效果。

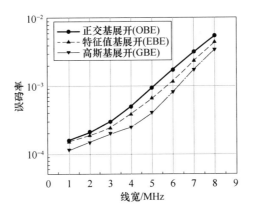

图 5-5 误码率随着线宽变化图

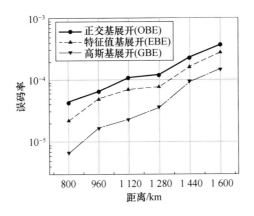

图 5-6 误码率随着距离变化图

5.4 基于高斯小波基展开的相位噪声抑制机制

5.4.1 基于高斯小波基展开和伪导引的近似盲相位噪声抑制方法

高斯小波基（GWBE）具有很好的分析加性高斯白噪声的能力,如载波间干扰（ICI）。我们分析了基本的相位噪声抑制原理,然后在光 OFDM 传输系统中对其进行了验证。与 OBE 方案相比,GWBE 具有相似的复杂性,而无须额外的 BtB 预训练。仿真结果表明,与基于正交基扩展（OBE）的相位噪声抑制方法相比,在不同的传输场景（不同的线宽、传输距离、导频数）下,Q 值至少提高了 1 dB。

考虑到由 EDFA 引起的色散（CD）、偏振模色散（PMD）、激光相位噪声和 ASE 噪

声等光纤损伤,频域中接收机端的 OFDM 符号可以表示为:

$$r_i = HF\varphi F^H a_i + w_i$$

其中:$r_i = [r_i(0)\cdots r_i(N-1)]$ 代表离散傅里叶变换(DFT)后的第 i 个接收的 OFDM 块;$a_i = [a_i(0)\cdots a_i(N-1)]$ 代表第 i 个传输数据块,代表 ASE 噪声;$\varphi_i = [\varphi_i(0)\cdots\varphi_i(N-1)]$ 代表相位并且 $\varphi_i = \mathrm{diag}(\varphi_i)$;$H$ 是信道传输矩阵的 $N \times N$ 对角矩阵,H 可以通过训练符号来获得;F 和 F^H 表示 DFT 矩阵和 IDFT 矩阵;上角标 T、H 和 * 表示转置、厄米转置和共轭。

经过信道估计和信道均衡后,接收到的符号可以表示为:

$$a_i = F\varphi_i^* F^H H^{-1} r_i + \varepsilon_i = F\mathrm{diag}(F^H H^{-1} r_i)\varphi_i^* + \varepsilon_i \tag{5-28}$$

其中,ε_i 表示接收端的加性高斯白噪声。我们将 W 定义为高斯小波正交基,下面详细讨论。相位噪声可以用高斯小波正交基 $\phi_i = Wr_i$ 作为扩展。所以

$$a_i = F\mathrm{diag}(F^H H^{-1} r_i)W^* r_i^* + \varepsilon_i \tag{5-29}$$

我们定义 $C_i = F\mathrm{diag}(F^H H^{-1} r_i)W^*$,所以式(5-29)可以改写为:

$$a_i = C_i r_i^* + \varepsilon_i \tag{5-30}$$

在每个 OFDM 符号中,我们统一插入导频以进行相位噪声估计。$S_p a_i$ 是第 i 个 OFDM 符号中的导频子载波。所以

$$S_p a_i = S_p C_i r_i^* + S_p \varepsilon_i \tag{5-31}$$

基于最小均方误差(LMS)原理,我们可以计算出的估计值 r_i^*:

$$r_i^* = [(S_p C_i)^H S_p C_i]^{-1}(S_p C_i)^H S_p a_i \tag{5-32}$$

因此,经过信道均衡和相位噪声抑制后的接收符号为:

$$\hat{a}_i = C_i r_i^* \tag{5-33}$$

复数高斯小波已广泛用于数字图像处理[42]。可以将激光相位噪声建模为维纳随机过程:

$$\varphi_i = \varphi_{i-1} + v_i \tag{5-34}$$

其中,v_i 服从高斯分布。载波间干扰(ICI)也被假设为加性高斯白噪声[43]。因此,我们使用复数高斯小波基而不是 DFT 基来抑制相位噪声。复数高斯小波由复数高斯方程 $W = e^{-jx}e^{-x^2}$ 构造。如式(5-35)表明,复数高斯小波集是复数高斯方程的 n 阶导数。

$$W^{(n)} = (e^{-jx}e^{-x^2})^{(n)} \tag{5-35}$$

一阶、二阶、三阶、四阶复数高斯小波分别如图 5-7 所示。在我们的工作中,我们使用 13 个复数高斯小波基 $\{\mathrm{conj}(W^6)\cdots\mathrm{conj}(W^1),1,W^1,W^6\}$ 来抑制相位噪声。

仿真装置用于评估利用该方案的光学 CO-OFDM 传输性能。在发射机处,映射的正交相移键控(QPSK)信号被分组为具有 200 个 OFDM 符号的块。OFDM 的 FFT 大小为1 024,其中 20 个用作导频。为了避免符号间干扰(ISI),将应用长度为 60 的循环前缀(CP)。光纤链路包括 N 个跨度,每个跨度包含 80 km 标准单模光纤(SSMF)和掺铒光纤放大器(EDFA)。发射激光器和本地振荡器激光器具有相同的线宽。在接收

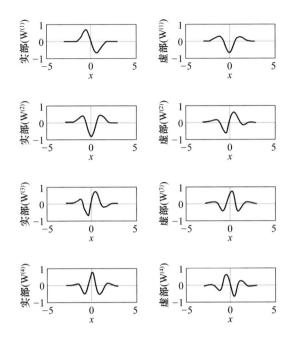

图 5-7 复数高斯小波

器处，接收到的信号与本地振荡器（LO）进入 90°混合状态，并且在被两个均衡检测器（BD）检测到之前相互干扰。在 OFDM 解码器之后，执行高斯小波基扩展（GWBE）以抑制相位噪声。

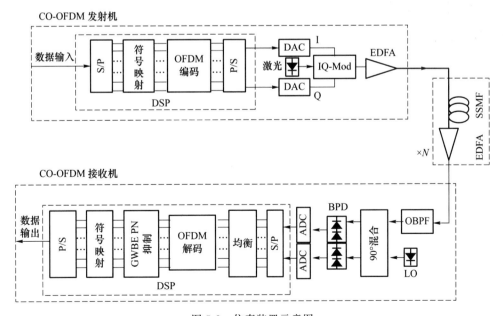

图 5-8 仿真装置示意图

图 5-9 示出了使用基于 OBE 和 GWBE 的相位噪声抑制方法的 4 个 OFDM 符号的载波相位和估计的相位噪声。比较参考文献[45]中提出的 OBE 方法。从结果可以看出,GWEB 比 OBE 可以实现更准确的估计。

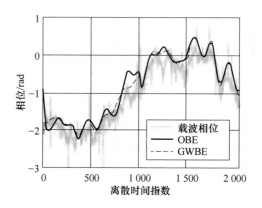

图 5-9　基于 OBE 和 GWBE 的相位噪声抑制方法的载波相位和估计相位

图 5-10 显示了 Q 值与导频数的关系。我们调整插入的 OFDM 导频数。传输距离为 80 km SSMF,发射器和接收器处的激光的线宽为 500 kHz。我们可以看到,GWBE 的 Q 值始终比 OBE 至少提高 1 dB。

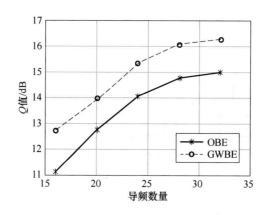

图 5-10　Q 值与 500 kHz 激光线宽和 80 km 传输距离的导频数关系

图 5-11 显示了使用 500 kHz 激光线宽的 OBE 和 GWBE 方法,Q 值随传输长度($N \times 80$ km)变化。在标准 7% FEC 编码(Q 值 9.8 dB)的 FEC BER 限制为 10^{-3} 的情况下,OBE 方案的传输距离为 380 km,而 GWBE 方案的传输距离为 500 km。图 5-12 显示了 400 km SSMF 传输后 Q 值与激光线宽的关系。我们可以看到 GWBE 可以更准确地估计相位噪声。当激光线宽在 100~700 kHz 范围内时,Q 值可提高 1 dB。

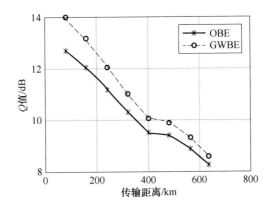

图 5-11 Q 值与 500 kHz 激光线宽下的传输距离的关系

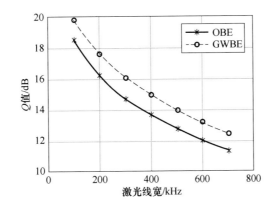

图 5-12 400 km SSMF 传输后 Q 值与激光线宽的关系

当我们使用基于高斯小波基展开的伪导频辅助(PS-GWBE)相位噪声抑制方法时,如图 5-13 所示。为了避免相位模糊问题,插入了 8 个导频以进行粗略 CPE 补偿。信道均衡和粗略 CPE 补偿 $\hat{X}_m$ 之后的接收信号可以表示为

$$\hat{X}_m = e^{-j\bar\theta_m} \boldsymbol{H}^{-1} R_m$$

其中,m 是估计的粗略 CPE。然后,我们选取功率增强的导引。$S_P \hat{X}_m$ 表示经过信道均衡和粗略 CPE 补偿后的第 m 个 OFDM 符号中的伪导频子载波。相位噪声可以使用高斯小波正交基扩展为 $\varphi_m = W \gamma_m$,那么 $\hat{A}_m = e^{-j\bar\theta_m} \boldsymbol{H}^{-1} R_m W^* \gamma^*$,检测后的伪导频可以表示为:$S_p \hat{U}_m = mQ\left(\dfrac{S_p \hat{X}_m}{m}\right)$,其中 $Q(*)$ 是检测操作,m 是在发射机处提升的功率的倍数。通过使用伪导频而不是导频,我们可以获得 γ_m^* 表示为 $\gamma_m^* = \left[(S_p C_m)^H S_p C_m\right]^{-1}$

$(S_pC_m)^H S_p \hat{U}_m$ 的 LS 估计,因此在信道均衡和 PS-GWBE 相位噪声抑制之后接收的符号为:

$$\hat{A}_m = C_m \, \gamma_m^*$$

系统模型依旧使用如图 5-13 所示的模型,在发射机处,映射的正交相移键控(QPSK)信号被分组为具有 200 个 OFDM 符号的块。OFDM 的 FFT 大小为 1 024,其中 8 个用作避免相位模糊的导频,40 个用作估计相位噪声的伪导频。伪导频功率提高了 10 dB。应用长度为 60 的循环前缀(CP)。发射激光器的线宽与本地振荡器激光器的线宽相同。在接收器处,接收到的信号与本地振荡器(LO)进入 90°混合状态,并且在被两个平衡检测器(BD)检测到之前相互干扰。在 OFDM 解码器中,所提出的 PS-GWBE 用于执行相位噪声抑制。

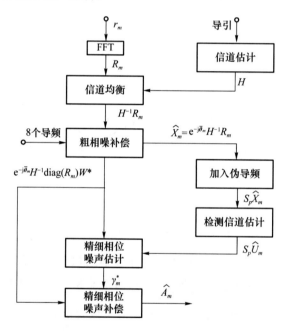

图 5-13　PS-GWBE OFDM 解调流程图

图 5-14 显示了 1 MHz 和 2 MHz 激光线宽的 BER 性能与不同数量的伪导频的关系。与 PS-OBE 方案相比,PS-GWBE 方案具有更好的性能。随着导频数的增加,当伪导频数为 40 时,BER 性能逐渐提高,然后变得稳定。图 5-15 显示了当激光线宽范围为 250~2 000 kHz 时,BtB(背对背)BER 性能与激光线宽的关系。我们可以看到 PS-GWBE 的性能始终优于 PS-OBE,并且接近 GBE。

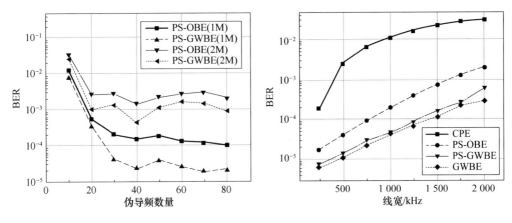

图 5-14　BER 性能与伪导频数关系　　　图 5-15　BER 性能与激光线宽的关系

5.4.2　基于高斯小波基扩展的 PDM CO-OFDM 超级信道相位噪声抑制方案

在本节我们讨论了 GWBE 的相位噪声抑制原理,并在 400 Gbit/s PDM QPSK-OFDM 和 800 Gbit/s PDM 16QAM-OFDM 传输系统中进行了实验验证。在我们的实验设置中,发射器处的调制激光器和接收器处的本地振荡器的线宽为 1 MHz。在 QPSK-OFDM 超级信道的 BTB 传输中,与传统的 CPE 和 OBE 方案相比,Q 因子分别提高了 1.5~3.2 dB 和 0.7~1.7 dB。我们还比较了使用不同相位噪声抑制方法的 160 km SSMF 传输后的信号 Q 因子性能。结果表明,在非线性相位噪声不同的情况下,GWBE 方案明显优于 CPE 和 OBE 方案。优化基数以平衡计算复杂性和传输性能。此外,我们将 GWBE 方案扩展到 800 Gbit/s PDM 16QAM-OFDM 超级信道,并分析了不同导频数下的传输性能。结果表明,当导频数为 48 时,GWBE 方案可以将 BER 性能从 1.92 E-03 提高到 5.87 E-04。

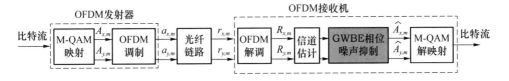

图 5-16　采用 GWBE 方法的 PDM CO-OFDM 系统的原理图

图 5-16 显示了采用 GWBE 方法的 PDM CO-OFDM 系统的原理图。除在信道均衡模块和 M-QAM 解码模块之间插入 GWBE 相位噪声抑制模块外,该体系结构与常规 OFDM 系统相似。

在发射机,$A_{x,m}=[A_{x,m}(0),A_{x,m}(1),\cdots,A_{x,m}(N-1)]$ 和 $A_{y,m}=[A_{y,m}(0),$

$A_{y,m}(1),\cdots,A_{y,m}(N-1)]$ 是 x 和 y 极化的第 m 个编码数据块。N 是 FFT 的大小。经过离散傅里叶逆变换(IDFT)操作后,时域中的第 m 个 OFDM 符号为 $a_{x,m}=[a_{x,m}(0),$ $a_{x,m}(1),\cdots,a_{x,m}(N-1)]$ 和 $a_{y,m}=[a_{y,m}(0),a_{y,m}(1),\cdots,a_{y,m}(N-1)]$

$$\begin{pmatrix} a_{x,m} \\ a_{y,m} \end{pmatrix} = \begin{pmatrix} \boldsymbol{F}^{\mathrm{H}} & 0 \\ 0 & \boldsymbol{F}^{\mathrm{H}} \end{pmatrix} \begin{pmatrix} A_{x,m} \\ A_{y,m} \end{pmatrix} \tag{5-36}$$

其中,$\boldsymbol{F}^{\mathrm{H}}$ 代表 IDFT 矩阵。光纤链路传输后,接收信号为 $r_{x,m}=[r_{x,m}(0),r_{x,m}(1),\cdots,$ $r_{x,m}(N-1)]$ 和 $r_{y,m}=[r_{y,m}(0),r_{y,m}(1),\cdots,r_{y,m}(N-1)]$ 类似地,我们可以通过式(5-37)获得频域信号 $R_{x,m}=[R_{x,m}(0),R_{x,m}(1),\cdots,R_{x,m}(N-1)]$ 和 $R_{y,m}=[R_{y,m}(0),$ $R_{y,m}(1),\cdots,R_{y,m}(N-1)]$

$$\begin{pmatrix} R_{x,m} \\ R_{y,m} \end{pmatrix} = \begin{pmatrix} \boldsymbol{F} & 0 \\ 0 & \boldsymbol{F} \end{pmatrix} \begin{pmatrix} r_{x,m} \\ r_{y,m} \end{pmatrix} \tag{5-37}$$

其中,$\boldsymbol{F}$ 代表 DFT 矩阵。当考虑包括 CD、PMD、激光相位噪声和放大的自发发射(ASE)噪声在内的传输链路损伤时,对于两个极化,在离散傅里叶变换(DFT)之后接收到的 OFDM 符号可以重写为:

$$\begin{pmatrix} R_{x,m} \\ R_{y,m} \end{pmatrix} = \begin{pmatrix} \boldsymbol{F} & 0 \\ 0 & \boldsymbol{F} \end{pmatrix} \begin{pmatrix} \varphi_{x,m} & 0 \\ 0 & \varphi_{y,m} \end{pmatrix} \begin{pmatrix} \boldsymbol{F}^{\mathrm{H}} & 0 \\ 0 & \boldsymbol{F}^{\mathrm{H}} \end{pmatrix} \begin{pmatrix} H_{xx} & H_{yx} \\ H_{xy} & H_{yy} \end{pmatrix} \begin{pmatrix} A_{x,m} \\ A_{y,m} \end{pmatrix} + \begin{pmatrix} \omega_{x,m} \\ \omega_{y,m} \end{pmatrix} \tag{5-38}$$

其中,H_{xx},H_{xy},H_{yx},H_{yy} 表示信道传输矩阵的 $N \times N$ 对角矩阵。$\varphi_{x,m}=$ $[\varphi_{x,m}(0),\varphi_{x,m}(1),\cdots,\varphi_{x,m}(N-1)]$ 和 $\varphi_{y,m}=[\varphi_{y,m}(0),\varphi_{y,m}(1),\cdots,\varphi_{y,m}(N-1)]$ 表示两个正交极化的相位噪声。为方便起见,我们定义 $\varphi_{x,m}=\mathrm{diag}(\varphi_{x,m})$,$\varphi_{y,m}=\mathrm{diag}(\varphi_{y,m})$。$\omega_{y,m}$ 和 $\omega_{y,m}$ 是由 x 极化和 y 极化的加性高斯白噪声(AWGN)引起的残留误差。

与 OBE 方法不同,我们使用 W 描述高斯小波正交基。利用高斯正交基础,将相位噪声扩展为:

$$\begin{pmatrix} \varphi_{x,m} \\ \varphi_{y,m} \end{pmatrix} - \begin{pmatrix} W & 0 \\ 0 & W \end{pmatrix} \begin{pmatrix} \gamma_{x,m} \\ \gamma_{y,m} \end{pmatrix} \tag{5-39}$$

根据式(5-38),式(5-39)可以写成:

$$\begin{pmatrix} A_{x,m} \\ A_{y,m} \end{pmatrix} = \begin{pmatrix} H_{xx} & H_{yx} \\ H_{xy} & H_{yy} \end{pmatrix}^{-1} \begin{pmatrix} \mathrm{diag}(R_{x,m}) & 0 \\ 0 & \mathrm{diag}(R_{y,m}) \end{pmatrix} \begin{pmatrix} W^* & 0 \\ 0 & W^* \end{pmatrix} \begin{pmatrix} \gamma_{x,m}^* \\ \gamma_{y,m}^* \end{pmatrix} + \begin{pmatrix} \varepsilon_{x,m} \\ \varepsilon_{y,m} \end{pmatrix} \tag{5-40}$$

其中,ε_x 是由 AWGN 和其他加性误差引起的残留误差。在这里我们定义

$$C_m = \begin{pmatrix} H_{xx} & H_{yx} \\ H_{xy} & H_{yy} \end{pmatrix}^{-1} \begin{pmatrix} \mathrm{diag}(R_{x,m}) & 0 \\ 0 & \mathrm{diag}(R_{y,m}) \end{pmatrix} \begin{pmatrix} W^* & 0 \\ 0 & W^* \end{pmatrix} \tag{5-41}$$

因此,收到的符号可以重写为:

$$\begin{pmatrix} A_{x,m} \\ A_{y,m} \end{pmatrix} = C_m \begin{pmatrix} \gamma_{x,m}^* \\ \gamma_{y,m}^* \end{pmatrix} + \begin{pmatrix} S_p \varepsilon_{x,m} \\ S_p \varepsilon_{y,m} \end{pmatrix} \tag{5-42}$$

导频被均匀地插入每个 OFDM 符号中。$S_pA_{x,m}$ 和 $S_pA_{y,m}$ 是第 m 个 OFDM 符号中的导频子载波,我们定义 $\boldsymbol{S} = \begin{pmatrix} S_p & 0 \\ 0 & S_p \end{pmatrix}$。于是

$$\begin{pmatrix} S_pA_{x,m} \\ S_pA_{y,m} \end{pmatrix} = SC_m \begin{pmatrix} \gamma^*_{x,m} \\ \gamma^*_{y,m} \end{pmatrix} + \begin{pmatrix} S_p\varepsilon_{x,m} \\ S_p\varepsilon_{y,m} \end{pmatrix} \tag{5-43}$$

利用最小均方误差(LMSE)原理,估算值可以写为

$$\begin{pmatrix} \gamma^*_{x,m} \\ \gamma^*_{y,m} \end{pmatrix} = \left[(\boldsymbol{S}C_m)^{\mathrm{H}} \boldsymbol{S}C_m \right]^{-1} (\boldsymbol{S}C_m)^{\mathrm{H}} \begin{pmatrix} S_pA_{x,m} \\ S_pA_{y,m} \end{pmatrix} \tag{5-44}$$

经过信道均衡和相位噪声抑制后,我们终于得到了接收符号

$$\begin{pmatrix} \hat{A}_{x,m} \\ \hat{A}_{y,m} \end{pmatrix} = C_m \begin{pmatrix} \gamma^*_{x,m} \\ \gamma^*_{y,m} \end{pmatrix} \tag{5-45}$$

5.4.1 小节我们已经描述过的复数高斯小波基的原理这里不再赘述,我们依旧使用 13 个复数高斯小波基 $\{\mathrm{conj}(W^6) \cdots \mathrm{conj}(W^1), 1, W^1, W^6\}$(1 个矢量,6 个复数高斯小波基及其共轭)来抑制相位噪声。

同时,我们比较了 OBE、EBE 和 GWBE 方案的计算复杂度。计算复杂度与子载波(N),导频(M)和基数(L)的数量有关。我们使用乘法运算的数量来评估计算复杂度。根据式(5-41)、式(5-43)和式(5-44),GWBE 中的乘法运算次数为 $O(NL) + O(NL\log_2 N) + O(8ML^2 + 8L^3 + 2ML) + O(2NL)$,与 OBE 方案相似。在 EBE 方案中,BTB 预训练带来的 $O(2N\log(L)) + O(N_eN^2) + O(N^3)$ 附加乘法运算。因此,就计算复杂度而言,不会引入其他乘法运算。

图 5-17 显示了基于高斯小波基展开的相位噪声抑制方法的实验装置。演示了 400 Gbit/s PDM QPSK-OFDM 和 800 Gbit/s PDM 16QAM-OFDM 传输系统。我们在以前的工作中采用了类似的方案[46]来生成光超级信道超信号,如图 5-17(a)所示。在发射器上,通过偏振保持光耦合器(PM-OC)组合了 10 个以 1 549.072 nm 至 1 549.792 nm 为中心,频率间隔为 0.08 nm(10 GHz)的激光二极管(LD1～LD10)。激光器的线宽约为 1 MHz。以 10 GS/s 的速度运行的 Tektronix 任意波形发生器(AWG70002A)用于产生基带 OFDM 帧。在每个帧中,生成 200 个 OFDM 符号。FFT 大小为 512。40 个子载波作为保护带,80 个子载波用于相位噪声估计的导频。循环前缀(CP)的长度为 64。在发送信号之前,将前同步码添加到数据块中。前同步码包括用于同步的两个 Chu 序列的 128 个子载波的长度和用于信道估计的 4 个 Chu 序列的 512 个子载波的长度。经过 IQ 调制器调制后,EDFA 会放大 10 个子带超级信道的功率。偏振分割复用(PDM)由偏振控制器(PC)、偏振光束分离器(PBS)、可调光延迟线和偏振光束合成器(PBC)仿真。一个超级信道由连续的 10 个 子带组成,总的

数据速率为 400 Gbit/s,在发射机的输出端产生。

图 5-17(b)显示了具有高斯小波基扩展的 PDM CO-OFDM 超级信道的信号传输和检测,用于相位噪声抑制。经过两次 80 km 的标准单模光纤(SSMF)传输后,基于硅液晶(LCoS)的 Finisar 公司的 Waveshaper 4000S 用作波长选择开关(WSS),以选择每个子带进行检测。WSS 的最小滤波带宽为 10 GHz,波长分辨率为 1 GHz。子带被发送到 90°混合电路中,然后干扰本地振荡器(LO)。本地振荡器激光器的线宽为 1 MHz。经过均衡检波器(BD)之后,偏振分立信号由工作在 50 GSa/s 的实时数字存储示波器(Tektronix DPO72004B)进行采样。然后,将采样数据脱机处理。去除 CP 后,信号通过 DFT 变换到频域并执行信道均衡。如上所述的 GWBE 被执行用于相位噪声抑制。

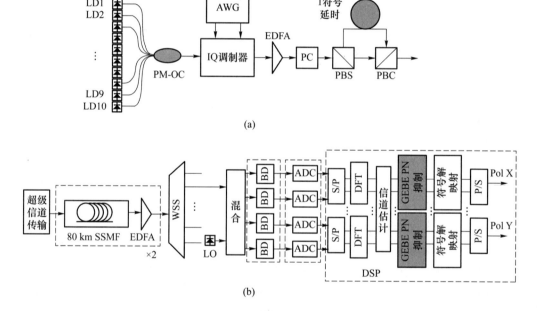

图 5-17 超级信道发射机和具有高斯小波基扩展的 PDM CO-OFDM 超级信道
用于相位噪声抑制的实验装置

由 10 个 LD 产生的 10 个载流子的光谱如图 5-18(a)所示。经过 OFDM 调制和偏振分割复用后,超级信道发射机输出处的光谱如图 5-18(b)所示。

为了更好地评估 GWBE 方案的性能,我们使用 10 个不同的随机数种子来生成不同的传输位序列并计算平均性能。还执行了 CPE 和 OBE 方案以进行比较。图 5-19 显示了 Q 因子性能与背对背(BTB)情况下导频数的关系。通过本章参考文献[47]中的估计方法计算出 Q 因子。超级信道中的每个子载波具有相似的性能,作为参考,我们仅描述子载波 4。我们将导频的数量从 16 调整为 80,并测试 CPE,OBE 和建议的 GWBE 方案的相应 Q 因子。从结果可以看出,增加导频数量可以有效提高系统性能。

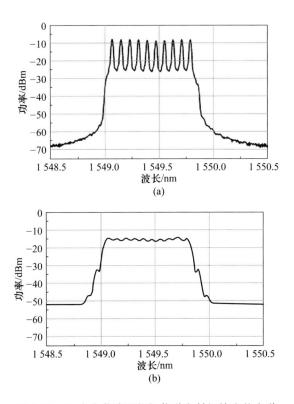

图 5-18　10 个光载波和超级信道发射机输出的光谱

但是,它将也占用更多的有效数据子载波。与传统的 CPE 方案相比,GWBE 方案的 Q 因子提高了 1.5~3.2 dB。与 OBE 方案相比,Q 因子提高了 0.7~1.7 dB。减少导频的数量可以增加裕度并相应地提高频谱效率。图 5-20 显示了采用不同相位噪声抑制方法的 QPSK 星座图。显然,GWBE 方案的星座更加收敛。所提出的 GWBE 方案可以有效地抑制由大的激光线宽引起的激光相位噪声。

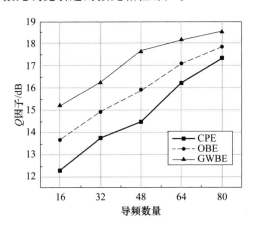

图 5-19　Q 因子性能与导频数的关系

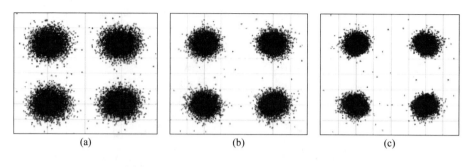

图 5-20　CPE、OBE 和 GWBE 的信号星座图

图 5-21 显示了在 BTB 传输情况下 Q 因子性能与基准数的关系。当基数小于 7 时，增加基数可以提高相位噪声拟合能力，因此改善 Q 因子性能。当基数大于 9 时，Q 因子趋于稳定。大基数会增加计算复杂度。在我们的实验设置中，基数设置为 6，以同时平衡计算复杂性和传输性能。

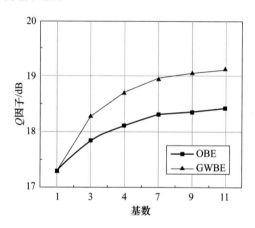

图 5-21　Q 因子性能与基准数的关系

我们还比较了 160 km SSMF 传输后 CPE、OBE 和 GWBE 的传输性能。我们调整每个跨度的输入功率。如图 5-22 所示，每个通道的发射功率设置为 -8 dBm 至 -2 dBm。从结果可以看出，GWBE 方案明显优于具有不同非线性相位噪声的 CPE 和 OBE。

此外，我们将 GWBE 方案扩展为高阶调制格式。高阶调制格式信号对相位噪声更敏感。我们验证了 PDM 800 Gbit/s 16QAM-OFDM 超级信道中的 GWBE 方案。同样，我们测试子载波 4 作为参考。BER 性能与 BTB 情况下导频数的关系如图 5-23(a) 所示。当导频数为 48 时，提出的 GWBE 方案可以将 BER 性能从 1.92 E-03 提升到 5.87 E-04。160 km 传输后 BER 性能与每信道发射功率的关系如图 5-23(b) 所示。图 5-24 示出了三相噪声抑制方法的信号星座图。提出的 GWBE 具有明显的优势。

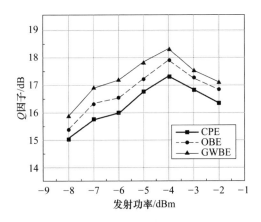

图 5-22 Q 因子性能与每个通道的发射功率的关系

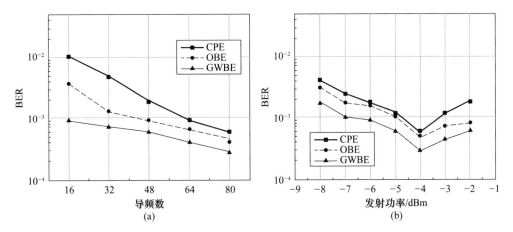

图 5-23   BER 性能与导频数、每个通道的发射功率的关系

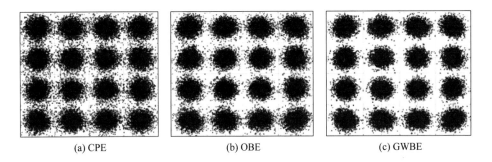

图 5-24   CPE、OBE 和 GWBE 的信号星座图

5.4.3 小结

本节提出了高斯小波基展开法(GWBE),并通过实验证明了该方法可以抑制相位噪声。与传统的 CPE 抑制方案相比,在 400 Gbit/s 光学 PDM QPSK-OFDM 超信道中,Q 因子提高了 1.5～3.2 dB。此外,我们将 GWBE 方案扩展到 800 Gbit/s PDM 16QAM-OFDM 超信道。GWBE 方案可以将 BER 性能从 1.92E-03 提高到 5.87E-04。实验结果表明,该方案是未来 CO-OFDM 系统中一种有希望的相位噪声抑制方法。

然后提出了一种针对 CO-OFDM 系统的伪导频辅助复杂高斯小波基扩展基础(PS-GWBE)相位噪声抑制。所提出的方法不仅可以提高频谱利用率,而且可以有效地减轻相位噪声。PS-GWBE 的 GWBE 具有高斯特征,因此其性能优于 PS-OBE。

本章参考文献

[1] Kazutoshi Tanabe, Jiro Hiraishi. ExPerimental Determination of True Rarnan Linewidths from Measurernents of Linewidths Observed at Different Slit Openings[J]. SPeetroscoPy,1981,35(4),436-438.

[2] 王战胜. OFDM 在光通信中的应用及相关技术研究[D]. 北京:北京邮电大学,2011.

[3] Robins W P. Phase noise in Signal Sources[M]. London:Institution of Engineering and Technology , 2007.

[4] Claus Muschallik. Influence of RF Oscillators on an OFDM signal[J]. IEEE Transactions on Consumer Electronics, 1995,41(3):592-603.

[5] Hanzo L, Webb W, Keller T. Single- and Multi-carrier Quadrature Amplitude Modulation-Principles and Applications for Personal Communications, WLANs and Broadcasting[M]. Chichester: John Wiley & Sons, Ltd, 2000: 462-472.

[6] Foschini G J, Vannucci G. Characterizing filtered light waves corrupted by phase noise[J]. IEEE Trans. info. Theory. ,1998,34(11):1437-1448.

[7] Demir A, Mehrotra A, Roychowdhury J. Phase noise in oscillators: A unifying theory and numerical methods for characterization[J]. IEEE Trans. Circuits Syst. I, 2000,47(5):655-674.

[8] Shieh W, Chen W, Tucker R S. Polarization mode dispersion mitigation in coherent optical orthogonal frequency division multiplexed systems [J]. Electronics Letters, 2006, 42(17):996-997.

[9] Yi X W，Shieh W，Tang Yan. Phase estimation for coherent optical OFDM [J]. IEEE Photonics Technology Letters，2007，19(12)：919-921.

[10] Shieh W. Maximum-Likelihood phase estimation for coherent optical OFDM [C]. ECOC，Berlin，Germany，2007，1-2.

[11] 郝耀鸿，王荣，李玉权. 相干光 OFDM 系统中的相位估计分析[J]. 电路与系统学报，2011，16(01)：20-24.

[12] 曹圣皎，甘培润，余长源. 相干光 OFDM 通信系统中的 IQ 补偿和相位估计 [J]. 光通信研究，2012，06：10-12.

[13] Ho K P，Kahn J M. Electronic compensation technique to mitigate nonlinear phase noise[J]. Journal of Lightwave Technology，2004，22(3)：779-783.

[14] Jansen S L，Morita I，Takeda N，et al. 20 Gbit/s OFDM transmission over 4,160-km SSMF enabled by RF-pilot tone phase noise compensation[C]. OFC/NFOE，USA，2007，PDP15.

[15] Randel S，Adhikari S，Jansen S L. Analysis of RF-pilot-based phase noise compensation for coherent optical OFDM systems [J]. IEEE Photonics Technology Letters，2010，22(17)：1288-1290.

[16] Mousa-Pasandi M E，Plant D V. Data-aided adaptive weighted channel equalizer for long-haul optical OFDM transmission systems [J]. Optics Express，2010，18(4)：3919-3927.

[17] Mousa-Pasandi M E，Plant D V. Zero-overhead phase noise compensation via decision-directed phase equalizer for coherent optical OFDM [J]. Optics Express，2010，18(4)：3919-3927.

[18] Yi X，Shieh W，Tang Y. Phase estimation for coherent optical OFDM[J]. IEEE Photonics Technology Letters，2007，19(12)：919-921.

[19] Shieh W. Maximum likelihood phase and channel estimation for coherent optical OFDM[J]. IEEE Photonics Technology Letters，2008，20(8)：605-607.

[20] Le S T，Kanesan T，Giacoumides E，et al. Quasi-Pilot Aided Phase Noise Estimation for Coherent Optical OFDM System [J]. IEEE Photonics Technology Letters，2014，26(5)：504-507.

[21] Mousa-Pasandi M E，Plant D V. Zero-overhead phase noise compensation via decision directed phase equalizer for coherent optical OFDM[J]. Optics Express，2010，18(20)：20651-20660.

[22] Cao S，Kam P Y，Yu C，et al. Decision-aided carrier phase estimation for

coherent optical OFDM［C］. Opto-Electronics and Communications Conference(OECC)，2011：425-426.

［23］ Ren H L，Cai J X，Ye X，et al. Decision-aided ICI mitigation with time-domain average approximation in CO-OFDM［J］. Optics Communications，2015，347：1-7.

［24］ Ren H L，Cai J X，Lu J，et al. Novel iteration-free blind phase noise estimation for coherent optical OFDM［J］. Chinese Optics Letters，2014，12(12)：120603.

［25］ Zhang P，Ren H L，Gao M Y，et al. Low-Complexity Blind Carrier Phase Recovery for C-mQAM Coherent Systems［J］. IEEE Photonics Journal，2019，11(1)：7200214.

［26］ Ma J J，Li Z X，Xu Y T，et al. Projection Histogram Assisted Common Phase Estimation Algorithm in Coherent Optical OFDM System［C］. Opto-Electronics and Communications Conference (OECC) and Photonics Global Conference (PGC)，2017：1-3.

［27］ 马俊洁，孙腾霄，李正璇，等. 基于投影直方图的 CO-OFDM 系统盲相位噪声补偿算法［J］. 光学学报，2018，38(4)：0406001.

［28］ Mousa-Pasandi M E，Plant D V. Noniterative interpolation-based partial phase noise ICI mitigation for CO-OFDM transport systems［J］. IEEE Photonics Technology Letters，2011，21(23)：1594-1596.

［29］ Cao S，Kam P Y，Yu C. Time-domain blind ICI mitigation for non-constant modulus format in CO-OFDM［J］. IEEE Photonics Technology Letters，2013，25(24)：2490-2493.

［30］ Hong X，Hong X，He S. Linearly interpolated sub-symbol optical phase noise suppression in CO-OFDM system［J］. Optics Express，2015，23(4)：4691-4702.

［31］ Pakala L，Schmauss B. Extended Kalman filtering for joint mitigation of phase and amplitude noise in coherent QAM systems［J］. Optics Express，2016，24(6)：6391-6401.

［32］ Nguyen T T，Le S T，Wuilpart M，et al. Simplified extended Kalman filter phase noise estimation for CO-OFDM transmissions［J］. Optics Express，2017，25(22)：27247-27261.

［33］ Yang C，Yang F，Wang Z. Orthogonal basis expansion-based phase noise estimation and suppression for CO-OFDM systems［J］. IEEE Photonics Technology Letters，2010，22(1)：51-53.

[34] Xu Z, Tan Z, Yang C. Eigenvector basis expansion-based phase noise suppression method for CO-OFDM systems[J]. IEEE Photonics Technology Letters, 2017, 29 (13): 1124-1127.

[35] Amstrong J. OFDM for Optical Communications[J]. Lightw. Technol, 2009, 27(3):189-204.

[36] Yi X, et al. Phase Noise Effects on High Spectral Efficiency Coherent Optical OFDM Transmission [J]. IEEE J. Lightwave Technol, 2008, 26 (10): 1309-1316.

[37] Le S T, et al. Quasi-Pilot Aided Phase Noise Estimation for Coherent Optical OFDM Systems[J]. IEEE Photon. Technol. Lett,2014, 20(8): 504-507.

[38] Mousa-Pasand M E, et al. Noniterative Interpolation-Based Partial Phase Noise ICI Mitigation for CO-OFDM Transport Systems[J]. IEEE Photon. Technol. Lett, 2011, 23(21), 1594-1596.

[39] Le S T, et al. Blind Phase Noise Estimation for CO-OFDM Transmissions[J]. IEEE J. Lightwave Technol,2016,33(5):745-753.

[40] Yang C, et al. Orthogonal Basis Expansion-Based Phase Noise Estimation and Suppression for CO-OFDM Systems[J]. IEEE Photon. Technol. Lett,2010, 22(1):51-53.

[41] Xu Z, et al. Eigenvector Basis Expansion-Based Phase Noise Suppression Method for CO-OFDM Systems[J]. IEEE Photon. Technol. Lett,2017,29(13):1124-1127.

[42] Xu L, Dan Y, Wang Q. Comparisons between real and complex Gauss wavelet transform methods of three-dimensional shape reconstruction[J]. Aopc: Optical Test, Measurement, & Equipment, 2015,96(77):176-178.

[43] Nguyen Tu T, LE Son T, el al. Simplified extended Kalman filter phase noise estimation for CO-OFDM transmissions[J]. Optics Express, 2017,25(22): 27247-27261.

[44] Wu S,Bar-Ness Y. OFDM systems in the presence of phase noise: Consequences and solutions[J]. IEEE Trans. Commun,2004,52(11):1988,1996.

[45] Yang C, Yang F. Orthogonal Basis Expansion-Based Phase Noise Estimation and Suppression for CO-OFDM Systems[J]. IEEE Photon. Technol. Lett, 2010,22(1):51-53.

[46] Chen Y,et al. Experimental demonstration of 400 Gbit/s optical PDM OFDM superchannel multicasting by multiplepump FWM in HNLF [J]. Opt. Express. , 2013, 21:9915-9922.

［47］ Bao H，Shieh W. Transmission simulation of coherent optical OFDM signals in WDM systems［J］. Opt. Express，2007，15：4410.

［48］ 叶玮胜. CO-OFDM 系统相位噪声补偿算法研究［D］.杭州:杭州电子科技大学,2020.

［49］ 吴悠. OFDM 系统中抑制相位噪声算法的研究［D］.武汉:武汉理工大学,2008.

［50］ 高宇洁. OFDM 系统中相位噪声的影响与补偿［D］.西安:西安电子科技大学,2007.

［51］ 刘光辉. OFDM 系统中相位噪声的影响与抑制研究［D］.成都:电子科技大学,2005.

第6章　基于混沌系统的信号加密机制

混沌有着初值敏感性、长期不可预测性、内在随机性等特点,混沌密码学成为信息加密领域中的重要组成部分。传统的加密算法一般是为加密文本服务的,它将有序的明文转化为乱码,但这种加密方式容易被类似穷举法等破解,所以我们将混沌与信息加密结合起来,进行基于混沌的信息加密方式。一般有以下几种加密的思想。

(1) 研究新的混沌方程。混沌领域是一个巨大的隐藏宝库等待着我们去探索,自从第一个混沌方程 Logistic 方程被提出以来,学者们积极研究新的混沌方程,在研究中就发现了 Chen 混沌方程、Arnold 混沌方程等,自然界中的混沌还有很多,而且我们也有很多的学科一直在积极探索混沌领域,这也就意味着我们还有发现新的混沌方程的机会。

(2) 改进现有的混沌方程。发现一种新的混沌方程毕竟需要很多的专业知识和长期的钻研,以及要对混沌十分敏感,所以我们可以改进现有的混沌系统来拓展其加密性能,就像 Chen 混沌系统有分数阶混沌系统,但研究者在这个基础上继续研究改进,就有了非线性耦合分数阶 Chen 混沌系统。

(3) 使用复合系统。复合系统的思想是将多个混沌系统按一定的规律生成一个新的混沌系统,用来产生混沌序列。这里提供一种简单的复合混沌系统加密的思路,就以信号加密为例,混沌系统选择一维 Logistic 和 Chen 混沌系统,首先使一维 Logistic 混沌系统和三维 Chen 混沌系统充分迭代产生 4 个混沌序列 u,x,y,z,对 u 进行处理使其成为二进制混沌序列,然后对原始数据进行混沌加密,信号经过调制后成为复信号,用经过处理的 x,y 序列对同相分量和正交分量进行加密,最后用 z 来确定信号的位置。具体加密的过程、信号的处理就不做说明,这里只是提出这种加密的思想。

(4) 超混沌系统。目前,人们将混沌系统分为两大类,也就是混沌系统和超混沌系统,混沌系统与超混沌系统的区别主要是所含正的李亚普洛夫指数的个数,含有一个正的李亚普洛夫指数的系统我们称为混沌系统,含有多个正的李亚普洛夫指数的系统我们称为超混沌系统,超混沌系统在加密时有着良好的特性[1]。

(5) 结合传统的加密技术。传统加密系统的缺点对混沌系统来说不是问题,因此将二者有机地结合起来可以有效地提高整个系统的加密性能。

(6) 混沌系统预处理。将混沌信号转化为二进制混沌序列用于加密。

使用混沌系统有如下优点。

（1）算法易于实现。混沌系统主要应用于对数据的加密、解密，其数学本质是一种数学映射，通过达到混沌状态生成混沌序列来进行加密，操作简单，过程简洁。

（2）空间代价小。通常我们是从时间和空间两个角度来评判一种加密算法的性能。而混沌算法属于流密码，其只需要花很短的时间生成密钥流就可以。在时间上，混沌系统与其他加密方式相比并无太大的优势，但在算法空间上能明显地感觉到混沌系统比其他算法更优。一般在进行加密操作时既需要占用静态空间，也需要占用动态空间，前者用来储存实际的代码，后者是代码执行所必需的条件。混沌系统在进行加密时只需要很少的静态空间来存放密钥流，所以总体上来说，占用的空间相较于其他加密方法要小。

（3）安全性更高。混沌加密算法相比较于其他传统加密算法最大的优点就是安全性高。这与混沌的基本特性有关，加密后的数据是很难被破解的。举两个例子，由于混沌系统对初值敏感，所以初期很小的误差在经过长期演变之后就会被放大，从而加大了破解的难度，也极大地避免了被穷举法等破解的可能性；混沌算法是有遍历特性的，其密钥的分布很均匀，我们通常认为这种分布是随机分布，所以安全性大为提升。

6.1　混沌的基础知识

6.1.1　混沌的发展

混沌现象长久以来一直就存在于自然界中，它的首次发现是在 19 世纪末，然而直到 20 世纪 60 年代才形成混沌理论，混沌理论在后续研究者的不断钻研中被完善而趋向成熟。

首先发现混沌现象并提出猜想的是美国的数学家 Poincare，他于 20 世纪初在《科学与方法》中提出了 Poincare 猜想，在这个猜想中，他将拓扑学领域和动力学系统领域相结合进行分析，提出了混沌存在的猜想，他由此成为世界上最早了解到混沌存在可能性的人。

在他提出猜想之后，研究者们开始验证他的猜想，这种研究热情极大地加快了混沌学的发展。到了 1963 年，美国的气象学家 Lorenz 在使用计算机进行气候研究时意外发现了气候变化中的混沌，并将他的发现发表在《大气科学》上，他清楚地描述了混沌对初值敏感的特性，从而在气象这个领域打开了混沌学的大门。这也是他被称为"混沌学之父"的原因。

虽然这时候人们已经意识到了混沌的存在，但由于没有确定的理论，研究混沌的学者还是很少，但混沌的研究一直没有停下，并在 20 世纪 70 年代取得了辉煌成就。

1970 年,《科学革命的结构》一书在美国出版了,这吸引了研究者们的关注,美国科学史家 Kuhn 的这本书对混沌理论的诞生起到了促进的作用。1975 年,中国李天岩和美国 Yorke 发表了《周期三意味着混沌》一文,该文章讲述了从有序到无序,从稳定到混沌的变化以及证明,并且首次提出了"Chaos"这个后来用来描述混沌的专有名词。1976 年生物学家 May 在《自然》上发表的文章向世人展示了混沌理论蕴含的内在信息,文章首次提出了 Logistic 方程:

$$x_{n+1} = ux_n(1-x_n) \tag{6-1}$$

1975 年,Mandelbrot 把混沌运动的相空间图像与具有分维的几何形体相联系,并造出了分形(Fractal)这个词来描写具有分维的几何形体。1971 年在文章"论湍流的本质"中,荷兰数学家塔肯斯(F. Takens)和法国数学家茹厄勒(D. Ruelle)提出混沌运动的整体形态也可以用奇怪吸引子来进行表述,1976 年若斯勒(O. Rossler)首次提出从生物化学的角度描述混沌模型。1977 年,在意大利召开了第一次混沌会议,混沌理论从此面世。1978 年,物理学家 Feigenbaum 精确地求出了被研究者们称为混沌产生速率的 Feigenbaum(费根鲍姆)常数,这个发现确定了混沌固定的地位。1980 年,数学家 Mandelbrot 使用计算机绘制出了第一张混沌图像,这标志着混沌出现在了一个新的领域,这引起了研究者们的广泛关注,他们开始尝试在新的领域内寻找混沌现象。在接下来的短短几年时间内,混沌迅速进入了科学的诸多领域,如数学、保密通信、量子力学、天文学、生物学、经济学、社会学等,出现了混沌贯穿所有学科的局面。

20 世纪 80 年代,研究者们开始研究混沌系统的条件和特性。其中最为人知的是 1987 年,Grassber 等人将李氏指数、维数特性等特征从时间序列提取出来了,使得混沌理论进入了实践阶段。1989 年召开了美苏混沌讨论会,1991 年 10 月在美国召开了首届混沌试验讨论会。这一系列会议的召开促进了混沌学研究世界性热潮的到来。1989 年美苏两国针对混沌系统的研究召开了讨论会,两年后的 10 月,美国针对混沌试验的实施召开了讨论会。各种混沌会议的举办,使得全世界刮起了一阵混沌学研究的热潮。1989 年 Hubler 发表了第一篇关于混沌控制的文章,1990 年 OGY 提出的控制混沌的思想对当时学术研究产生了深远影响,1991 年 Pocora 等提出了混沌同步的思想。在随后的十年里,混沌同步以及混沌控制理论成为混沌领域的科研人员的研究热点,其相关的研究得到飞速发展。近年来,人们对混沌系统的研究也发散出许多分支,如混沌耦合、复杂网络、分子马达、混沌密码、螺旋波等,这也使得混沌理论的研究更加深入与完善。如今保密通信、经济学、气象学以及其他众多领域中都有混沌理论的涉及。伴随着混沌理论的研究,也创立了许多期刊,如 *Chaos*、*Chaos, Solitons & Fractals*、*International Journal of Bifurcation and Chaos*。近年来混沌国际研究的主要分支方向有:混沌控制和同步、预测及其通信、混沌计算、混沌优化、混沌密码。

自混沌提出以来,混沌学的研究一直在进行,并在各个领域取得了显著的成就。首先是了解自然,例如,自然界中有大量的湍流。混沌理论在生命科学中的应用尤为重要。人们发现各种心律失常和房室传导阻滞都与混沌运动有关。癫痫患者脑电波呈现明显的周期性,正常人的脑电波呈现明显的混沌状态。人们可以利用混沌来实现保密沟通,解释股票经济领域期货价格波动,探索厄尔尼诺现象,结合神经网络来创造所谓的混沌神经网络等。近年来,混沌科学与生物学、心理学、数学、物理学、电子学、信息科学、天文学、气象学、军事科学等学科相互渗透,甚至在音乐、艺术等领域得到了广泛的应用。

6.1.2　混沌的定义

动力学或动力系统,源于 19 世纪晚期庞加莱的著作,通常被视为微分方程的化身。常微分方程及其差分方程可分别看作有限维、连续和离散动力系统,偏微分方程及其差分方程可分别看作无限维连续动力系统和离散动力系统,拓扑和几何中微分流形上的方程可看作微分流形上的动力系统。

数学中的非线性指的是不能满足叠加性原理的系统。如果动力系统是线性系统,那么系统方程任意两个解的线性叠加仍然是方程的解而非线性没有这个特点。

随着科学技术的发展,非线性问题出现在许多学科中,传统的线性化方法不能满足求解非线性问题的要求,产生了非线性动力学。非线性的显著特点是系统的输入和输出不满足线性关系。反映在动力系统方程中,作用项中出现了平方项等非线性函数项。实际系统一般都是非线性系统,线性描述在许多情况下只能说是近似的。从热力学系统的观点来看,非线性动力系统是远离平衡的,也就是说,主体不处于某种平衡状态,也不像牛顿第二定律所描述的那样,受到固定大小的力或力矩的作用,一个物体在特定平面上被一个特定方向的力加速。系统远离平衡状态的演化具有很大的自由度。自发周期振荡是非线性系统最常见的行为之一,它对应于相空间中的一个封闭轨迹。在早期的概念中,这种非线性行为通常被称为自组织或耗散结构。非线性科学通常分为孤立子、分形、混沌等几个分支。我们可以用非线性微分方程来描述真实的非线性系统,以便建模的理论和数值更精确。

孤立子(或称孤立波)是非线性科学的三个分支中发展较早的一个。孤立子的发现可以追溯到 19 世纪罗素骑马时在一个河道中看到的一个孤立波,他骑着马跟着这个波,奇怪的是这个波直到 6~6 千米以后才破碎。水波的第一个孤立子的解迟至 20 世纪 60 年代才由克鲁斯卡尔(Kruskal)等人做出。孤立子从那以后成为一个独立学科。目前人们在各种领域都发现了具有孤立子解的物理体系(称为非线性可积系统),例如在核聚变的等离子中,在大脑的神经脉冲传播过程中,在非线性光学中,在超导隧道结中。目前特别引人注目的应用是光孤子通信。已有实验室成功实现数万千米无中继放大器的光孤子通信,一根这样的光孤子非线性通信光缆相当于十万根传统的线性通信光缆。

分形和不规则形状的几何有关。人们早就从规则的实物抽象出了圆、直线、平面等几何概念,曼德布罗特(B. B. Mandelbrot)则从弯弯曲曲的海岸线、棉絮团似的云烟找到了几何学描述方法——分形。分形理论出现得较晚,它的数学准备不像孤立波那样充分,目前它的数学理论和实际应用之间距离还较大,有些数学概念还得从头重新建立。比如,微积分里导数是和光滑曲线的斜率相联系的,对于弯弯曲曲海岸线那样的曲线,导数又怎样定义?如果像微分积分那样的操作都没有,那就很难做进一步的定量研究。分形数学和分形物理如何结合已经有科学家开始研究。

非线性动力系统在一定的控制参数的作用下会产生混沌现象。混沌是一种貌似无规则的运动,但支配这种运动的规律却可用确定性的方程来描述。混沌是一种非周期性的行为,很容易受到初值的影响。我们称处于混沌状态的系统为混沌系统。在动力系统中出现混沌行为最根本的条件是非线性,非线性对混沌系统来说是必不可少的一个因素。在决定混沌论中,动力学系统经过长期演化得到的结果之一就是混沌。在经典力学中,我们可以知道系统运动会产生一条条的轨道,这些轨道描述的就是系统的运行状态。

以上三项内容是彼此联系着的,也还和其他问题有关。"分岔理论"关心的问题是当系统中存在可调参量时(假设参量本身不随时间变化),这些参量会引起系统动力学的哪些定性变化。当参量超过分岔点时,系统将会有本质性的变化,比如孤立波失衡了,系统从混沌状态转变为周期振荡,分型结构变化了,系统在时间过程中显现出混沌特性,但在空间分布中呈现出一种分型图型且是变化着的,这时就需要时空联系起来研究图型的动力学。正是本着这样的观点,非线性科学里的各个课题既有分工又有联系。

在这里给出混沌的两种定义。

(1) 数学家 Newhouse、Famer 和 Li-Yorke 给出了混沌的数学定义:针对时间序列,如果一个有界的确定性系统存在至少一个正的 Lyapunov 指数,那么这个系统是混沌的。

由这个定义可以知道:若系统至少有一个正的 Lyapunov 指数,那么系统一定存在拉伸变换;若系统有界,那么必定有折叠运动。这两种运动相互作用的结果就是产生具有分维和分形的混沌运动。这也是对混沌概念的一个最基本的理解。

(2) Devaney 学者根据自己的研究给出了混沌的数学定义[1]。

设 X 是一个度量空间,一个连续映射 $f:Y \to Y$,如果满足以下条件:

① f 具有拓扑传递性,也就是具有不可预测性;

② f 对初始条件很敏感;

③ f 的周期在 Y 中稠密。

则称 f 为 Y 上的混沌。这个定义体现出了混沌的两种特性——长期不可预测和混沌方程不可分解。在这个定义中我们需要知道的是,第①条和第③条中包含了第②条,所以现在许多的混沌相关的文献上以第①条和第②条作为混沌的定义,这也是正确的。

6.1.3 混沌理论的基本概念

1. 混沌运动的定义

混沌运动是在确定系统中,局限在有限相空间的高度不稳定的运动。

2. Lyapunov 稳定性理论

1892 年,俄国数学家和力学家李雅普诺夫创立了用于分析系统稳定性的理论——李雅普诺夫稳定性理论。在研究线性系统时,已有许多判据,如代数稳定判据、奈奎斯特稳定判据等,可用来判定系统的稳定性。李雅普诺夫稳定性理论能同时适用于分析非线性系统和线性系统的稳定性,是更为一般的稳定性分析方法。对于非线性系统,状态方程的求解往往是很困难的,而李雅普诺夫稳定性理论可以不必求解系统状态方程而直接判定稳定性,并可用于任意阶的系统,因此李雅普诺夫稳定性理论能显示出很大的优越性[2,3]。从 20 世纪末以来,李雅普诺夫稳定性理论一直指导着关于稳定性的研究和应用。祖博夫、拉萨尔和布肖等科学家的研究使得,李雅普诺夫稳定性理论逐渐被推广到一般系统的稳定性、多级系统的稳定性以及自治系统的稳定性的研究。下面对李雅普诺夫稳定性的定义进行几何图形说明[3]。

李雅普诺夫稳定性的含义是对于预先给定的某一个小的正数 ε,能否找到一个正数 δ,当状态轨线 $X(t)$ 的初始值 $X(0)$ 与平衡状态(一般设为原点)的距离小于 δ 时,考察 $X(t)$ 与平衡状态的距离是否超过了 ε:若没超过,则为稳定;若既没超过又能回到原平衡状态,则为渐近稳定;若超过了,则不稳定。判定一个系统稳定,是要看该系统是否存在一个李雅普诺夫函数[2,3]。

假设存在一个正定泛函的李雅普诺夫函数 $V(x)$,可以证明如果 x 为 n 维矢量,由 $V(x)=C(C$ 为常数)确定的超曲面,在 C 非常小时是一个封闭的超曲面。并且,若 $\|x\| \rightarrow \infty$,$V(x) \rightarrow \infty$,则对于任意常数 C,由 $V(x)=C$ 所确定的超曲面都是封闭的超曲面。设 $V(x)=C_1$ 和 $V(x)=C_0$ 是两个超曲面,若 $C_1 < C_0$,则说明在 $V(x)=C_0$ 的超曲面内完全包含了 $V(x)=C_1$ 的超曲面。若 $V(x)$ 对时间的导数是负定的,则存在一系列的 C_i 满足 $C_0 > C_1 > C_2 > \cdots C_i \cdots > C_n$,使得 $V(x)$ 随着 t 的增长是向空间原点"收缩"的。说明若存在一个正的 $V(x) > 0$,当其沿系统方程运动的时间导数 $\dot{V}(x) < 0$ 时,这个系统存在一个李雅普诺夫函数[3]。

李雅普诺夫指数能够通过测量相邻轨迹收敛或分离的速率来衡量混沌的状态,李雅普诺夫指数越大,表明系统局部稳定性越差。

3. 吸引子

吸引子是指动力学系统稳定后形成的相空间轨迹。其中定态的相空间的定点吸引子和周期振荡的极限环吸引子是运动状态可测的,混沌态的奇异吸引子是运动状态不可测的。混沌吸引子,又称奇异吸引子,是混沌所特有的。动力学系统在演变的过程中会在相空间产生一条条的轨道,当动力学系统达到充分演变后得到的轨道的集合我们称为吸引子。吸引子的结构拥有属性复杂的畸变和张力,是系统局部不稳定性和全局稳定性的产物。混沌吸引子是混沌运动的主要特征之一,两个方向具有不同的性质:混沌吸引子内部的运动具有排斥性和不稳定性,而混沌吸引子外部的运动趋向于吸引子。因此,混沌吸引子具有两个主要特征:一是对初始条件非常敏感,二是混沌吸引子一般为非整数维。

很多时候我们会对一些概念产生误解,就像混沌并不代表着随机,我们对于混沌的定义中对随机的描述是"貌似随机的运动",这也就说明了混沌是一种伪随机状态。从这个角度来看,混沌是确定的非线性系统在一定条件下所呈现的不可预测的随机现象;它体现出来混沌系统有序与无序结合、确定性与不确定性相统一的特点;不同的学科、不同的领域对混沌有着不同的定义和理解,因此,混沌的表现形式也不同,会体现出各自领域的应用特点。

6.1.4 产生混沌的方法

1. 倍周期分岔道路

当一个映射 $f(\mu, x)$ 满足下面 4 个条件。

(1) 在 (μ, x) 平面存在不动点,即:

$$f(\mu^*, x^*) = x^* \tag{6-2}$$

(2) 在条件(1)中得到的不动点处的稳定性条件到达边界 -1

$$\frac{\partial}{\partial x} f(\mu, x) \bigg|_{x=x^*, \mu=\mu^*} = -1 \tag{6-3}$$

(3) 在条件(1)中的不动点有二阶导数

$$\frac{\partial^2}{\partial \mu \partial x} f(\mu, x) \bigg|_{x=x^*, \mu=\mu^*} \neq 0 \tag{6-4}$$

(4) 映射 f 的施瓦茨导数在式(1)的不动点处小于 0

$$S(f, x) \equiv \frac{f'''}{f'} - \frac{3}{2} \left(\frac{f''}{f'} \right)^2 < 0 \tag{6-5}$$

那么在不动点 (μ^*, x^*) 附近的区域内在 μ^* 的一侧存在着映射 $f(\mu, x)$ 的唯一稳定解,并且该解必定也是 $x = f^{(2)}(\mu, x)$ 的平庸解之一。在 μ^* 的另一侧存在着 $x = f^{(2)}(\mu, x)$ 的三个一定互不相同的平庸解,其中一个为不稳定的平庸解,两个为稳定的非平庸解。在这种情况下对应的是条件(3)中的二阶导数大于 0,那么 $\mu < \mu^*$ 的时候存在稳定周期1,在 $\mu = \mu^*$ 时失去原有的稳定性,在 $\mu > \mu^*$ 时作为不稳定的周期1存在着,同时在此处会分裂出一对稳定的周期解,即产生了周期2的稳定周期。通过无穷多次倍周期分岔从而形成混沌运动。并且通过前面提到的情况可以得知,在混沌期中,若将分岔图放大,则可以看到无穷多个周期窗口存在,并且每个周期窗口都会经过倍周期分岔从一个稳定的周期变为不稳定的周期。所以我们可以知道,在混沌区中必然存在着混沌运动,但同时也存在着无穷多个不稳定周期的周期轨道。

2. 阵发混沌道路

在抛物线的分岔图中,可以看到存在周期为 3 的周期窗口,然而若依据倍周期分岔,则不会存在奇数倍的周期,这就是接下来要说的切分岔定理。

$$x_{n+1} = 1 - \mu a_n^2, \quad \mu \in [0, 2], \quad x_n \in [-1, 1] \tag{6-6}$$

式(6-6)是抛物线映射的数学表达式,下面几幅图是参量 $\mu = 1.75$ 时对应 $f(\mu, x)$ 和 $f^{(3)}(\mu, x)$ 与 $f(x) = x$ 即分角线之间的关系。

由图 6-1(b)可以看到,$f^{(3)}$ 存在着 4 个不动点,一个为继承了 f 的在区间 0.4~0.6 的不动点,剩下 3 个为正好与分角线 $f(x) = x$ 相切的点,因为这是 3 个点处的导数都是 $+1$,根据稳定性条件可以知道,它们是一个边缘,而 6.1.3 小节我们知道边缘 -1 对应着倍周期分岔点。当参数 μ 从小于 1.75 增加到大于 1.75 时,$f^{(3)}$ 与分角线由不相切变到相切再到相交。

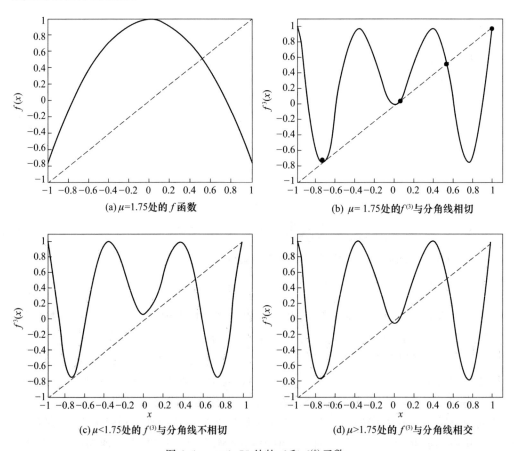

图 6-1 $\mu = 1.75$ 处的 f 和 $f^{(3)}$ 函数

当把参数 μ 增加到大于 1.75 时,3 个切点都会分别变成两个交点,并且在两个交点处的曲线斜率都为一个大于 1,一个小于 1。这也说明了 $f^{(3)}$ 有了 3 个不稳定的不动点和 3 个稳定的不动点,当然这 6 个点也分别对应了 3 条稳定和不稳定的周期 3 轨道且对应着函数

$$g(\mu,x) \equiv \frac{f^{(3)}(\mu,x) - x}{f(\mu,x) - x} \tag{6-7}$$

的 6 个零点,在周期窗口开始处函数与分角线由相交变到相切同时几条轨道合并为一条轨道,此时 $g(\mu,x)$ 有 3 个二重根,所以 $g(\mu,x)$ 可以使用完全平方的形式来表示,即

$$g(\mu,x) = (Ax^3 + Bx^2 + Cx + D)^2 \tag{6-8}$$

那么根据抛物线映射表达式和 $g(\mu,x)$ 的两种形式对于系数的比较可以得出

$$4\mu = 7 \tag{6-9}$$

即 $\mu = 1.75$,这便是周期 3 的分岔点的由来。并且根据上面的这些推导,可以得出切分岔定理如下。

如果一个映射 $g(\mu,x)$ 满足以下 4 个条件。

(1) 在 (μ,x) 平面存在不动点,即:

$$g^{(n)}(\mu^*, x^*) = x^* \tag{6-10}$$

(2) 在条件(1)中得到的不动点处的稳定性条件到达边界 $+1$,即:

$$\frac{\partial}{\partial x} g^{(n)}(\mu,x) \Big|_{x=x^*, \mu=\mu^*} = +1 \tag{6-11}$$

(3) 在条件(1)中的不动点处对 μ 的偏导数非零,即:

$$\frac{\partial}{\partial \mu} g(\mu,x) \Big|_{x=x^*, \mu=\mu^*} \neq 0 \tag{6-12}$$

(4) 在不动点处的二阶偏导数也非零,即:

$$\frac{\partial^2}{\partial x^2} g(\mu,x) \Big|_{x=x^*, \mu=\mu^*} \neq 0 \tag{6-13}$$

那么在不动点 (μ^*, x^*) 附近的区域内在 $\mu > \mu^*$ 的一侧存在着映射 $f^n(\mu,x)$ 的唯一个稳定解和一个不稳定解。若用图像来描述,就是随着 μ 由小变大,根由一对复数变为了两个实数,从而使得图像中出现了一条周期为 n 的轨道和一条周期不稳定为 n 的轨道。并且在 $\mu < \mu^*$ 且接近的时候,运动表现出了一种阵发混沌现象,即在迭代的过程中,有时存在接近周期运动的过程,有时在规则运动的过程中存在随机跳跃的现象,从而表现出"阵发"的行为轨迹。

6.1.5 混沌的特性

(1) 内在随机性:系统的内部存在随机性,即在确定性系统中,确定性方程产生的解中存在非周期解。

(2) 对初值的高度敏感性:处于混沌状态的系统,哪怕是给输入参数的小数点后

很多位加个数字都会使得结果发生偏差,在短时期内似乎变化不大,当从长期的行为中来看,微小的变化将随着运动的变化而不断被放大,导致轨道发生巨大的偏差。

(3) 正的 Lyapunov 指数:Lyapunov 指数用于表示混沌系统中的局部不稳定特性,如造成混沌吸引子局部不稳定的本质就是系统中存在正的 Lyapunov 指数。从上述的初值高度敏感的特性可以知道,在一个混沌系统中设置不同的初值,其相平面轨道也是不同的,并且这些轨道间的差距随着时间推移会以指数方式分离,这也是正的 Lyapunov 指数导致的。

(4) 有界性:混沌吸引子是遵循着混沌方程产生轨迹的集合,混沌方程限制了自生轨迹在一定范围内,所以其混沌吸引子也会在一个确定的范围内一定是有界的,混沌吸引子运动的确定性区域称为它的混沌吸引域。

(5) 遍历性:就是说混沌轨道要在有限的时间内经过混沌区域的每一个状态点。

(6) 分维性:以 Chen 混沌系统为例,三维 Chen 混沌系统与四维 Chen 混沌系统有着类似的结构,由此递推。

(7) 普适性:随着各个系统进行混沌状态而表现出的某些共同特征。若将第 n 倍周期分岔(或混沌带合并)时对应的参数 μ 记为 μ_n,则相继两次分岔(或合并)的间隔之比趋于同一个常数:

$$\delta = \lim_{n \to \infty} \frac{\mu_n - \mu_{n-1}}{\mu_{n+1} - \mu_n} = 4.669\,201\,609\,102\,990\,67\cdots$$

(8) 混沌同步特性:混沌同步特性也是混沌中很重要的一个特性,混沌同步分为两种,一种是同构同步,另一种是异构同步。近年来,研究人员发现混沌同步也可以实现混沌保密通信,这为研究者们开启了一个新的研究方向。

(9) 自相似结构:由上面的特性来看,混沌体系主要突出其混乱的特性,但是在其内部结构中也是存在有序性的。如果将一个混沌系统的局部放大来看,其任意的局部都与整体十分接近。这种在混沌内部出现的不同尺度上的相似结构称为混沌系统的自相似性。从拓扑空间来看,这种自相似结构还存在着分形的性质,即自相似结构的维数往往是分数维的而不是整数维的。

6.1.6　混沌判别

对于如何判断一个系统是否是混沌系统,研究者们进行了大量的研究,这里我们介绍一些常见的判别方式。

(1) 李雅普诺夫(Lyapunov)指数

李雅普诺夫指数表示连续时间动力系统相邻轨道平均指数散度(分离)率的性质,适用于 Hamilton 系统和耗散系统。李亚普洛夫指数是最常见的判别混沌系统的指标,它体现的是混沌行为对初值的依赖性。对于一维离散方程,李雅普诺夫指数定义为:

$$\sigma = \lim_{n \to \infty} \frac{1}{n} \sum_{i=0}^{n-1} \ln \left| \frac{\mathrm{d}f}{\mathrm{d}x} \right|_{x_i} \right| \tag{6-14}$$

其中,f 为迭代函数,n 为迭代次数,这个式子表明两个相差很小的初值在经过多次迭代后其差值会被指数倍放大。当差值大于 0 时也就说明具有混沌行为,迭代值在各个区域都是不稳定的,它在整个区域不断折叠从而形成混沌奇怪吸引子;当差值小于 0 时,迭代值在空间中是稳定的;当差值等于 0 时,动力系统处于稳定的边界线。

（2）功率谱分析

功率谱分析是将周期为 T 的函数 $x(t)$ 展开为傅里叶级数,该傅里叶级数的系数值为离散谱,而将非周期函数按傅里叶级数展开为连续谱。功率谱密度函数为:

$$S_x(\omega) = \int_{-\infty}^{+\infty} R_x(\tau) e^{-j\omega\tau} \, d\tau \qquad (6\text{-}15)$$

其中,τ 为采样间隔,$S_x(\omega)$ 为功率谱密度函数,$R_x(\tau)$ 为自相关函数。

周期函数的傅里叶系数谱只能在基频处有峰值,要么峰值会出现在基频整数倍的位置。但是在准周期函数中,该峰值出现在基频和基频重叠的频率处。混沌运动是一种非周期性的运动,通过仿真观察其功率谱,我们会发现具有较大的峰值和背景噪声。

（3）混沌熵

由于混沌熵轨道的局部不稳定性,相邻轨道以李亚普洛夫指数的速率分离。如果两个起点距离太近,则无法在测量中区分这两个轨迹。随着混沌运动的进行,相邻的轨道逐渐分离。如果到达某种程度后分开,则可以区分。通过信息论与编码的学习后我们可以了解到,这是一个可以从信息论的角度来考虑的问题。我们可以用数学的方法从混沌运动中获得信息量。

在这里我们借助信息量来定义熵。我们用 K 表示信息产生的速率,考虑混沌系统的轨道 $x(t)=x_1(t),x_2(t),\cdots,x_n(t)$,将 n 维的相空间转化为 $1\times n$ 的箱子,以 τ 为间隔观察系统状态,我们设 $x(0)$ 在箱子 i_0 中为 $p_{i_0\cdots i_n}$,$x(\tau)$ 在箱子 τ_1 中,……,$x(n\tau)$ 在箱子 i_n 中的联合概率,则熵为

$$K = -\lim_{\tau \to 0} \lim_{i_n \to \infty} \frac{1}{n\tau} \sum_i P_{i_0\cdots i_n} \ln P_{i_0\cdots i_n} \qquad (6\text{-}16)$$

其中,K 为平均损失率,K 值越大,系统的信息损失就越大,混沌程度也就越高。在一维混沌系统中,K 为正的李氏指数,在高维混沌系统中,K 变为所有李氏指数之和。

（4）相轨迹法

这是通过观察系统轨迹来确定系统纯度的最基本方法,如果轨迹表现出奇怪吸引子,则系统是混沌的。

（5）庞加莱映射方法

观察奇异吸引子在相空间中的截面分布,当庞加莱截面(Henri Poincaré 截面)上只有几个离散点或只有一个不动点时,运动是周期的;当 Henri Poincaré 截面上有一条闭合曲线时,运动是准周期的;当 Henri Poincaré 截面上有分形和折叠的分支结构时,运动是混沌的。

（6）分形吸引子方法

对于一般的耗散系统,分形吸引子的存在性和吸引子子域的边界是混合物的一个

重要特征。

(7) 中心流形定律

如果一个不稳定流形与一个稳定流形相交,在 Smale 马蹄映射下将产生混沌。

(8) Shilnikov 定理与 Melnikov 方法

通常情况下,我们用 Shilnikov 定理来判断自治动力系统的混沌存在性,用 Melnikov 方法来判断非自治动力系统的混沌存在性。

一个自治系统通常使用如下的常微分方程来表示

$$\dot{x} = f(x), \quad x \in \mathbf{R}^n \tag{6-17}$$

其中,$f:U \rightarrow \mathbf{R}^n$,并且 U 是 $\mathbf{R}^n$ 上的一个开集,并且映射 f 是一个连续的函数。

一个非自治系统通常使用如下的常微分方程来表示

$$\dot{x} = f(x,t), \quad (x,t) \in \mathbf{R}^n \times \mathbf{R}^1 \tag{6-18}$$

其中,$f:U \rightarrow \mathbf{R}^n$,并且 U 是 $\mathbf{R}^n \times \mathbf{R}^1$ 上的一个开集,并且映射 f 是一个连续的函数。

Melnikov 方法的核心思想是,将研究的动力学系统统一当作二维映射系统进行研究,为了证实该二维映射系统具有马蹄变换下的混沌特性,需要通过推导这个二维映射的横截同宿点的存在条件是否存在来判断。这种方法较为方便,可以直接进行解析计算来对系统进行分析。

Shilnikov 方法与 Melnikov 方法的不同点在于:它转去证明鞍焦同宿轨道在三维相空间中的存在性,而不是证明横截同宿点在二维映射中的存在性。但也正是因为这种方法需要判断系统的鞍焦同宿轨道是否存在,所以这种方法并没有 Melnikov 方法使用得多。

Shilnikov 同宿轨道定理如下。

在如下系统中,$x \in \mathbf{R}^3$ 是系统的状态变量,并且 $G(x)$ 是 $\mathbf{R}^3$ 中的 C^2 向量函数。

$$\frac{\mathrm{d}x}{\mathrm{d}t} = G(x) \tag{6-19}$$

假设系统满足以下几个条件:

① 存在点 $x_0 \in \mathbf{R}^3$ 使得 $G(x_0)=0$;

② 系统的雅克比矩阵(Jacobian 矩阵)在点 x_0 处的特征值为 $\lambda = \alpha \pm \beta \mathrm{i}$ 且

$$0 < \left| \frac{\alpha}{\lambda} \right| < 1 \tag{6-20}$$

存在连接着 x_0 点的同宿轨道 Γ。

那么如下几个结论是成立的:

① 定义在 Γ 充分小邻域内的 Poincaré 映射包含可数个 Smale 马蹄;

② 对充分接近于系统的 C1 扰动系统,定义在 Γ 充分小邻域内的 Poincaré 映射至少包含有限个 Smale 马蹄;

③ 该系统和扰动系统都具有马蹄混沌。

Shilnikov 异宿环定理如下:

在如下系统中,$x \in \mathbf{R}^3$ 是系统的状态变量,并且 $G(x)$ 是 $\mathbf{R}^3$ 中的 C^2 向量函数。

$$\frac{\mathrm{d}x}{\mathrm{d}t} = G(x) \tag{6-21}$$

假设系统满足以下几个条件：

① 存在点 $x_1, x_2 \in \mathbf{R}^3$ 使得 $G(x_1) = G(x_2) = 0$；

② 系统的雅克比矩阵（Jacobian 矩阵）在点 x_1, x_2 处的特征值为 $\lambda_1 = \alpha_1 \pm \beta_1 \mathrm{i}$，$\lambda_2 = \alpha_2 \pm \beta_2 \mathrm{i}$ 且

$$0 < \left|\frac{\alpha_1}{\lambda_1}\right| < 1, \quad 0 < \left|\frac{\alpha_2}{\lambda_2}\right| < 1, \quad \alpha_1\alpha_2 > 0, \quad \lambda_1\lambda_2 > 0 \tag{6-22}$$

存在连接着 x_1, x_2 两点的异宿轨道 Γ_1, Γ_2 的异宿环 Γ。

那么如下几个结论是成立的：

① 定义在 Γ 充分小邻域内的 Poincaré 映射包含可数个 Smale 马蹄；

② 对充分接近于系统的 C1 扰动系统，定义在 Γ 充分小邻域内的 Poincaré 映射至少包含有限个 Smale 马蹄；

③ 该系统和扰动系统都具有马蹄混沌。

Melnikov 方法如下：

假设有如下系统：

$$\dot{x} = f(x) + \varepsilon g(x,t) \tag{6-23}$$

其中，$x = (x_1, x_2)$，$g(x, t+T) = g(x,t)$，并且 f, g 充分光滑，ε 是一个任意小的参数。并且 $\dot{x}$ 满足以下条件：

① $\dot{x} = f(x) + \varepsilon g(x,t)$ 是一个哈密顿方程，存在同宿轨道 $q^0(t)$ 且该轨道是由方程的双曲鞍点产生的；

② 在 $\Gamma^0 = p_0 \bigcup q^0(t)$ 中拥有许多周期轨道并且形成周期轨道族 $q^a(t)$。

那么我们可以定义 Melnikov 函数为：

$$M(t_0) = \int_{-\infty}^{\infty} f(q^0(t-t_0)) \wedge g(q^0(t-t_0),t)) \mathrm{d}t \tag{6-24}$$

其中，$A \wedge B$ 代表向量积的模，即 $A \wedge B = A_1B_2 - A_2B_1$。因此 Melnikov 定理可以表示为：如果 Melnikov 函数 $M(t_0)$ 存在简单零点即在零点 t_0 处 Melnikov 函数的一阶导数不为 0，$M(t_0) = 0$，$M'(t_0) \neq 0$，那么方程存在 $\dot{x} = f(x) + \varepsilon g(x,t)$ 横截同宿点当且仅当参数 ε 充分小时，此时方程的解是混沌的，反之如果 Melnikov 函数没有简单零点，那么系统就不存在混沌运动。

6.1.7　小结

本节首先介绍了科学家在自然界中发现了混沌，介绍了混沌的起源、混沌发展历史和研究现状；然后讨论了混沌理论的定义，介绍了两种产生混沌的方法（即倍周期分岔道路和阵发混沌道路）、混沌的判别方式、混沌的特征；最后对混沌的判别方式进行了详细的叙述。

6.2 混沌系统

6.2.1 混沌系统的概念

混沌系统本质上来讲就是一种非线性动力系统,我们对其进行研究一般是建立其数学模型。动力系统的刻画通常是状态特性和动态特性,动态特性与时间有关,状态特性则与系统的自身的参数、物理因素有关。我们在学习混沌系统时一般选择的方法是建模,混沌系统主要有离散混沌系统和连续混沌系统两大类。离散混沌系统的典型代表有一维Logistic等,连续混沌系统的典型代表有 Chen 系统等。

6.2.2 一维 Logistic 混沌方程

1976 年,美国数学家生物学家 May 在长期研究自然界中生物的演变历程的基础上提出了第一个混沌方程——Logistic 方程,也称为虫口模型。这个方程十分简单,但具有极其复杂的动力学行为,它的出现有着十分重要的意义,它在保密通信领域被广泛使用。Logistic 映射数学表达式如下:

$$x_{n+1} = ux_n(1-x_n), \quad u \in [0,4], \quad x \in [0,1] \tag{6-25}$$

在这个映射中,$u \in [0,4]$ 被称为 Logistic 参数,x 为迭代区间,当 $u \in (3.569\,94\cdots,4]$ 时,Logistic 映射的工作处于混沌状态。

在 Logistic 映射中,u 不同,其状态也不同。当 $1 = u < 3$ 时,周期 1 为系统的稳态解;当 $u = 3$ 时,周期 2 为系统的稳态解;直到 $u = 3.569\,94\cdots$ 时,到达极限值,周期 2^∞ 为系统的稳态解,从图 6-2 中我们可以观察到,随着 Logistic 参数 u 的逐渐增大,$x(n)$ 的分布也逐渐由线性变为均匀分布,u 越是接近 4,$x(n)$ 的分布就越是均匀。

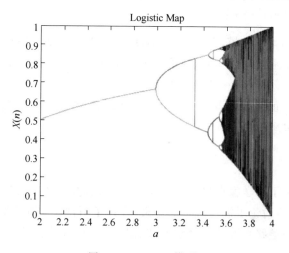

图 6-2 Logistic 模型

一维 Logistic 映射可以用于图像加密,也可以用于数据加密,其用于数据加密时,首先要使混沌系统充分迭代,然后使用混沌序列对原始信号进行掩盖,也就是执行异或操作,就完成了一次加密操作,解密操作则是加密后的信息与混沌序列再进行一次异或。而对图像进行加密的步骤稍显麻烦,首先还是要使混沌系统充分迭代,然后要读出图像的长(L)、宽(H),执行并串转换将 $L \times H$ 的像素矩阵转化为 $1 \times (L \times H)$ 的矩阵,然后将原本在 0,1 之间的混沌序列拓展到 0 到 255,最后使用拓展过后的混沌序列对图像序列进行加密,在串并转换输出加密后的图像,其解密操作基本上就是加密的反操作。一维 Logistic 方程可以与其他混沌系统混合使用以提高整体系统的加密安全性。

6.2.3　二维混沌系统

1. Arnold 混沌系统

Arnold 映射是在图像加密中用得比较多的一种映射,主要是在图像加密中打乱其原有位置。对于一副平面图像,改变每一个像素点的位置就会变成一副与原图不同的图像。Arnold 映射就是通过这种方式来加密图像,一般来说,图像长宽要一致,也就是图像是个正方形,下面是 Arnold 映射的一种变换公式:

$$\begin{cases} x_{n+1} = (x)_n + by_n) \bmod(N) \\ y_{n+1} = (ax_n + (ab+1)y_n) \bmod(N) \end{cases} \tag{6-26}$$

其中,a,b 是参数,n 是迭代次数,N 是图像的边长,x_n,y_n 是原始图像像素点的位置,x_{n+1},y_{n+1} 是经过 Arnold 映射后的坐标点的位置,mod 运算是模运算。由于 Arnold 映射只能是正方形,所以在加密非正方形的图片时,我们可以随机抽取一些像素点,将剩余的像素组成一个虚拟的正方形,然后对虚拟正方形进行 Arnold 映射,最后将映射后的数据写回原来的图像中,从而实现对任意长宽比图片的加密。当我们对 Arnold 映射加密的数据进行解密时,需要在接收端执行相反的操作,解密公式如下:

$$\begin{cases} x_{n+1} = ((ab+1)x_n - by_n) \bmod(N) \\ y_{n+1} = (-ax_n + y_n) \bmod(N) \end{cases} \tag{6-27}$$

通过对这两个公式的运用可以很轻松地实现图像加密解密。

2. Hénon 映射

Hénon 映射又称为厄农映射,是作为洛伦茨模型的庞加莱截面的简化模型提出的,其迭代表达式如下:

$$\begin{cases} x_{n+1} = 1 - ax_n^2 + by_n \\ y_{n+1} = x_n \end{cases} \tag{6-28}$$

当参数 $a=1.4,b=0.3$ 时系统表现为混沌状态,当参数 a,b 的取值为其他值时还会存在许多不同的现象,如阵发性现象、收敛于周期点等。

6.2.4 三维 Chen 混沌系统

这里介绍的 Chen 混沌方程是三维混沌系统,其定义如下:

$$\begin{cases} x_{n+1} = a(y_n - x_n) \\ y_{n+1} = (c-a)x_n - x_n z + c y_n \\ z_{n+1} = x_n y_n - b z_n \end{cases} \tag{6-29}$$

Chen 混沌系统是一个典型的混沌系统,当 $a=35, b=3, c=28$ 时,系统就会进入混沌状态。Chen 混沌系统有复杂的拓扑结构和动力学行为,这个特点使得它在数据加密等领域有着更大的研究价值。

从图 6-3 中我们可以看到 Chen 的空间吸引子呈现一种无序的分布,其 X 相信号,Y 相信号以及 Z 相信号会随着初值的变化而不同。

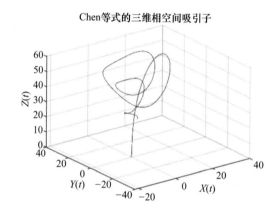

图 6-3 Chen 等式的三维相空间吸引子

6.2.5 超混沌系统

以三维自治混沌系统为基础,构造出超混沌系统的简单而有效方法有两种:一种是通过施加外部正余弦激励信号而实现超混沌,所获得的超混沌系统是非自治系统;另一种是通过引入非线性控制器,通过把非线性控制器的输出反馈到系统的其他方程中而实现超混沌。

产生超混沌系统要满足的两个必要条件:①对于自治系统而言,至少是四维的;②至少有两个正的 lyapunov 指数且所有 lyapunov 指数之和小于零

$$\begin{cases} \dot{x} = a(y-x) \\ \dot{y} = cx - xz + u \\ \dot{z} = -bz + xy \\ \dot{u} = -\mathrm{d}x \end{cases} \tag{6-30}$$

其中,$a=35, b=3, c=35, d=8$ 时系统进入混沌状态。

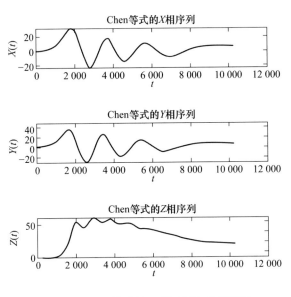

图 6-4　Chen 等式的 X 相、Y 相、Z 相序列

6.2.6　小结

在本节中我们解释了非线性动力学的一些概念由此进而介绍了混沌系统的概念以及对于一维混沌系统、二维混沌系统、三维以及超混沌系统的几个典型系统模型进行介绍。

6.3　混沌用于保密通信

随着网络通信技术和计算机技术的发展,现代社会大量的信息通过公共通信网络进行传输。由于某些传输信息的特殊性,通信双方往往不希望第三方进行非法窃听,造成信息泄露,因此,安全通信已成为网络、计算机通信、微电子学和数学等领域的研究热点。在此背景下,利用混沌信号的伪随机性和遍历性,形成了混沌密码学。混沌信号具有非周期连续宽带和白噪声的特点,因此具有隐蔽性,特别适用于保密通信和扩频通信。特别是随着混沌同步的实验研究,人们开始了混沌同步与控制在保密通信中的研究与应用的新阶段。进入 21 世纪,混沌通信技术面临着新的机遇和挑战。在民用领域,随着科学技术的发展,人们对各种信息的需求越来越大,传统的窄带通信技术越来越不能满足用户的需求,人们开始寻求高容量、高效率的新型通信机制。由于混沌系统对初始条件极为敏感,混沌信号具有理想的伪随机性和相关性,为基于混沌系统的通信技术的发展奠定了坚实的理论基础。

混沌保密通信通过利用设计出的混沌系统所生成的混沌信号作为载波,将所要传输的信号隐藏在混沌信号生成的载波之中,比较与普通的高频单一载波无疑更加难以解析原始信号。又或者通过对符号动力学的分析和利用,将不同的信息序列赋予各不相同或相似的波形然后,通过混沌系统自身所特有的属性或者同步特性对接收到的信号进行解调从而得到所传输的信息。在混沌保密通信中最关键的步骤是混沌同步,而混沌同步则需要接收和发射端双方的混沌序列发生器要具有相同的初始值以及相同的参数从而生成同样的混沌系列,由于混沌系统对初始值的敏感性,即使双方的初始值有微小的误差,也会导致生成的混沌序列大不相同从而导致解析出的信息有存在很大的误差。

6.3.1 密码学理论

密码学的发展历史悠久,早在公元前 400 多年就已经产生,而自从创造出文字以后,就算是古代加密的方式也变得多种多样了起来。密码学的发展具有很悠久的历史,以密码学的发展来划分大概可以分为 3 个时期。第一个时期是简单密码时期,也称为古典密码时期,这个时期的密码形式简单,只要知道加密的方式就可以进行破解;第二个时期是分组密码时期,在这个时间段内,密码学开始被人们广泛研究,进而成为一种科学,也就是在这个时期里,美国确立了最早的加密标准,非对称加密标准(DES标准),使得密码学有了自己的体系;第三个时期则是到现在为止的近代密码学时期,在这个时期最伟大的发现是确立了以对称加密 RSA 为代表的公钥密码体制,这也表明密码学的发展仍然迅速,人们对其仍然有很高的期望。

简单密码学,顾名思义就是很简单的加密解密的方法。举一个简单加密的例子——斯巴达密码棒,这是人类最早使用字母加密的实例。这种加密方式被创建的时期,斯巴达正在和雅典进行战争,斯巴达的一位将军将偶然截获的写满字母的腰带缠绕到自己的宝剑上才意外发现隐藏在其中的信息。其加密的具体原理就是将羊皮纸缠在一种规格的木棍上,在这种状态下写下想要传递的信息,然后将羊皮纸展开,展开后的羊皮纸上只能看到散乱的字母。解密原理也是如此,只需将羊皮纸缠绕在木棍上就可以解读。这就是人类智慧的体现,人类最早的加密方法,后来人们发明的电报也是类似的原理。在我国古代也有以诗、画等形式,将自己想要表达的真实意图藏在诗句或者画卷中的固定位置,一般人只会注意到诗词和画卷而注意不到隐藏的信息。

近代密码学:密码学这门学科的兴起是在 20 世纪 70 年代,由于计算机科学的发展,人们开始尝试使用计算机来进行加密,计算机成为新加密技术的工具,但与此同时,计算机也为破译者提供了很大的便利。计算机的使用给密码学研究者带来了一块充满无限可能性的画布,这极大地激发了密码学研究者的研究热情,从而创造了一系列的密码学研究成果。近代密码学的起源是香农发表的一系列论文。近代密码学研究中最重要的突破就是"数据加密标准"(DES)的出现。这使得密码学的应用场景不再局限于政府使用,普通人也可以借助 DES 来实现对自己隐私的加密。随着 DES 被大众所接纳,DES 也被广泛使用于金融领域。

现代密码学:19 世纪 70 年代,美国密码学家首先提出了"公共密钥密码学"的概念。在这种加密方法中,用于加密的密码称为公钥,而用于解密的密码称为私钥。提出该理论后不久,世界上第一个 RSA 算法于 1977 年在麻省理工学院(Massachusetts Institute of Technology)诞生,之后麻省理工学院又相继提出了诸如椭圆曲线之类的公共密钥密码学,并开始了新的密码学时代。

密码学是研究信息通信中的安全问题的一门学科。密码学中加密的目的是保护一些重要的信息不被第三方截取,从而使所传递的信息隐藏起来。密码学中加密前的信息称为明文,加密后的信息称为密文。而加密的过程就是把明文称为密文,而解密的过程则与之相反,是将密文变为明文。对明文采取一系列的掩盖操作使之变为密文的过程称为加密,同理对密文进行一系列操作使之变为明文的过程称为解密。对称加密是使用同一组密钥进行加密,这就意味着只要攻击者截取到密钥就可以进行破解,这样加密安全性不高。非对称加密通过不同的加密操作对两个密钥进行加密,使得二者不能相互推导。

非对称加密以 RSA 加密为例。①首先甲这边生成一对密钥(公钥和私钥)。②由于是加密乙发给甲的消息,所以将公钥给乙。③乙使用甲给的公钥加密要传输的数据。④甲接收到乙传递的数据,然后用私钥解密。在这个过程中,被人知道的只有公开的公钥,没有私钥的人即使截获了数据也无法进行解读,所以使用这种加密方式可以很大程度上提高数据传输的安全性。

对称加密以 DES 加密为例。①将明文以 64 位为一组进行分组。②将 64 位明文按照一定的规则进行替换。③16 轮加密变换。④将加密后的信息按照一定的规则替换。⑤生成密钥。

RSA 作为公钥数据加密的标准,它的密钥长度与 DES 的密钥长度相比要大得多,这也导致在面对穷举等攻击方法时更不容易被破解。现实中也确实如此,RSA 算法在密钥足够长的时候很难被破解,因为所花费的资源与能得到的收获相比就很小了,RSA 的缺点也正是这过长的密钥长度,使得其加密较为耗时,效率相对于对称加密要低。

现在利用混沌系统进行保密通信的常用方法有四种:混沌掩盖、混沌键控、混沌参数调制和混沌扩频。

混沌掩盖是混沌模拟通信方法,它将信息信号直接叠加到混沌信号中,利用混沌输出的随机性对有用信号进行掩盖。Cuomo k 和 Oppenheium av 利用 Lorenz 系统构造了一个混沌掩盖保密通信系统[4],该系统将两个子系统组合成一个与驱动系统结构相同的完整响应系统,在发射机混沌信号的驱动下,接收机可以复制发送者的所有状态进行同步。在发送端,信息信号与大得多的混沌信号叠加,形成类噪声信号,有用信息被混沌信号完全掩盖,实现加密。在接收端,由响应系统复制所述混沌信号,从所述接收信号中减去所述响应系统产生的混沌信号。

混沌键控、混沌参数调制和混沌扩频是混沌数字通信方法。混沌键控是一种适用于二进制数字通信的混沌通信方法。编写二进制信号编码可以产生不同参数的吸引子。例如,用 1 表示参数 μ_1 下的混沌吸引子 A1;用 0 表示参数 μ_2 下的混沌吸引子 A2。混沌系统在 A1 和 A2 之间切换的行为及系统的响应时间由参数的变化控制。利用二进制信号对发送端的某一参数进行调制,发送混沌驱动信号。在接收端,由于参数调制,会产生同步误差,即驱动信号与接收端产生的混沌信号之间的误差,利用同步误差,可以在接收端检测到调制信号,恢复实际信号。与混沌掩盖方法相比,混沌键控方法具有更好的鲁棒性和抗干扰性,但信息传输速率较低。因此,人们提出了改进的混沌键控数字通信系统,主要包括混沌开关键控(Cook)、差分混沌键控调制方案,如差分混沌键控(DCSK)和频率调制差分混沌键控(FM-DCSK)[6]。

6.3.2 混沌掩盖通信

混沌掩盖,又称混沌遮掩或混沌隐藏,是由 Cuomo 和 Oppenheim 提出的一种混沌保密通信方式,也是最早被提出的一种混沌加密方式。它的基本思想是在发射机上用混沌信号作为载体来隐藏信号或要传输的信息,在接收机上用同步混沌信号来隐藏信息,从而恢复有用的信息。在混沌掩盖技术中,有乘法、加法和乘法三种方法,其实现取决于混沌系统的同步程度。

在混沌掩盖情况下,发射信号的幅值一般较小,以保证混沌信号不偏离原始的混沌轨迹,但这使得信号易受信道噪声的影响,因此对信道噪声敏感,线带宽有限,安全性较低。这在实践中是困难的。该方案仅适用于慢变信号,不能很好地处理快变信号和时变信号。

在发射端由混沌系统产生混沌信号 $x(t)$,通过加入原始数据信号 $m(t)$ 形成混合信号 $u(t)=x(t)+m(t)$。在理想状态下我们可以忽略由于信道畸变和外界干扰接使得信号存在失真的影响,收端用 $u(t)$ 驱动的混沌系统重构混沌信号 $x'(t)$,用 $u(t)$ 减去 $x'(t)$ 解调混沌信号 $m'(t)$。在加密和解密过程中,混合信号 $u(t)$ 驱动接收端的混沌系统,使得重构信号 $x'(t)\neq x(t)$。研究发现,当信息信号 $m(t)$ 的幅值小于混沌信号 $x(t)$ 的幅值时,$u(t)$ 与 $x(t)$ 之间的差别不大,并且由于混沌系统所使用的同步效应的原因,使得 $x'(t)\approx x(t)$。因此 $m'(t)=u(t)-x'(t)\approx m(t)$ 可以从混合信号中恢复信息信号 $m(t)$。

该通信方式相对简单,当以 $u(t)$ 驱动接收端混沌系统时,经过较短的同步过渡时间,发送端和接收端实现基本同步,恢复有用信息,但也存在以下问题:

(1)原始信号只能在混沌载波上"悬浮",当信号幅度稍大时,混合信号会泄露原始信息特性,失去保密功能,因此只能传输较小的能量信号。

(2)易受外界噪音影响,并未考虑噪音或渠道失真所带来的负面影响,在实际信息传递过程中是不可避免的。由于能够传递的信号的能量低,小噪声会损害系统的同步效果,造成很大的错误率。

（3）信息恢复精度低的主要原因在于,在该方案中,混合信号不足以精确地驱动接收侧和发送侧结束同步。

对于以上的缺点,可以在其发送侧的混沌系统中引入对混合信号的驱动,能够实现接收和发射双方混沌系统的更精确同步。改进后的通信方式与原始方案相比有许多优点：由于引入了混沌运动和与加密信息有着复杂关系的混沌运动,发送方和接收方的混沌系统更难预测；因为传输的信息的能量被反馈到传输端,并且完全融合到混沌系统的运动中,它不仅消除了波形重复带来的网络外泄,而且提高了系统对噪音的抵抗力；由于最终同步精度提高,并且在改进程序中接收和发送双方由相同的信号驱动,为了进一步提高混沌系统的机密性还可以将多个混沌系统联合起来,形成多级混沌通信系统。

如今人们提出的基于混沌掩盖的优化方案还有如下几种。

1. 离散耦合驱动的 PCM 编码混沌遮掩(如图 6-5 所示)

根据动力系统的研究,当驱动周期小于一定阈值时,系统的渐近稳定性与连续流时间驱动系统的渐近稳定性相同。离散耦合驱动的 PCM 编码混沌通信系统是一种新的基于连续时间驱动的混沌数字保密通信方案,它保留了混沌载波的类噪声特性,因而能够很好地覆盖信息信号的频谱,由于离散化大大降低了动态特性,从而有效地防止了基于预测方法的攻击。

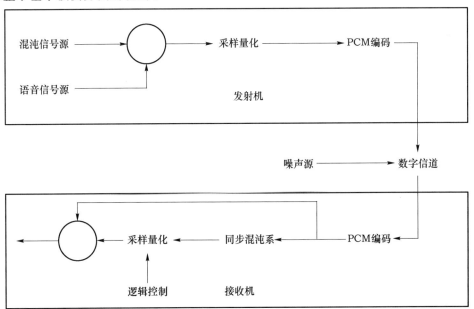

图 6-5 PCM 编码混沌遮掩通信方案

2. 混合混沌信号驱动遮掩技术(如图 6-6 所示)

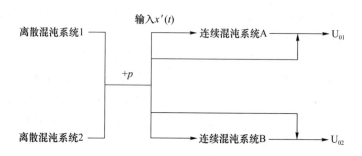

图 6-6 　混合混沌通信遮掩技术方案

将驱动信号 $p(t)$ 按一定比例由两个不同的离散混沌系统混合,然后加到连续系统的输出信号 $X_i(t)$ 中得到 $X'(t)$,$X'(t)$ 作为输入反馈给混沌系统,即 $X'(t)=X_i(t)+p(t)$。通过多个离散和连续的混沌系统使得产生的信号更加无序,从而使输出信号接近于随机噪声而更难辨别。

3. 神经网络同步的混沌遮掩

神经网络本身是非线性的,在一定的参数空间内可以产生混沌特性,并且已经有前人提出混沌神经网络,比如 Hopfield 神经网络(HNN),因此,神经网络可以用来建立混沌模型和同步理论。

其基本思想是:对于两个离散混沌系统 A 和 B,在接收端 B 复制一个 B 的预测神经网络,并利用 B 的复制系统和反馈控制常数对同步神经网络和状态进行修正。每个前馈神经网络连续流混沌系统的外力和延迟反馈控制方法迭代一次,B 迭代两次,因此 A 的迭代时间应该是 B。

4. 无同步的混沌遮掩

有些学者也研究提出过无同步的混沌遮掩方案,基于这样一个事实,任何奇怪吸引子代表了混沌轨道在相空间的基本特征是一个特定形式的微分方程的完整复制,所以如果可以知道非线性函数和它的一个混沌解,那么就可以通过前面提到的思想重新构建出系统的混沌响应,那样无论何时,哪怕发射和接收端不同步导致初始条件不同也可以成立,这样就可以不需同步而建立混沌保密通信。

6.3.3　混沌调制通信

混沌调制,又称宽谱发射,是哈勒等人为解决保密通信中的复杂问题而提出的一种技术。其基本思想是改变原始混沌系统的动态特性,通过向发射机中注入信息信号来调制信息信号。与混沌键控和混沌掩盖相比,混沌信号调制具有以下优点:一是利用混沌信号的整个频谱范围来隐藏信息;二是增加了对参数变化的敏感性,从而提高了系统的安全性。

　　信息信号可以是由二进制信息调制的模拟信号。在混沌控制中,当二进制信息的值发生变化时,两端的初始条件不同,因此总是存在同步延迟,并且两个混沌系统必须处于相同的状态才能获得比混沌键控更高的比特率。随着混沌调制技术的快速发展,将原始信号与混沌信号相结合的直接混沌扩散技术应用于混沌调制技术中。

　　混沌脉冲位置调制是一种混沌调制技术,这种方案使用的是混沌脉冲序列,它是基于混沌脉冲序列的脉冲间距通过非线性函数的混沌特性控制这一原理所实施的。在这种方案中,脉冲序列作为载波使用,二进制信息通过脉冲位置调制的方式被调制到载波,导致每个脉冲在一定时间内保持恒定或延迟,这取决于它是以"0"还是"1"的形式传输。通过与接收机同步混沌脉冲序列,可以估计出"0"和"1"对应的脉冲时间,从而解调出传输信息。

　　图 6-7 示出了一个混沌脉冲位置调制器的原理框图。利用混沌脉冲发生器产生的混沌脉冲信号可表示为:

$$U(t) = \sum_{j=0}^{\infty} W(t - t_j) \tag{6-31}$$

其中,$W(t - t_j)$ 表示在时刻 $t_j = t_0 + \sum_{n=0}^{j} T_n$ 产生式(6-31)所表达的脉冲波形,T_n 是第 $n-1$ 和 n 个脉冲之间的时间间隔,如果我们假设用 T_i 这个表示时间间隔的序列来表示混沌的迭代,那么通过在脉冲间隔 T_n 上加入时间延迟,将原始信息编码成混沌脉冲信号。因此,生成的脉冲序列可以表示为

$$T_n = F(T_{n-1}) + d + mS_n \tag{6-32}$$

其中,$F(T_{n-1})$ 是非线性函数,S_n 是信息信号,因为在实际操作中只考虑二进制数据,因此 S_n 等于 0 或 1。参数 d 是实现调制解调所需的时间延迟常数,m 是调制度。在混沌脉冲发生器的设计中,非线性函数 $F(\ )$、参数 d 和参数 m 的选择应保证映射的混沌性能。

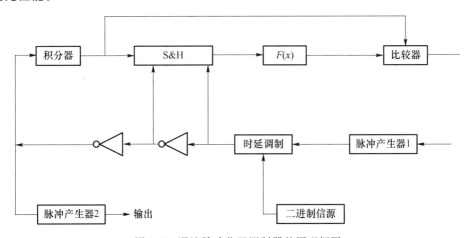

图 6-7　混沌脉冲位置调制器的原理框图

由上面的论述可以得知,通过调制后在信道中传输的是混沌脉冲位调制信号:

$$U(t) = \sum_{j=0}^{\infty} W\left(t - t_0 - \sum_{n=0}^{j} T_n\right) \qquad (6\text{-}33)$$

我们假设脉冲序列中的所有脉冲的持续时间都远比脉冲序列中所有脉冲间隔的最小值还要短。在接收端,通过测量时间间隔 T_{n-1} 和 T_n 来恢复原始信号:

$$S_n = (T_n - F(T_{n-1}) - d)/m \qquad (6\text{-}34)$$

如果接收端的参数 d,m 和非线性函数 $F(\ )$ 任意一个与发射端有差异,则原始数据 S_n 都无法正常恢复出来。

6.3.4 混沌键控通信

混沌键控,又称混沌参数调制,因为它最初是作为一种具有参数调制的混沌开关而提出来的。混沌参数调制是利用混沌系统传输密码最简单的技术。它的基本思想是:根据不同系统参数下的不同吸引子对二进制信息码 $s(t)$ 进行编程,如"1"代表与参数 μ_1 对应的一个吸引子 A1,"0"代表与参数 μ_2 对应的另一个混沌吸引子 A2,混沌系统的行为在 A1 和 A2 之间进行了转换。利用欧氏空间距离可检测重构混沌吸引子与接收混沌吸引子之间的差异,Oppenheim 和 Parlitz 分别用实验验证了这种方法。目前,各种不同的混沌开关技术之间的主要区别在于混沌系统的选择,讨论其是同步开关还是异步开关,是相关检测还是非相关检测。

Parlitz[9]、Dedieu[10] 等人首先提出了混沌键控(CSK)的数字调制。在此基础上,Kennedy M P 和 Kolumban G[11] 提出了改进的混沌键控数字通信方案,包括 COOK(Chaotic on-off Keying)、DCSK(Differential Chaos Keying)、FM-DCSK(Modulation Differential Chaos Keying)和 QCSK[13](Quadrature Chaos Keying)。

1. COOK

COOK 是混沌键控通信中最简单的一种,其基本结构如图 6-8 所示。在图中,$\{b_i\}$ 是一个只有"1"和"−1"的二进制信息信号。当 $b_i = 1$ 时,开关打开;当 $b_i = -1$ 时,开关关闭。在接收端,采用相关算法恢复信息信号。如果输入信号的概率分布相等,且单个符号的平均比特能量为 E_b,则"1"和"−1"元素的能量分别为 $2E_b$ 和 0。显然,比特能量差越大,信号的抗噪性能越好。

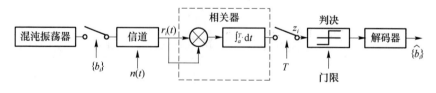

图 6-8 COOK 原理图

2. CSK

CSK 混沌键控调制器原理如图 6-9 所示，$\{b_i\}$ 是只有"1"和"-1"值的二进制序列信息信号，因此，当信号被调制器调制时，通道中的发送信号是一个类噪声的混沌信号，在数学上描述为

$$s_i(t) = \begin{cases} g_1(t), & b_i = 1 \\ g_2(t), & b_i = -1 \end{cases} \tag{6-35}$$

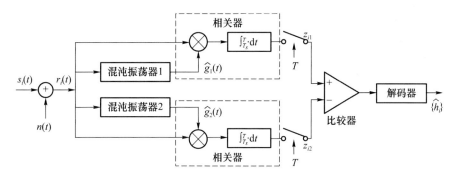

图 6-9 CSK 调制器原理图

在接收端，信息信号可以以相干或非相干的方式恢复。相干解调的框图如图 6-10 所示。相关器的输出是

$$\begin{cases} z_{i1} = \int_{T_s}^{T} r_i(t)\, g_1(t)\mathrm{d}t = \int_{T_s}^{T} [g_i(t)+n(t)]\, g_1(t)\mathrm{d}t = \int_{T_s}^{T} g_i(t)\, g_1(t)\mathrm{d}t + \int_{T_s}^{T} n(t)\, g_1(t)\mathrm{d}t \\ z_{i2} = \int_{T_s}^{T} r_i(t)\, g_2(t)\mathrm{d}t = \int_{T_s}^{T} [g_i(t)+n(t)]\, g_2(t)\mathrm{d}t = \int_{T_s}^{T} g_i(t)\, g_2(t)\mathrm{d}t + \int_{T_s}^{T} n(t)\, g_2(t)\mathrm{d}t \end{cases}$$

$$\tag{6-36}$$

图 6-10 CSK 相干接收原理图

显然，如果 $b_i = 1$，那么 $s_i(t) = g_1(t)$，$r_i(t) = g_1(t) + n(t)$，我们得到了 $Z_{i1} > Z_{i2}$，其中恢复信号 $b_i = 1$。如果 $b_i = -1$，则 $s_i(t) = g_2(t)$，$r_i(t) = g_2(t) + n(t)$，当 $Z_{i1} < Z_{i2}$ 时，恢复信号为 $b_i = -1$。

如果采用非相干解调，解调原理如图 6-11 所示，相关器输出为

$$Z_i = \int_0^T s_i^2(t)\mathrm{d}t = \int_0^T [g_i(t)+n(t)]^2 \mathrm{d}t$$

$$= \int_0^T g_i^2(t)\mathrm{d}t + 2\int_0^T g_i(t)n(t)\mathrm{d}t + \int_0^T n^2(t) + 2\mathrm{d}t \tag{6-37}$$

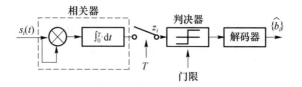

图 6-11 CSK 非相干接收原理图

对于 CSK 非相干解调,接收机不需要恢复混沌载波,检测器主要依靠发射信号的比特能量解调接收信号。显然,最佳阈值的选择与系统的信噪比密切相关,因此阈值漂移是这种基于比特能量的非相干解调的主要缺陷。

3. DCSK

1996 年,Kolumban 提出了 DCSK 方案,解决了 CSK 判决门限取决于信噪比的问题。其基本原理是每个数字码元由两个混沌信号表示,第一部分为"参考信号",第二部分为"有用信号",发送同一信号的两段(相位相同),发送"0",反向发送两段信号。在接收端,计算两个信号的相关特性,并根据正负相关特性恢复信息。如果相关器的输出信号大于1,则判断为"1";如果相关器的输出信号小于1,则判断为"0"。DCSK 调制器的原理如图 6-12 所示。

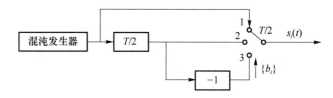

图 6-12 DCSK 调制器原理框图

发送端的传输信号可分别表示为

$$\begin{cases} s_i(t) = \begin{cases} s(t), & t_k \leqslant t \leqslant t_k + T/2 \\ +x(t-T/2), & t_k + T/2 < t \leqslant t_k + T \end{cases} & \text{当 } b_i = 1 \text{ 时} \\ s_i(t) = \begin{cases} s(t), & t_k \leqslant t \leqslant t_k + T/2 \\ -x(t-T/2), & t_k + T/2 < t \leqslant t_k + T \end{cases} & \text{当 } b_i = 0 \text{ 时} \end{cases}$$

由于每个比特被映射到两个连续的长度 $t/2$ 的段,接收机可以利用相关解调恢复信息信号。DCSK 解调器的框图如图 6-13 所示,相关器输出的观测信号可表示为

$$z_i = \int_{T/2}^{T} r_i(t) r_i(t-T/2) dt = \int_{T/2}^{T} [s_i(t) + n(t)][s_i(t-T/2) + n(t-T/2)] dt$$

$$= \int_{T/2}^{T} s_i^2(t) dt + \int_{T/2}^{T} s_i(t)(n(t) + n(t-T/2)) dt + \int_{T/2}^{T} n(t) n(t-T/2) dt \quad (6\text{-}38)$$

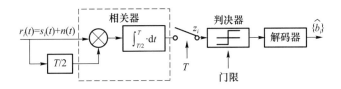

图 6-13　DCSK 解调器原理框图

4. FM-DCSK

1998 年，Kolumban 提出了基于频率调制的 DCSK 方案（FM-DCSK），FM-DCSK 调制器是通过将一个频率调制器加在 DCSK 上生成的。FM-DCSK 调制器的结构如图 6-14 所示。由图可知调制器先使用鉴相器（PD）、压控振荡器（VCO）组成的混沌模拟锁相环（APLL）产生带通混沌信号，然后通过 FM 调制器对信号进行调制。最后根据 DCSK，在 $[0, T/2]$ 上传输参考信号，再经过 $T/2$ 的时延，在 $[T/2, T]$ 上传输同相混沌调频信号（或其反相混沌调频信号）。

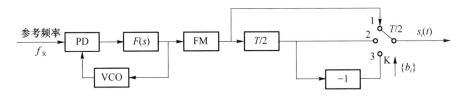

图 6-14　FM-DCSK 调制原理框图

DCSK 和 FM-DCSK 对多径和非理想信道比其他的混沌调制方案拥有更好的鲁棒性。这种调制方式适用于各种对多径干扰敏感的场合，如无线局域网、室内无线通信、移动通信等，它也适用于其他因信道不良而无法同步的场合。

5. QCSK

正交混沌键控（QCSK）是一种与正交相位调制（QPSK）相对应的混沌通信方案，它具有与 DCSK 相同的带宽和误码率，但数据传输速率高于 DCSK。在 QCSK，2 个混沌基函数的线性组合被用来对 4 个符号进行编码。QCSK 可以看作是 2 个 DCSK 系统的组合，QCSK 交换系统复杂度以获得双倍的数据速率。

混沌键控属于混沌数字保密通信，在理想状态下，基函数是可以被严格恢复的，此时相干接收机处理后的信号噪声要小于非相干接收机。混沌键控在选用正交基调制函数时其信号噪声对系统造成的影响和传统的数字调制在相同条件下其信号噪声对系统造成的影响是接近的。但是目前的同步技术并不能等同于理想状态下严格的恢复基函数，因此相干混沌键控通信系统的性能由于基函数的损失是低于传统数字调制的。而且相干混沌基函数的再生比周期基函数的再生更加困难。因此，相干混沌键控通信的噪声性能不如传统数字通信。然而，混沌键控主要被认为是宽带通信，当传播条件恶劣到不可能进行相干检测时,混沌通信在多径环境下的性能更好。在多种混沌键控通信方案中,相比之下,FM-DCSK 和 QCSK 具有更好的性能和应用前景。

6.3.5　混沌扩频通信

扩频频谱通信是一种信息传输方式,简称扩频通信。在这种通信方式中,信号利用的频宽远大于传输信息所需要的最小频谱宽度。通常,根据传输所用带宽与原始信息所用带宽的比值可将通信系统划分为三种类型。

$$\frac{W_S}{W_I} = \begin{cases} 1 \sim 2 \\ 50 \sim 100 \\ > 100 \end{cases} \tag{6-39}$$

其中,W_S 是传输信息所占用的带宽,W_I 是原始信息占用的带宽,这个比值为 1~2 时称为窄带通信,这个比值为 50~100 时称为宽带通信,这个比值大于 100 时称为扩频通信。

扩频通信系统在通信中占有重要地位,其良好的抗干扰能力和码分多址(CDMA)能力受到人们的广泛重视。扩频通信拥有以下几种优点。

(1) 抗干扰能力强是扩频通信技术最基本的特点。由于扩频序列不相关,接收端的干扰信号被展宽到一个较宽的频带,进入信息带宽的干扰功率大大降低,输出信号与噪声之间的功率比增大,即最常用的扩频处理增益增大,因此系统的抗干扰能力增强。

(2) 良好的信息隐藏性和低频谱密度。扩频信号包含信息的程度只和要使用的扩频序列有关,而与原始信号基本没有关联。扩频序列又因为其伪随机的特性使得经过调制后的信号也具有了类似噪声的特性使得信息具有较好的隐蔽性。由于扩频信号扩大了输出信号的频谱带宽,所以在与原始信号输出功率相同时,其频谱密度小于原始信号的频谱密度。

(3) 实现码分多址。扩频通信技术寻址能力强,可以采用码分多址的方式构建多址通信网络。每个接收部分分配一个特定的扩频序列作为地址,发射机使用不同的扩频序列调制发射机,接收机利用扩频序列之间的良好相关性对信号进行解码,从而实现 CDMA 通信的目的。

混沌扩频分为直接序列扩频和跳频扩频。混沌扩频的原理是利用混沌序列作为自相关函数逼近 Delta 函数作为伪随机序列,常用的伪随机序列有 m 序列、Gold 序列和 Bent 函数序列,但这些序列具有一定的周期性、有限的码数和较差的抗截获能力。混沌序列是非周期序列,具有逼近加性高斯白噪声的统计特性,在不同的系统或不同的相位中存在大量的混沌序列,同一混沌序列不可能重复。

通常将扩频通信中使用的混沌序列分为两类,即数字二进制序列和模拟实值混沌序列。一般由模拟电路产生模拟实值混沌序列,这种序列在时间上是连续的,如蔡氏混沌电路模型。但是这种序列不适用于数字信道传输,在实际中由于硬件资源的字长效应,混沌系统产生的序列由无限周期退化为有限周期。然而,大量的研究表明,在双精度大周期条件下,该序列仍然可以被认为是混沌序列。模拟实值序列不适用于数字通信信道的传输,扩频通信系统中的扩频码序列必须是离散的数字序列,首先将其转换为二进制混沌序列,以方便传输和控制。这个过程被称为数字化。获得数字混沌扩频序列的过程如图 6-15 所示。

图 6-15　数字混沌扩频序列的产生过程

6.3.6　混沌用于保密通信的发展历史

自 1992 年以来,混沌保密通信的发展可以分为四个阶段:第一阶段为混沌键控和混沌掩码,这两种方法的安全性低,实用性差;第二阶段为混沌调制,虽然第二代通信技术的安全性能高于第一代,但安全性仍然不高;第三阶段为混沌保密通信技术,通常称为混沌加密技术,该技术结合了密码学和混沌学的优点;基于脉冲同步的混沌通信属于第四代混沌保密通信。混沌同步是前三代系统的共同特点,但由于有用信号和同步信号的带宽基本相同,其主要问题是带宽利用率低。在此基础上,采用脉冲同步的混沌通信技术解决了三阶混沌发射机的带宽同步问题,比以前三代同步信号的带宽有效得多。

可以看出,混沌同步理论仍然是混沌保密通信技术的核心。第一代是基于系统反馈控制理论的混沌同步技术,第二、三代是基于自适应同步的混沌同步技术,前三代的共同点是这两种同步技术都是居于连续时间同步的。第四代是基于离散时间同步的混沌同步技术,它可以归为脉冲同步控制理论。这种技术与连续时间同步的三种方法相比,在不确定参数辨识中拥有更高的安全性和鲁棒性。由于混沌振荡频率低、带宽窄,混沌保密通信仍处于实验阶段。

6.3.7　小结

在本节中我们先是对密码学理论进行了简要的介绍,然后对混沌系统用于保密通信的几种方法(即混沌掩盖技术、混沌调制技术、混沌键控技术、混沌扩频技术)进行了具体介绍,然后将保密通信中混沌的发展划分为四代并进行了介绍。混沌加密相比于普通的密钥加密,其初始值具有高敏感性,这有很高的利用价值,是民用中一个很好的研究方向。

6.4 基于多涡卷的混沌加密机制

6.4.1 双涡卷 Jerk 系统

Jerk 系统是美国科学家 J. C. Sprott 提出的一种混沌系统,它的无纲量方程可以表示为:

$$\begin{cases} \dfrac{\mathrm{d}x}{\mathrm{d}t}=y \\[2mm] \dfrac{\mathrm{d}y}{\mathrm{d}t}=z \\[2mm] \dfrac{\mathrm{d}z}{\mathrm{d}t}=-y-\beta z+F(x) \end{cases} \tag{6-40}$$

当 $F(x)=|x|-1$ 时,式(6-40)可以产生的混沌现象为单涡卷;当 $F(x)=\mathrm{sign}(x)-x$ 时,式(6-40)可以产生的混沌现象为双涡卷,此时它的状态方程可表示为:

$$\begin{cases} \dfrac{\mathrm{d}x}{\mathrm{d}t}=y \\[2mm] \dfrac{\mathrm{d}y}{\mathrm{d}t}=z \\[2mm] \dfrac{\mathrm{d}z}{\mathrm{d}t}=-x-y-\beta z+\mathrm{sign}(x) \end{cases} \tag{6-41}$$

当 $\beta=0.45\sim0.7$ 时,式(6-41)均处于混沌状态,当 $\beta=0.5$ 时,双涡卷 Jerk 混沌系统的相图如图 6-16 所示。

$$\begin{cases} y=0 \\ z=0 \\ x=\mathrm{sign}(x) \end{cases} \tag{6-42}$$

对应的雅克比矩阵为

$$\boldsymbol{J}=\begin{bmatrix} 0 & 1 & 0 \\ 0 & 0 & 1 \\ -1 & -1 & -\beta \end{bmatrix} \tag{6-43}$$

可以求得特征值为

$$\begin{cases} \lambda_1=-0.803\,8 \\ \lambda_{2,3}=0.151\,9\pm\mathrm{j}1.105\,0 \end{cases} \tag{6-44}$$

多涡卷自治混沌系统主要利用非光滑函数或非线性分段函数实现多涡卷混沌或超混沌现象。基于非光滑非线性函数的混沌系统除可以产生多个环形和蝴蝶形吸引子外,还可以产生多个涡卷吸引子。根据多涡卷混沌吸引子所产生的涡卷吸引子的方向数,可将多涡卷混沌吸引子分为单向多涡卷吸引子和多向多涡卷吸引子,多涡卷混沌系统可分为电压运算放大器实现、跨导运算放大器（Operational Transconductance Amplifier,OTA）实现、电流反馈运算放大器（Current-feedback Operational Amplifier,CFOA）实现和金属氧化物半导体（Metal Oxide Semiconductor,MOS）晶体管电路实现等。

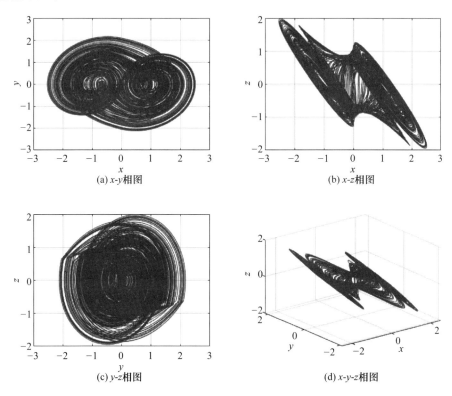

(a) x-y相图　　(b) x-z相图

(c) y-z相图　　(d) x-y-z相图

图 6-16　$\beta=0.5$ 时,双涡卷 Jerk 混沌系统的相图

通过双涡卷系统设计多涡卷系统的流程一般如下。

（1）寻找能产生多涡卷的双涡卷系统。具体而言,多涡卷系统通常都是在双涡卷系统的基础上,通过扩展其指标 2 的鞍焦平衡点而生成的。如我们熟知的双涡卷 Jerk 系统、双涡卷 Chua 系统等都是可以通过扩展指标 2 的鞍焦平衡点得到多涡卷系统。

（2）对双涡卷混沌系统的指标 2 的鞍焦平衡点通过构造合适的非线性函数进行扩展。通过构造不同组合的非线性函数可以构造出不同种类的多涡卷混沌系统。例如,若想要构造单方向分布多涡卷混沌系统,只需要构造一个非线性函数使得指标 2 的鞍焦平衡点在一个方向上（x 方向、y 方向或者 z 方向）进行扩展。两个方向分布平面网格状多涡卷混沌系统则需要构造两个非线性函数对指标 2 的鞍焦平衡点在两个方向上（x 与 y 方向、x 与 z 方向,或 y 与 z 方向等）同时扩展。同理三方向分布立体网格状多涡卷混沌系统由三个非线性函数同时在三个方向（如 x、y、z 方向）上同时扩展指标 2 的鞍焦平衡点。这种在多个方向上通过构造多个非线性函数进行扩展的系统称为多方向分布多维网格状多涡卷混沌系统。显然,单方向分布多涡卷混沌系统是其中最为简单的混沌系统,同时也是设计网格多涡卷混沌系统的前提和基础,而多方向分布多维网格状多涡卷混沌系统的设计与实现的难度可能要大得多。

6.4.2 多涡卷混沌加密原理

支持 40 Gbit/s 或更高数据速率的下一代无源光网络(PON)技术,提出了相干检测[14],相干 PON 可以有效提高信道数据速率和接收器灵敏度。相干 PON 可以大大延长传输距离并增加分光比,以支持更多的接入用户使用超密集波分复用(UDWDM)应用[17,18]。与此同时,正交频分复用(OFDM)因其高灵活性、高频谱效率以及对色散(CD)和偏振模色散(PMD)的鲁棒性,引起了全世界的广泛关注[19-22]。以前,相干光 OFDM 无源光网络(CO-OFDM-PON)已被提出用于接入应用,以增加可用的网络容量和接入距离[23,24]。在 OFDM-PON 的下行传输中,由光线路终端(OLT)发送的信号被拆分到所有光网络单元(ONU)。由于具有广播特性,下游信号很容易被非法窃听者窃听。即使已为 PON 提出了许多高级上层安全方案,但由于加密控制信息仍暴露在物理层中,因此上层安全方案无法提供足够的保护[25,26]。通过蛮力或选择的明文攻击,非法窃听者可以轻松地监视其他 ONU 信息。因此,如何确保合法的 ONU 正常接收信息并同时防止其他非法窃听者可能是 OFDM-PON 中的一个严重问题。

物理层可以被认为是数据通信的透明管道。物理层安全性可以为所有传输数据提供透明加密,这与上层安全性不同。前人已经提出了许多用于物理层加密的方法。在这些技术中,由于其伪随机性、隐蔽性和对初始值的高敏感性,混沌加密是一种比较可行的安全传输方法。在混沌系统中,可以生成大量非周期性的类似噪声的信号,但是确定性的和可再现的信号具有自然的隐蔽性。在此之前,已经提出了时间和频率置换[27]、布朗运动加密[28]、Stokes 矢量混沌置乱[29]、超混沌加密[30]和混沌沃尔什-阿达玛变换[31]等用于物理层安全的混沌加密方案。然而,这些加密方案都是传统的符号固定映射,一旦明文或密文被截获,系统就很容易受到统计分析的攻击。在文献[32]中,提出了 Hyper Chen 混沌加密并实现了 QAM 星座的动态映射。类似于噪声的星座图可以有效地掩盖传输的信息,从而增强 PON 系统的安全性。该加密方案的缺点是它具有相对较高的计算复杂度,因为它涉及许多耗时的 mod 和取整操作。

在以前的工作中,我们通过数值模拟证明了多涡卷混沌加密。在本书中,我们提出了一种针对偏振分复用(PDM)CO-OFDM-PON 的物理层安全性的三维(3D)多涡卷混沌加密方案。我们详细讨论了 3D 多涡卷混沌加密的原理,并在 80 千米标准单模光纤(SSMF)传输系统中对其进行了验证。在我们提出的多涡卷混沌加密方案中,这三个维度分别用于比特流的异或运算以及星座点同相和正交分量的偏移映射。我们分析了混沌序列生成和加密过程的计算复杂性。与 Hyper Chen 混沌加密方案相比，3D 多涡卷混沌加密算法可以实现 QAM 信号的动态星座点映射，且加密和解密的复杂度较低，这对 PON 中成本敏感的 ONU 非常有用。同时，多涡卷混沌加密算法可以降低 OFDM 的峰均功率比(PAPR)，因此可以提高传输性能。与未加密的原始信号传输相比，接收器灵敏度提高了约 2 dB。我们还调查了保密性，发现它对初始安全密钥非常敏感。只有初始值的微小差异小于 10^{-18}，才能正确解密信号。多涡卷加密方案的密钥空间约为 10^{338}，是该超 Hyper Chen 的 10^6 倍。最后，执行数字图片的加密传输以验证所提出方案的有效性。

混沌星座图映射是利用混沌系统进行的一对多映射，这意味着几乎不可能使用统计攻击来找到明文与密文之间的映射关系。图 6-17(a) 显示了具有常规映射的原始 16-QAM 星座图。在通过随机相位加扰掩盖之后，星座图如图 6-17(b) 所示。为了进一步提高加密级别，混沌系统可以对幅度和相位信息进行加扰。混沌参数的动态映射可以表示为以下等式：

$$C = (\mathrm{Re}[P] \pm I) + j(\mathrm{Im}[P] \pm Q) \tag{6-45}$$

其中，P 是 16-QAM 星座点的原始复数值，C 是经过混沌参数映射后的加密星座点。I 和 Q 是由同相和正交混沌系统生成的两个独立的混沌序列。在通过混沌序列加扰之后，星座图如图 6-17(c) 所示。我们可以看到原始信息有效地隐藏在嘈杂的混沌星座图中。Hyper Chen 混沌是一种获取混沌序列的方法。但是，Hyper Chen 混沌中的混沌参数(y 和 z)的范围是 0 到 30，不能直接用于加密计算。因此，在 Hyper Chen 混沌系统中，在生成混沌参数 y 和 z 之后，执行 $I = \mathrm{mod}(y, \mathrm{floor}(y-1))$ 和 $Q = \mathrm{mod}(z, \mathrm{floor}(z-1))$。发送器需要额外的 mod 和 floor 计算操作。相应地，在接收机处需要附加的 mod 和 floor 操作。与简单的加、减和符号运算相比，mod 和 floor 运算需要更多的计算资源。因此，它不适用于高速访问网络，尤其是在需要实时操作的经济高效的 ONU 中。

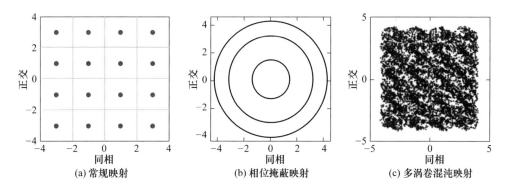

(a) 常规映射　　(b) 相位掩蔽映射　　(c) 多涡卷混沌映射

图 6-17　采用常规映射、相位掩蔽映射、多涡卷混沌映射的星座图

在本书中，我们提出了用于 OFDM 的多涡卷混沌加密。多涡卷混沌系统可以表

示为：

$$
\begin{cases}
\dfrac{\mathrm{d}x}{\mathrm{d}t}=ky-\mathrm{sign}(y) \\[2mm]
\dfrac{\mathrm{d}y}{\mathrm{d}t}=kz \\[2mm]
\dfrac{\mathrm{d}z}{\mathrm{d}t}=-0.6k(x+y+z+\mathrm{sign}(x)-\mathrm{sign}(y))
\end{cases}
\tag{6-46}
$$

其中，k 是一个实常数，用于调整 x 和 y 的范围。

多涡卷 Jerk 混沌系统的相图如图 6-18 所示。我们可以看到，生成的混沌序列 x 和 y 范围从 -1 到 1，z 范围从 -0.5 到 0.5。由于多涡卷的幅度限制特性，混沌参数可以直接用于加密计算，而无须其他计算操作。所以在式(6-45)中，$I=x,Q=y$。省略的计算操作可以有效地降低发射机和接收机的计算复杂度。而且，多涡卷混乱系统对初始安全密钥极为敏感，微小的更改将导致完全不同的一对多映射。因此，与其他加密方案相比，多涡卷混乱具有更大的密钥空间和更高的加密级别。

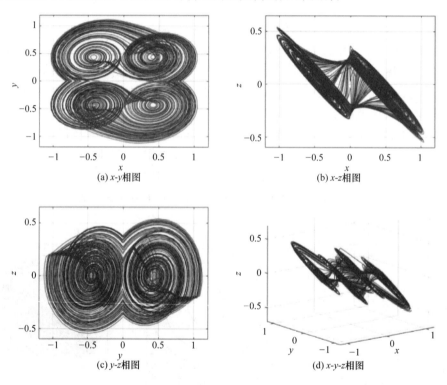

图 6-18　多涡卷 Jerk 混沌系统的相图

图 6-19 显示了多涡卷混沌加密的示意图。首先，将 z 用作 XOR 操作，然后将两个维度(x,y)用作频域混沌星座图，初始密钥用于根据等式(6-46)生成多涡卷混沌序列。原始发送的 PRBS 序列首先正在执行混沌 XOR 操作。经过串行到并行(S/P)转

换后,数据被映射到 QAM 星座,如 16-QAM 或 64-QAM。然后根据等式(6-45)进行多重同相和正交移位加密。在多涡卷混沌加密之后,通过快速傅里叶逆变换(IFFT)将加密的数据转换到复杂的时域。在发送信号之前添加循环前缀(CP)。

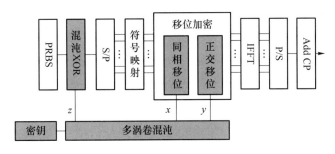

图 6-19　多涡卷混沌加密原理图

6.4.3　CO-OFDM-PON 的多涡卷混沌加密方案验证

为了验证所提出的加密方案的可行性,在 CO-OFDM-PON 中进行了概念验证实验,如图 6-20 所示。在光线路终端(OLT),使用了一个中心波长为 1 550.488 nm 的激光器作为光学载体。在我们的演示中,发射机没有使用光放大器,因此我们将激光器的光功率提高到 15 dBm。初始密钥用于生成混沌序列,然后执行加密操作。MZM IQ 调制器由运行速度为 10 GSa/s 的泰克任意波形发生器(AWG)驱动,以生成加密的 16QAM-OFDM 信号。PDM 由 PDM 仿真器仿真,在 PDM 的输出处,生成数据速率为 80 Gbit/s 的 16QAM-OFDM 信号。MZM 调制器和 PDM 仿真器的插入损耗分别为 5 dB 和 3 dB。在 80 km 标准单模光纤(SSMF)传输之后,加密的 OFDM 信号被拆分为两个光网络单元(ONU)。从激光输出到接收器输入的总链路损耗约为 27 dB。可以在发射器的输出端添加一个光放大器,以补偿链路损耗。光学放大器还可以降低激光器的功率需求。在每个 ONU,信号被发送到集成的相干光接收器(U2 T CPRV1220A),然后干扰本地振荡器(LO)。进行均衡检测后,通过实时数字存储示波器(Tektronix DPO72004B)以 50 GSa/s 的速度对电信号进行采样。然后执行离线 OFDM 解码器和解密。正确和错误的密钥用于 ONU 的信号解密。

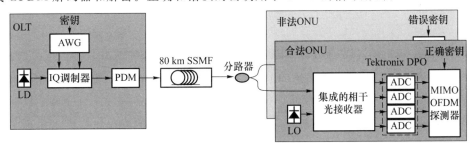

图 6-20　多涡卷混沌加密的 CO-OFDM-PON 的实验装置

PDM-OFDM 的加密和解密过程分别如图 6-21(a)和 21(b)所示 我们在以前的工作中采用了类似的方案[33]来生成基带 PDM-OFDM 信号。在多涡卷混沌加密中,首先使用密钥来生成混沌序列,然后执行位流的 XOR 操作。经过 S/P 转换后,数据将映射到 16-QAM 星座图。然后在频域中进行多重同相和正交移位加密。加密的 16-QAM信号分为 200 个 OFDM 符号的块。在每个 OFDM 符号中,用于数据传输和保护频带的子载波的数量分别为 240 和 10。然后执行 256 点逆 DFT(IDFT),并将子载波转换为复时域信号。长度为 10 个子载波的循环前缀(CP)和循环后缀(CS)插入到时域信号中。为简单起见,使用相同的密钥生成 x 极化和 y 极化信号。在发送信号之前,将包括用于同步的 2 个 Chu 序列和用于信道估计的 4 个 Chu 序列的前同步码添加到该块。在 ONU,信号被转换到频域以进行信道均衡。离线 DSP 包括基于 Chu 序列的符号同步、频率同步,基于符号内频域平均(ISFA)算法的信道估计以及基于导频的相位恢复。然后执行相应的解密和解映射。

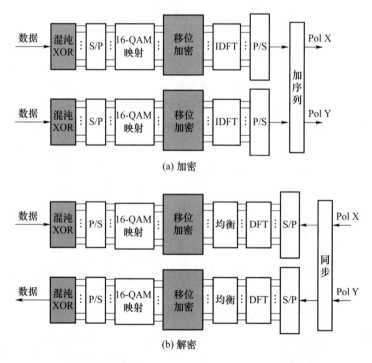

图 6-21   基于多涡卷混沌的 PDM-OFDM 的加密和解密

为了方便比较,还实现了传统的 Hyper Chen 混沌加密方案。我们首先比较了所提出的多涡卷和 Hyper Chen 混沌加密的计算复杂度。如表 6-1 所示,计算了混沌序列的生成和映射操作。从结果可以看出,多涡卷的加法和乘法操作较少。更重要的是,多涡卷中没有复杂的 round 和 mod 操作。因此,在计算方面,多涡卷混沌加密更适合于高速实时访问系统。

表 6-1 加密复杂度比较

计算操作	Hyper Chen[13]	多涡卷
add	7	5
multiply	6	3
sign	0	3
round	2	0
mod	2	0

图 6-22(a)显示了光纤传输后原始 OFDM 信号的光谱。图 6-22(b)和(c)分别示出了由 Hyper Chen 和多涡卷加密的 OFDM 信号。我们可以看到,光谱几乎不受加密算法的影响,也看不到可见的差异。

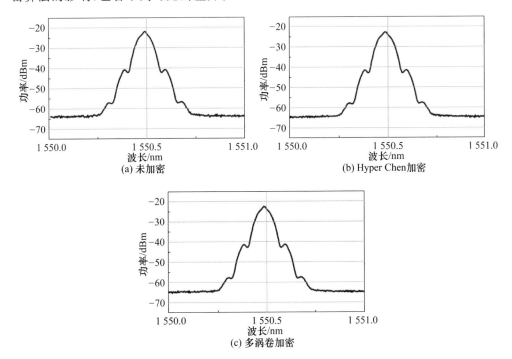

图 6-22 OFDM 信号的光学光谱

图 6-23(a)显示了在 80 km SSMF 传输后 BER 与 ONU 接收功率的关系,还测量了光背对背(BTB)传输。从结果可以看出,与 Hyper Chen 加密相比,所提出的多涡卷加密在 BTB 情况和 80 km SSMF 传输中均具有更好的性能。与 BTB 传输相比,在 10^{-3} 的 BER 下,多涡卷加密的功率损失小于 2 dB。在 80 km SSMF 传输之后,未经加密的原始 OFDM 信号的接收光功率在 10^{-3} 的 BER 下约为 -15 dBm,而对多涡卷加

密信号则为—17 dBm。多涡卷加密操作使接收灵敏度提高了约 2 dB。由于系统参数不同,实验演示中的接收机灵敏度与文献[34]中的仿真结果不同。图 6-23(b)显示了具有 Hyper Chen 和多涡卷加密的 PAPR 的互补累积分布函数(CCDF)曲线。我们可以看到,多涡卷加密可以降低 OFDM 的 PAPR,从而提高 BER 性能。

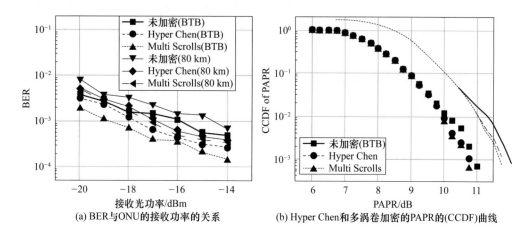

(a) BER与ONU的接收功率的关系 (b) Hyper Chen和多涡卷加密的PAPR的(CCDF)曲线

图 6-23　系统 BER 及 PAPR 曲线

　　然后,我们研究所提出的加密方案的保密性,如图 6-24(a)所示。输入到 ONU 的接收光功率从—20 dBm 调整到—14dBm。我们可以看到,即使已知了三个初始密钥值(x_0,y_0,z_0)中的两个,非法窃听者也无法在各种接收光功率水平下解密 OFDM 信号,并且 BER 等于 0.5。为了测量对所提出方案的初始密钥的敏感性,我们在 OLT 处稍微改变混沌序列的初始值,同时在 ONU 保持原始初始密钥。我们将接收到的光功率固定在—16 dBm。当 ONU 具有完全准确的密钥时,加密的 OFDM 信号可以被正常解密,如图 6-24(b)所示。但是,一旦其中一个初始值具有很小的偏移量,就无法正常解密加密的 OFDM 信号,从而得到类似噪声的星座点分布。在 Hyper Chen 加密方案中,只有当初始密钥的微小差异小于 10^{-16} 时,非法窃听者才能恢复原始信号。我们提出的基于多涡卷的加密方案需要更严格的微小差异。只有初始值的微小差异小于 10^{-18},才能正确解密信号。考虑到 3D 特性,多涡卷加密方案的密钥空间是 Hyper Chen 的 10^6 倍。

　　图 6-25 显示了具有不同初始值 x_0 的序列生成,而 y_0 和 z_0 相同。实心三角线 $x_0 = 0.000\,543\,843\,2$,实心圆点线 $x_0 = 0.000\,543\,843\,2 + 10^{-17}$。我们可以看到该方案对初始安全密钥非常敏感,经过几次迭代后,两个初始安全密钥将生成不同的加密序列。混沌系统的灵敏度与初始密钥无关。因此,如果窃听者不知道准确的初始安全密钥,则无法正确解密信号。

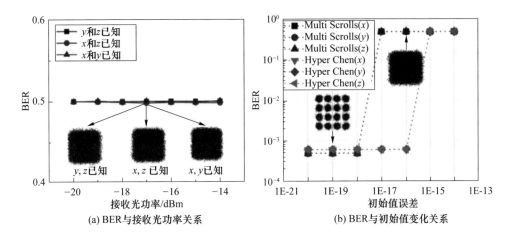

图 6-24　初始密钥的敏感性

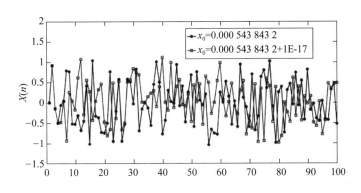

图 6-25　具有不同初始值 x_0 的序列生成

（实心点线 $x_0 = 0.000\ 543\ 843\ 2$；空心圈线 $x_0 = 0.000\ 543\ 843\ 2 + 10^{-17}$）

然后,我们分析加密方案的密钥空间。在我们的实验设置中,每个 OFDM 符号都有 256 个子载波,每个子载波包含 4 位。因此,每个 OFDM 符号包含 1024 位。在 XOR 操作中,密钥空间为 $2^{1\ 024}$。在我们的方案中,如果初始值的差异大于 10^{-18},则将导致解密失败。这里,我们选择 10^{-10} 进行密钥空间评估,因为它比 10^{-18} 大得多,同时有足够的冗余。因此,移位加密操作的密钥空间为 $(10^{10})^3 = 10^{30}$。所提出的加密方案的总密钥空间为 $2^{1\ 024} \times 10^{30} \approx 10^{338}$。蛮力攻击在多涡卷混沌加密中不起作用。在实际应用中,可以为每个 ONU 分配独立的初始密钥,并且有足够的秘密密钥可供分配。所提出的方案具有良好的可扩展性。采用更高阶的调制格式(如 64-QAM,128-QAM)和长 FFT 可以进一步增加密钥空间。

最后,演示了数字图片的加密传输,以验证所提出的加密算法的有效性。我们为实验平台拍照,并将其转换为黑白图片。图 6-26(a)显示了原始图片及其直方图。图

6-26(b)和(c)分别示出了在非法 ONU 和合法 ONU 处接收到的图像。当我们使用错误的密钥解密信号时,解码后的图像将是一个杂乱的黑白灰色点。图片的直方图几乎是平坦的,几乎没有获得用于暴力攻击的任何统计信息。只有获得了正确的密钥,我们才能成功还原原始图像。传输结果定性地验证了所提算法的有效性。

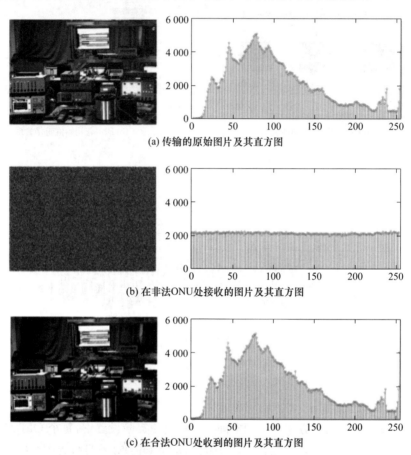

(a) 传输的原始图片及其直方图

(b) 在非法ONU处接收的图片及其直方图

(c) 在合法ONU处收到的图片及其直方图

图 6-26　加密算法的有效性验证

6.4.4　CO-OFDM 的多涡卷混沌加密方案验证

图 6-27 显示了 VPI Transmission Maker 仿真装置的示意图,该装置用于评估建议的加密方案的性能。演示了具有 16QAM 映射的 10 GSa/s CO-OFDM 传输系统。多涡卷混沌加密和解密操作在 Matlab 中执行。在发送器上,对序列执行位 XOR 操作。然后将序列映射到 16QAM。通过多涡卷的 x 和 y 混沌序列对映射的 16QAM 信号进行混沌映射,然后将其分组为具有 200 个 OFDM 符号的块。OFDM 的 FFT 大小为 256,其中 16 个用作导频来估计相位噪声。应用长度为 32 的循环前缀(CP)。发射

激光器的线宽与本地振荡器激光器的线宽相同,线宽为 100 kHz。光纤链路包括 80 km 标准单模光纤(SSMF)和掺铒光纤放大器(EDFA)。在接收器处,接收到的信号与本地振荡器(LO)进入 90°混合状态,然后相互干扰,然后被两个平衡光电二极管(BPD)检测到。为 OFDM 解码器实现了频域均衡和相位噪声估计。相应地,接收器执行6.4.2小节中所述的解密。

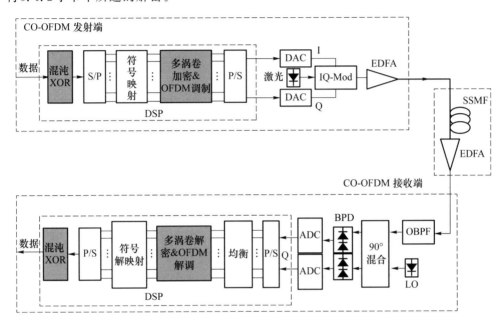

图 6-27 仿真装置

为了更好地进行比较,表 6-2 中演示了提出的多涡卷混沌加密和 Hyper Chen 的计算操作。从表 6-2 我们可以看到,在我们的方案中混沌迭代和加密操作大大减少了。然后我们进行传输性能验证。初始密钥 $\{x,y,z\}$ 设置为 $\{-0.1, 0.05, 0.1\}$。如果合法接收者具有正确的密钥,则可以正确地解密加密的 OFDM 信号。但是与初始值 (x_0, y_0, z_0) 之一的微小差异 (10^{-17}) 将导致错误的解密。图 6-28 的插图显示了使用多涡卷混沌加密的解密星座图。一个非法窃听者,其初始值在 x_0 或 y_0 处略有差异,例如 $\{-0.1+10^{-17}、0.05、0.1\}$ 或 $\{-0.1, 0.05+10^{-17}, 0.1\}$,不能解密 OFDM 信号(BER=0.5)。与 Hyper Chen 方案(微小差异为 10^{-16})相比,所提出的加密方法对初始值更敏感(微小差异为 10^{-17})。因此,我们提出的方案具有更大的密钥空间。三通道混沌信号的密钥空间是 Hyper Chen 中的 1 000 倍。图 6-29 显示了 80 km SSMF 传输后系统的 BER 性能与接收光功率的关系。我们可以看到,与 Hyper Chen 方案相比,由于省略了 round 和 mod 运算,因此该方案的传输性能略胜一筹。此外,为了确认所提方案的有效性,我们验证了窃听部分密钥时的情况,如图 6-30 所示。我们可以看到,即使窃听了两个混沌序列,传输信息仍然无法正确解码。只有完全获取了密钥而没有任何小错误,才可以进行正常解码。

表 6-2　加密复杂度比较

计算操作	Hyper Chen[13]	多涡卷
add	7	5
multiply	6	3
sign	0	3
round	2	0
mod	2	0

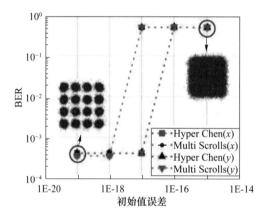

图 6-28　BER 与初始值误差关系

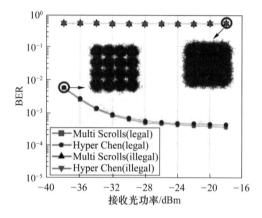

图 6-29　BER 与接收光功率关系

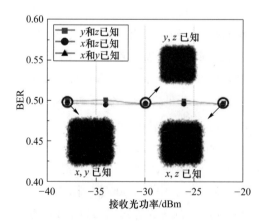

图 6-30　非法窃听者窃听部分密钥时

最后,我们分析了基于混沌的多涡卷星座图的密钥空间。在我们的设置中,OFDM 的子载波数量为 $N=256$,每个子载波具有 4 位(16QAM)。因此,混沌 XOR 的密钥空间为 $24N=2^{1024}$。我们假设初始值的 $10^{-8}(\gg 10^{-17})$ 差异将导致解密失败。因此,初始值的附加键空间至少为 $(10^8)^3=1024$。建议的加密系统的总密钥空间至少为 $2^{1024} \times 10^{32} \approx 10^{324}$。暴力破解在这么大的密钥空间中不起作用。

6.4.5　OFDM-PON 的多涡卷混沌加密方案验证

使用多涡卷混沌加密方法的 OFDM-PON 系统示意图如图 6-19 所示。首先,将 z 用作 XOR 操作,然后将两个维度 (x,y) 用作频域混沌星座图。多涡卷 Jerk 混沌系统的示意图如图 6-31 所示。当 $k=2.1$ 时,我们可以看到 (x,y) 在 $[-1,1]$ 范围内的相位平面中随机分布。由于多涡卷具有独立的极限振幅特性,因此仅需要分配操作。因此,我们设置 $I=x$ 和 $Q=y$。加密计算复杂度大大降低。此外,对初始值的极高敏感性使得多涡卷混沌在许多混沌系统中都非常突出。在混沌中,李雅普诺夫指数(LE)用于测量混沌的敏感性。LE 越大,混沌越敏感。Hyper Chen 混沌和多涡卷混沌的 LE 分别为 1.29 和 2.10。因此,多涡卷混沌比 Hyper Chen 混沌更为敏感。因此,微小的变化将导致完全不同的一对多映射。然后,我们执行 IFFT、P/S 转换和 CP 插入以形成要发送的 OFDM 信号。

图 6-31(a)显示了基于 OFDM-PON 传输系统的 25 GSa/s IM/DD 的实验设置。发射机侧 DSP 和加密过程如图 6-31(b)所示。首先,对数据位流和混沌序列产生的位流进行异或运算。然后,将映射的 16 QAM 符号构成为 OFDM 符号。每个 OFDM 符号包含 256 个子载波,其中 4 个用作导频。每个 OFDM 符号插入一个循环前缀和后缀长度 16。然后,进行了所提出的多涡卷混沌加密。随后,OFDM 信号在数字域上转换为 5 GHz 射频载波。OFDM 信号序列以 25 GSa/s 的采样率发送到任意波形发生器(AWG70002A),用于数模转换器(DAC)转换。外腔激光器(ECL)产生中心波长为 1550 nm 的 C 波段光学载波。然后,输出激光通过 Mach-Zehnder 调制器通过 OFDM 信号进行调制。传输通道包括 20 km 标准单模光纤(SSMF)。光衰减器(ATT)用于调整 ONU 的接收功率。

在接收器处,接收到的信号由一个光电二极管(PD)检测,并由 Tektronix DPO72004B 以 50 GSa/s 的速率采样。随后在数字域中进行 RF 下变频。Rx 离线 DSP 包括基于 CHU 序列的符号同步、频率同步[34],基于符号内频域平均(ISFA)算法的信道估计[35]和基于导频的相位恢复[36]。接收器按照前面的描述执行相应的解密。所有解码器 DSP 和解密详细信息如图 6-31(c)所示。

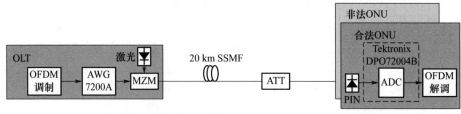

(a) 多涡卷加密的DD-OFDM系统装置

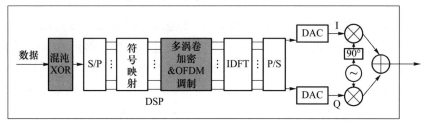

(b) 发射端的DSP和加密

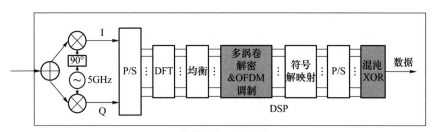

(c) 接收端的DSP和解密

图 6-31

　　为了更直观地进行比较,表 6-3 和表 6-4 演示了建议的多涡卷混沌加密和 Hyper Chen 混沌加密的计算操作。无论是从混沌序列生成(表 6-3)角度看,还是从星座图移位(表 6-4)角度看,我们都可以看到,所提出的加密方案的复杂度低于 Hyper Chen。考虑到这两个加密阶段,我们的方法中有 13 个算子,而 Hyper Chen 方案中有 19 个算子,加密运算的计算复杂度总共降低了 34%。混沌序列可以预先存储在硬件中。如果我们不更改密钥,则无须重新生成混沌序列。因此,表 6-4 中描述的降低复杂度比表 6-3 更为重要。在星座偏移阶段,我们提出的方法将计算复杂度降低了 75.0%。由于降低了计算复杂度,我们提出的方法将更易于在实时收发器系统中实现。

表 6-3　混沌序列生成的复杂性分析

计算操作	Hyper Chen[16]	多涡卷
add	5	5
multiply	6	3
sign	0	3

表 6-4　星座图移位的复杂性分析

计算操作	Hyper Chen[16]	多涡卷
add	4	2
round	2	0
mod	2	0

我们使用横河 AQ6370C 收集 OLT 和 ONU 的光谱。未加密的普通 OFDM 信号的光谱如图 6-32(a)所示。图 6-32(b)和(c)示出了通过所提出的方法用不同的密钥加密的 OFDM 信号。未加密的 OFDM 信号的光谱与多涡卷混沌加密的 OFDM 信号的光谱没有显著差异。同时,用不同密钥加密的光谱几乎无法区分。图 6-32(d)是在 ONU 处的多涡卷混沌加密信号的光谱。

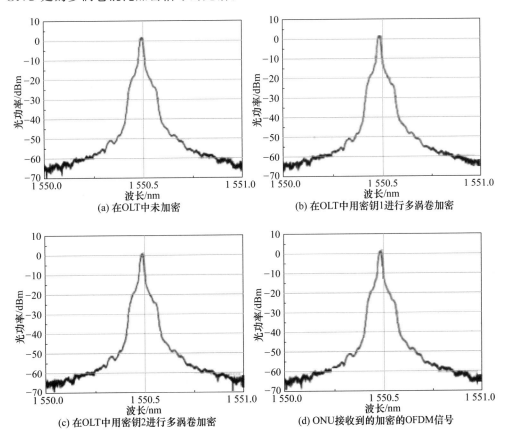

图 6-32　OFDM 信号的光谱

我们的实验设置演示了由 Hyper Chen 和多涡卷加密的 OFDM 信号,还测量了没有加密的正常 OFDM 信号以进行比较。从比较结果可以看出,加密可以提高传输性能。与普通 OFDM 相比,在 20 km SSMF 的情况下,多涡卷加密操作可将接收灵敏

度提高1 dB。这是由于星座图干扰引起的 PAPR 略有下降。图 6-33(b)显示了在加密
方案和正常方案情况下 PAPR 的互补累积分布函数(CCDF)曲线。

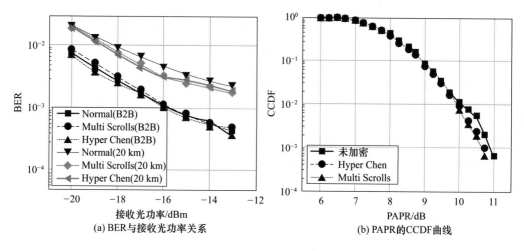

(a) BER与接收光功率关系 (b) PAPR的CCDF曲线

图 6-33　加密对传输性能的影响

在实验中,我们考虑了有限字长对混沌系统初始值灵敏度和迭代精度的影响。我
们将有效数字设置为 20。初始密钥$\{x_0,y_0,z_0\}$设置为$\{-0.1,0.05,0.1\}$。只有当合
法的 ONU 具有完全准确的密钥时,才能正常恢复加密的 OFDM 信号。与初始值$\{x_0,$
$y_0,z_0\}$之一的微小偏移(10^{-17})将导致解密失败。例如,非法窃听者的初始值在 x_0 或 y_0
处有微小差异,如$\{-0.1+10^{-17},0.05,0.1\}$或$\{-0.1,0.05+10^{-17},0.1\}$,将无法解密
OFDM 信号(BER=0.5)。如图 6-34 所示,无法正确解密的信号星座点作为噪声分布在
星座平面上。在 Hyper Chen 加密方案中,仅当密钥的微小差异小于 10^{-15} 时,才能正确
解密信号。因此,我们提出的多涡卷加密方案要求更严格的微小差异。与 Hyper Chen 相
比,该方法对密钥的准确性更为敏感。混沌系统越敏感,密钥空间越大。由于密钥包含三
个序列,因此我们方案的密钥空间至少是 Hyper Chen 的密钥空间的 10^6 倍。

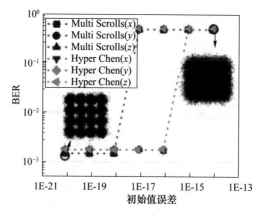

图 6-34　BER 与初始值误差关系

为了验证该方案的鲁棒性,我们考虑了窃听者已经知道密钥中有两个数字的极端情况。如图 6-35 所示,即使揭示任何两个初始值,OFDM 信号仍然不能正常解密。这是由于混沌系统初始值的敏感性。如果 $\{x_0, y_0, z_0\}$ 的初始值中的任何一个受到干扰,例如 $\{x_0 + 10^{-17}, y_0, z_0\}$,则所有三个混沌序列都将与无扰动的序列不同。因此,只有当完全获得密钥而几乎没有小错误时,才能实现正常解密。

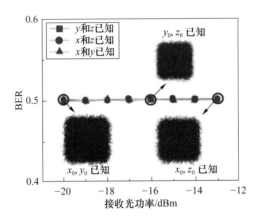

图 6-35　BER 与接收光功率关系

k 值是多涡卷混沌的重要参数。如前面所述,k 值可以控制星座点的扩散程度。它不仅影响传输性能,而且进一步改善了加密系统的密钥空间。图 6-36 显示了 BER 与多涡卷混沌系统的 k 值之间的关系。实验结果表明,当 k 值在 1.2 和 2.8 之间时,加密的传输 BER 性能稳定在 1×10^{-3}。当 $k > 2.8$ 时,星座点的幅度太大,这将导致性能快速下降。

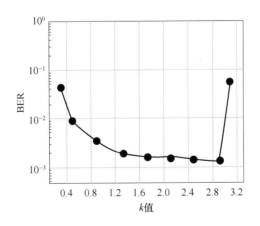

图 6-36　BER 与多涡卷混沌系统的 k 值关系

我们在数字图像处理中传输经典图像"Lena",以验证建议的加密算法。图 6-37(a)

显示了原始图片。图 6-37(b)和(c)分别示出了在非法 ONU 和常规 ONU 处接收到的图像。图 6-37(d)(e)和(f)分别是它们的直方图。当我们使用错误的密钥解密 OFDM 信号时,解码后的图像将是一个杂乱的黑白灰点。图片的直方图几乎是平坦的,几乎没有任何统计信息可以破坏有用的信息。只有使用密钥而没有任何微小错误,我们才能成功还原源" Lena"图像。

(a) "Lena"的原始图片   (b) 非法ONU接收到的" Lena"   (c) 常规ONU接收到的" Lena"

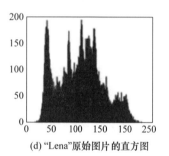

(d) "Lena"原始图片的直方图   (e) 非法ONU接收到的" Lena"的直方图   (f) 常规ONU接收到的" Lena"的直方图

图 6-37   "Lena"加解密及其直方图

最后,估计了所提出的加密算法的密钥空间。由于混沌系统的不可预测性,我们只能估计密钥空间的顺序。在我们的光学 16QAM-OFDM 系统中,子载波的数量为 256,每个子载波包含 4 位,因此每个 OFDM 符号包含 1 024 位。因此,在混乱的 XOR 阶段,密钥空间达到 2^{1024}。我们假设初始值的 10^{-8}($\gg 10^{-17}$)差异将导致解密失败。因此,在混沌星座图扰动阶段,密钥空间增加 $(10^8)^3 = 10^{24}$ 倍。此处的密钥空间估计尚未考虑 k 值的变化。总之,通过估计,基于 OFDM-PON 加密的多涡卷的总密钥空间至少为 10^{332}。这种大小的密钥空间足够大,足以抵御传统计算机组的分布式暴力攻击。

6.4.6   小结

在本节中,先是对双涡卷和多涡卷系统进行了介绍,并解释了多涡卷系统的加密原理,然后就 CO-OFDM-PON 的物理层、CO-OFDM 的物理层、OFDM-PON 的物理层提出了多涡卷混沌加密方案。

CO-OFDM-PON 多涡卷混沌加密与 Hyper Chen 加密相比,具有较低的加密复杂度和较大的密钥空间。多涡卷加密 CO-OFDM-PON 系统的密钥空间达到 10^{338} 的数量级。本节还演示了数字图片的加密传输。实验结果表明,该方案是一种很有前途的 CO-OFDM-PON 物理层加密方法。

CO-OFDM 多涡卷混沌加密由于具有独立的极限幅度和极高的初始值灵敏度,因而具有较低的加密复杂度、较大的密钥空间和出色的传输性能。

OFDM-PON 多涡卷混沌加密与 Hyper Chen 加密相比,加密操作的复杂度降低了 34%,从而减轻了 ONU 的操作负担。同时,所提方案对密钥初始值的敏感度达到 10^{-18} 的数量级。多涡卷加密 OFDM-PON 系统的密钥空间达到 10^{332} 的数量级。本节还传输了经典图像"Lena"以验证所提出的方案的可行性。实验结果表明,该方案在提升 OFDM-PON 的物理层安全性方面具有广阔的应用前景。

6.5　基于多翅膀的混沌加密机制

离散多音脉冲幅度调制(PAM-DMT)已被广泛研究,由于其无直流偏置的高功率效率,被认为是无源光网络(PON)的有前途的候选者[37,38]。然而,在 PON 的下游传输中,由光线路终端(OLT)发送的信号被广播到所有光网络单元(ONU)。由于 PON 的广播特性,可以很容易地窃听下行信号。随着光接入网络的迅猛发展,如何消除非法用户的破解已成为热门话题。

尽管诸如高级加密标准(AES)[44]之类的高层加密算法已被广泛使用,但它仍不能满足信息传输安全性的要求,尤其是在物理层。混沌系统对初始值敏感,易隐藏并且易于在硬件中计算,因此已成为加密的合适候选方案。前文讨论了许多混沌加密方法[36-38]。Muhammad Asif Khan 针对 IEEE 802 设计了基于混沌逻辑映射的子载波加扰方法。张博士提出了基于二维逻辑混沌的 QAM 符号的相位加密。陈博士提出了混沌 ZCMT 预编码矩阵。它不仅可以加密 OFDM 数据,而且可以降低峰均功率比(PAPR)。Luengo. D 基于与混沌映射相关的符号序列和向后迭代,提出了一种新颖的分段线性(PWL)映射混沌调制方案。但是针对 PAM4-DMT 系统提出的安全方案很少,特别是考虑到 PAM-4 信号的一维特性。

我们提出了一种基于多翅膀混沌的 PAM4-DMT 信号加密方案。应用三维(3D)多翅膀混乱来增强物理层传输的安全性。一维(x)用作 XOR 运算,一维(y)用作 PAM-4 信号幅度的混淆,一维(z)用作 DMT 子载波加扰。

6.5.1　双翅膀混沌系统

双翅膀 S-M 混沌系统的无量纲状态方程为:

$$\begin{cases} \dot{x}=y \\ \dot{y}=(1-z)x-ay \\ \dot{z}=x^2-bz \end{cases} \quad (6\text{-}47)$$

当 $a=0.75, b=0.45$ 时系统处于混沌状态。双翅膀 S-M 混沌系统的不同视图如图 6-38 所示。

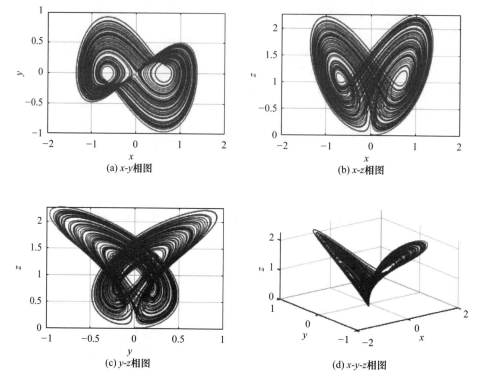

图 6-38　双翅膀混沌系统的不同视图

目前,大多数多翅膀自治混沌系统是由光滑和非光滑的非线性函数产生的。光滑与非光滑混沌系统是与混沌系统中的非线性函数有关的,如二次交叉函数、三次交叉函数、二次和三次指数函数、双曲函数及其组合,这个系统称为光滑自治混沌系统。如果非线性函数是非光滑的,如三角波函数、阶跃函数、锯齿波函数、滞后函数及其组合,那么这个系统通常称为非光滑自治混沌系统。这种系统产生的吸引子通常是蝴蝶翅膀形的。

6.5.2　多翅膀混沌加密基本原理

动态 PAM-4 映射是一种一对多的映射,这意味着检索纯文本和密文之间的连接几乎是不可能的。如图 6-39(a)所示,原始 PAM-4 眼图被映射到 4 个声级,但是混沌 PAM-4 可以通过混沌参数映射到任何动态级。

$$B=A\pm I \tag{6-48}$$

其中,A 是原始 PAM-4 级别,B 是受混沌序列控制的最终加密 PAM-4 级别。利用混沌参数进行 PAM-4 映射,可以得到类似噪声的眼图,如图 6-39(b)所示。类噪声信号可以有效提高传输链路的安全性。

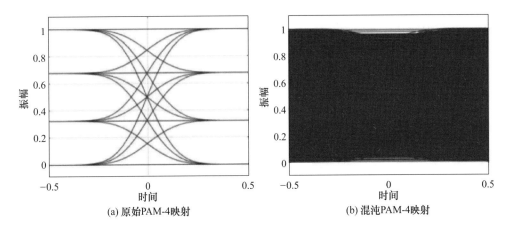

(a) 原始PAM-4映射　　　　　　　　(b) 混沌PAM-4映射

图 6-39　原始 PAM-4 映射和混沌 PAM-4 映射

在本书中,多翅膀混沌被应用于 PAM4-DMT 信号的加密。多翅膀混沌系统可以表示为以下微分方程:

$$
\begin{cases}
\dfrac{\mathrm{d}x}{\mathrm{d}t} = -ax - \dfrac{1}{E}yz \\[2mm]
\dfrac{\mathrm{d}y}{\mathrm{d}t} = -x + cy \\[2mm]
\dfrac{\mathrm{d}z}{\mathrm{d}t} = -bz + \dfrac{\mathrm{d}}{E}y^2 + \sum_{i=1}^{N} H_i \left[\operatorname{sgn}(y + C_i) - \operatorname{sgn}(y - C_i) - 2 \right]
\end{cases}
\tag{6-49}
$$

其中,参数 $a = 20, b = 5, c = 10, d = 7, E = 80$。$x, y$ 和 z 分别用作伪随机序列的 XOR 操作,分别混淆了 PAM-4 信号的幅度和子载波加扰。多翅膀混沌系统图的不同视图如图 6-40 所示。我们可以看到 (y, z) 图的外观看起来像是几副翼。在图 6-40(c) 中,y 轴的混乱程度最高,限制范围相对较小 $[-0.7, 0.7]$。最适合执行 PAM-4 信号电平混淆。

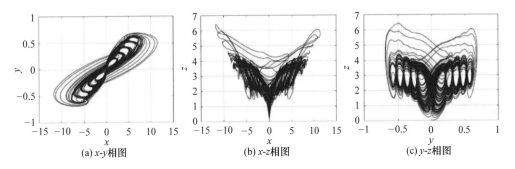

(a) x-y相图　　　　　　　(b) x-z相图　　　　　　　(c) y-z相图

图 6-40　多翅膀混沌系统的不同视图

6.5.3 用于光学 PAM4-DMT 系统中物理层安全性的
多翅膀混沌加密方案验证

图 6-41 显示了 VPI Transmission Maker 仿真装置的示意图,该装置用于评估建议的加密方案的性能。演示了 20 Gbit/s PAM-DMT PON 传输系统。多翅膀混沌加密和解密操作在 Matlab 中执行。在发射机处,对比特序列执行异或运算,然后将具有幅度混淆的映射的 PAM-4 信号分组为带有 200 个 DMT 符号的块。该过程包括子载波加扰。DMT 的 FFT 大小为 256,其中 4 个用作导频来估计相位噪声,应用长度为 16 的循环前缀(CP)。然后,对提出的方案进行混沌加密。随后,将 PAM4-DMT 信号上变频到 5 GHz 射频载波。DMT 信号通过 Machzede 调制器对来自分布式反馈激光器(DFB)的中心频率为 193.1 THz 的激光器进行调制。光纤链路包括 20 km 标准单模光纤(SSMF)。在接收器处,接收的信号由一个光电二极管(PD)检测,随后进行 RF 下变频。然后由 DMT 解码器实现频域均衡和相位噪声估计。

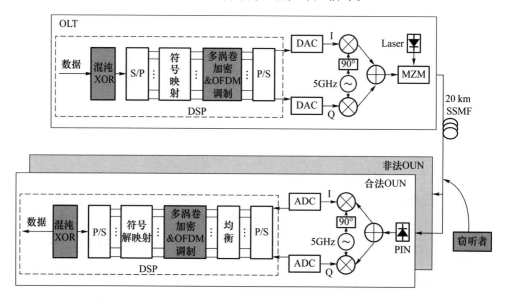

图 6-41 仿真装置示意图

我们进行传输仿真以验证所提出的加密方法。初始密钥 $\{x,y,z\}$ 设置为 $\{0.1,-0.1,0.1\}$。在我们的加密中,与初始值之一 (x_0,y_0,z_0) 的任何微小差异 (10^{-17}) 都会带来不正确的解密结果。图 6-42 显示了系统 BER 性能与不同维度上初始差值的偏差。非法接收者,其初始值为 $\{0.1+1\times10^{-17},-0.1,0.1\}$,$\{0.1,-0.1+1\times10^{-17},0.1\}$ 和 $\{0.1,-0.1,0.1+1\times10^{-17}\}$,无法解密 PAM4-DMT 信号(BER 为 0.5)。如果合法接收方获得了正确的密钥 $\{0.1,-0.1,0.1\}$,则 BER 会以接收到的 -14 dBm 的光功

率降低到 5.8×10^{-3},这意味着可以正确地解密加密的 PAM4-DMT 信号。但是如果没有正确密钥,则在所有接收到的光功率下 BER 为 0.5,这意味着它无法提取任何有效信息。即使知道任何两个混沌序列,PAM4-DMT 仍然不能正确解码,如图 6-43 所示。只有初始密钥 x、y、z 完全获得且无任何小偏差,才有可能进行正确解码。因此,由于这种敏感的 10^{-17} 初始密钥,建议的加密系统的总密钥空间可以抵抗暴力攻击。

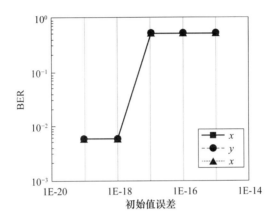

图 6-42　BER 与初始值误差关系

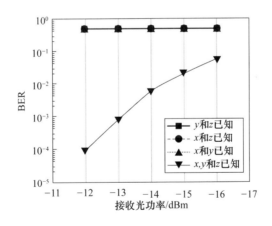

图 6-43　BER 与接收光功率关系

　　我们在数字图像处理中传输经典图像"Lena",以验证加密方案的可行性。图 6-44(a) 显示了原始图片。图 6-44(b)和(c)分别示出了在非法窃听者和常规接收者处接收到的图像。当我们使用错误的密钥解密 PAM4-DMT 信号时,解码后的图像将是一个杂乱的黑白灰点。当我们使用密钥而没有任何小错误时,我们就可以成功地还原"Lena"图像。

　(a) 原始图片　　　　(b) 使用错误密钥的非法ONU的图片　(c) 使用正确密钥的常规ONU的图像

图 6-44　用经典图像验证加密方案

6.5.4　小结

　　本节先是对双翅膀混沌系统与多翅膀混沌系统进行了简单的介绍,然后对多翅膀混沌系统用于通信加密的原理进行了分析。针对光学 PAM4-DMT 系统的物理层,提出了多翅膀混沌加密技术。由于对初始值的高度敏感性,所提出的方案具有极大的密钥空间,伪随机序列和" Lena"图像加密传输得到了有效验证。

6.6　基于五维超混沌的滤波器组多载波调制加密机制

　　滤波器组多载波调制(FBMC)是一种起源于正交频分复用(OFDM)的多载波调制方式,其中载波被过滤以提供一种频谱效率更高的波形形式。FBMC 能够更好地利用现有的信道容量,并能够在给定的无线电频谱带宽内提供更高的数据率,即它具有更高的频谱效率水平。

　　滤波器组多载波技术旨在克服正交频分复用技术的一些缺点。这是 OFDM 的一个发展,虽然这是以增加信号处理为代价的。OFDM 的主要缺点是需要使用循环前缀。循环前缀实质上是 OFDM 系统中传输符号的一部分的副本,这部分副本附加在下一个符号的开头。这种冗余降低了传输的吞吐量,也浪费了电力。OFDM 的另一个缺点是子载波的频谱定位很弱,这会导致频谱泄漏和非同步信号的干扰问题。滤波器组多载波调制是正交频分复用技术的发展。使用滤波器组实现,通常使用数字信号处理技术。在 OFDM 系统中,当载波被调制时,旁瓣分布在两侧。使用滤波器系统,滤波器是用来消除这些旁瓣部分的,从而得到一个更纯净的载体结果。由于滤波器组交换 FFT/IFFT 模块,使得与 OFDM 系统相比,FBMC 系统变得十分复杂。

　　FBMC 是一种频分复用技术,其信道频分复用是通过滤波器组对信道频谱分割来实现的。现在的滤波器组多载波系统可以大致分为以下几类:余弦调制多频技术、离散小波多音频调制技术、滤波多音频调制技术、基于偏移正交幅度调制(Offset

Quadrature Amplitude Modulation,OQAM)的 OFDM 技术和复指数调制滤波器组技术(Exponential Modulate Filter Bank,EMFB)。FBMC 系统由发送端综合滤波器和接收端分析滤波器组成。分析滤波器的作用是将输入信号分解成若干个子信号,而综合滤波器的作用与分析滤波器相反,它是将各个子带信号首先综合,然后重建输出。由此可见,综合滤波器和分析滤波器的结构应该是互逆的。事实上,这两种滤波器的原型函数也是互为共轭时间反转的。这两种滤波器的相同点是其核心都是原型滤波器,通过将核心滤波器进行频移可以得到滤波器组中的其他滤波器。

FBMC 有 4 个优势:第一是能够提供一个频谱利用率高、选择性强的系统;第二是在子带滤波器具有足够高的带外衰减的情况下,滤波器组本身可以提供足够的频率隔离,以实现所需的接收和选择性,这能够将滤波器组之后的所有信号处理功能移动到低采样率;第三是不需要循环前缀 CP,从而为实际数据腾出了更多的空间;第四是提供稳定的窄带干扰机。缺点有 3 点:第一是 MIMO 与 FBMC 结合使用是非常复杂的,因此,很少有系统研究这两种技术一起使用;第二是使用 FBMC 的宽带和高动态范围系统的设计提出了一些重大的 RF 开发挑战;第三是 FBMC 比 OFDM 更复杂,它的时域在滤波器组中的重叠符号中引入了额外的开销。

无源光网络(PON)技术是宽带接入的最佳解决方案,在当前的接入网中得到了广泛的应用。正交频分复用(OFDM)PON 因其频谱效率高、抗光纤链路损伤的鲁棒性强、时频分配灵活而被广泛研究,并被认为是下一代光接入网的一个有前途的候选方案。在 FBMC(滤波器组多载波)-PON 的下行方向,光线路终端发送的信号被广播到所有光网络单元。由于 FBMC-PON 的广播特性,下行信号容易被窃听。非法光网络单元可以通过暴力攻击同一下行线路中的其他 ONU,选择明文攻击等。为了提高数据传输的安全性,需要采用物理层加密方案对 FBMC-PON 进行加密。混沌加密由于其初值敏感性、隐蔽性、不可预测性和易操作性,一直是安全通信的一种候选方案。混沌加密法有很多类型,其中,对于具有同相分量、正交分量、时域、频域和滤波器组 5个维度的 FBMC 来说,五维超混沌是比较合适的。

目前没有针对光 FBMC-PON 专门设计的加密方案。可以通过类比 OFDM-PON 来为 FBMC-PON 设计加密方案。文献[39]是为 FBMC-PON 物理层加密的方案,但是不适用于 FBMC。FBMC 含有同相分量、正交分量、时域、频域和滤波器组 5 个维度。所以应该选用一个五维的混沌系统为它加密。

为了提高数据传输的安全性,需要采用物理层加密方案对 FBMC-PON 进行加密。混沌加密由于其初值敏感性、隐蔽性、不可预测性和易操作性,一直是安全通信的一种候选方案。混沌加密法有很多类型,其中,对于具有同相分量、正交分量、时域、频域和滤波器组 5 个维度的 FBMC 来说,五维超混沌是比较合适的。目前没有人将五维超混沌应用于 FBMC 加密中。

6.6.1　基本原理

　　动态星座映射是一种一对多映射,这意味着通过寻找明文和密文之间的关系来破解信息是不可能的。如图 6-45 所示,原始的 16QAM 固定星座点可以通过混沌参数映射到任意动态点上:

$$C=(\text{Re}[P]\pm I)+\text{j}(\text{Im}[P]\pm Q) \tag{6-50}$$

其中:P 是传统的 16QAM 星座点;C 是最后被多涡卷混沌加密的星座点;I 和 Q 是两个独立的混沌参数,分别用于同相分量 $\text{Re}[P]$ 和正交分量 $\text{Im}[P]$。使用混沌参数映射后,我们可以得到像噪声一样的混沌星座图,这样的混沌星座图可以大大提升传输的误码率。

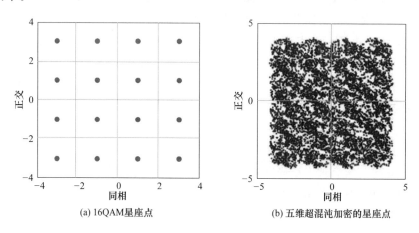

(a) 16QAM星座点　　　　(b) 五维超混沌加密的星座点

图 6-45　传统的 16QAM 星座点和五维超混沌加密的星座点

　　我们采用五维超混沌,它具有很大的密钥空间,也适用于 FBMC 的加密。五维超混沌可以表示如下:

$$\begin{cases} \dfrac{\mathrm{d}x}{\mathrm{d}t}=a(y-x)+u \\[2mm] \dfrac{\mathrm{d}y}{\mathrm{d}t}=cx-xz+w \\[2mm] \dfrac{\mathrm{d}z}{\mathrm{d}t}=-bz+xy \\[2mm] \dfrac{\mathrm{d}u}{\mathrm{d}t}=-hu-xz \\[2mm] \dfrac{\mathrm{d}w}{\mathrm{d}t}=-k_1x-k_2y \end{cases} \tag{6-51}$$

其中,参数 k_1、k_2 是实数,可以用来控制 x 和 y 的变化范围。使用多涡卷混沌进行加密 FBMC-PON 系统如图 6-46 所示。

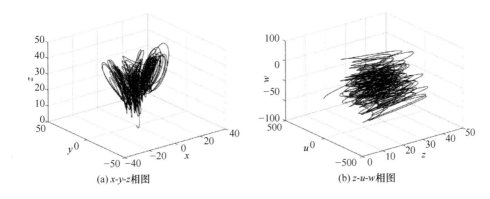

(a) x-y-z相图   (b) z-u-w相图

图 6-46 多涡卷混沌系统的相图

首先,用超混沌的两个维度(x,y)来混沌星座映射,映射结果如图 6-45(b)所示。其次,在 IFFT 之后进行频域子载波间的置换。再次,由于 FBMC 特有的滤波器组的概念,不同的滤波器组可以再进行一次置换。最后,通过时域置换做最后一轮的加密。光 FBMC-PON 的加密流程如图 6-47 所示。

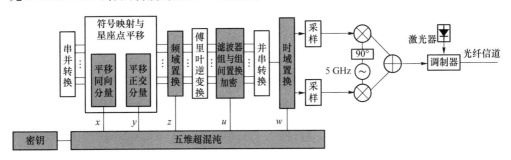

图 6-47 加密流程

6.6.2 基于五维超混沌的 FBMC 无源光网络物理层加密技术验证

我们在计算机上进行速率为 10 GSa/s 符号为 16QAM 映射的 FBMC-PON 系统的仿真,并进行五维超混沌加密和解密操作。在发送器上,对位序列执行异或操作。然后将映射的 16QAM 信号分组为具有 200 个 OFDM 符号的块。FBMC 的 FFT 大小为 256。我们在编码过程中进行了五维超混沌加密。随后,FBMC 信号向上转换为 5GHz 射频载波。分布反馈激光器的中心频率为 193.1 THz。激光器输出的信号将通过马赫泽德调制器对 FBMC 信号进行调制。光纤链路仅包括 20 km 标准单模光纤(SSMF)。在接收器上,接收到的信号由一个光电二极管(PD)检测,随后进行射频向下转换。然后对 OFDM 译码器进行频域均衡和相位噪声估计。接收端执行相应的五维超混沌解密。

我们通过仿真实验验证上述算法。我们设置混沌初始值$\{x,y,z,u,w\}$为$\{-0.1,$

$0.05, 0.1, 0.05, 0.1\}$，这也就是密钥。如果接收端有正确的密钥，那么 OFDM 信号可以正常地解析出来。但是针对密钥$(x_0, y_0, z_0, u_0, w_0)$很小的误差$(10^{-15})$将导致不能解。初始值 x_0 或 y_0 的一点点偏差，如$\{-0.1+10^{-15}, 0.05, 0.1, 0.05, 0.1\}$或$\{-0.1, 0.05+10^{-15}, 0.1, 0.05, 0.1\}$会使 FBMC 信号无法正常解析，误码率越接近0.5。仿真结果如图 6-48 所示。

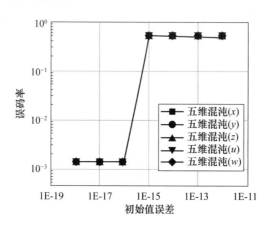

图 6-48　误码率随着密钥误差值的变化图

同时我们传输了一张图像来验证我们的加密算法的性能，如图 6-49 所示，当我们没有正确的密钥时，图片无法正常解析，呈现为混乱的黑白点图，其图片的直方图基本持平，意味各个颜色值的统计次数基本一致，无法通过统计的方式进行破解。

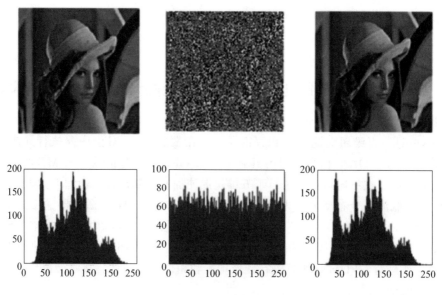

图 6-49　"Lena"加解密及其直方图

图 6-49 的左上图是发送的图片,中上图是接收端用错误的密钥解的图,右上图是接收端用正确的密钥解的图,左下图是发送的图片的直方图,中下图是接收端用错误的密钥解得的图的直方图,右下图是接收端用正确的密钥解得的图的直方图。

6.6.3　小结

本节提出一种基五维超混沌的 FBMC 无源光网络物理层加密技术。将 FBMC 拆分成同相分量、正交分量、时域、频域和滤波器组 5 个维度,每个维度都进行加密。

6.7　基于 Hyper Chen 的混沌加密机制

相干光正交频分复用(CO-OFDM)已被广泛研究,并被认为是接入网络、长距离传输和无源光网络(PON)的有前途的候选者[40]。随着光网络的迅猛发展,如何消除非法用户的破解已成为热门话题[41]。混沌信号由于其初始值的敏感性、隐蔽性、不可预测性和易于实现性而特别适合于安全通信。刘博士将逻辑混沌加密引入 OFDM-PON[42,43]。文献[44]增强了逻辑混沌加密的密钥空间,文献[45]使用了三维 Lorenz 混沌来实现频域移位。

在本小节中我们使用四维(4D)Hyper Chen 混沌加密来提高 CO-OFDM 系统的物理层安全性。一个维(x)被用作 XOR 操作,两个维(y,z)被用作频域移位,还有一个维度(w)用作时域加扰。密钥空间增加到 10^{429}。由于混沌系统的初始值敏感度,初始值的微小变化(10^{-16})将导致解密失败。

6.7.1　基本原理

Chen 混沌方程是三维混沌系统,其定义如下:

$$\begin{cases} \dot{x} = -ax + ay \\ \dot{y} = (c-a)x - xz + cy \\ \dot{z} = xy - bz \end{cases} \tag{6-52}$$

Chen 混沌系统是一个典型的混沌系统,当 $a=35,b=3,c=28$ 时,系统就会进入混沌状态。Chen 混沌系统有复杂的拓扑结构和动力学行为,这个特点使得它在数据加密等领域有着更大的研究价值。

4D Hyper Chen 混沌系统具有更多的初始值和控制参数。式(6-53)是 4D Hyper Chen 系统的状态方程,其中 $a=35,b=3,c=12,d=7,r=0.58$ 和 $A=0.08$。4D Hyper Chen 混沌的非线性动力学行为和拓扑结构是复杂的。高维超混沌系统具有更大的密钥空间。为了在计算复杂度和密钥空间之间取得平衡,我们决定使用 4D Hyper Chen 系统执行混沌加密。在混沌状态下,a,b,c,d,r 和 A 可以略微改变以增强密钥空间[46,47],用 Runge-Kutta 方法求解混沌方程。4D Hyper Chen 混沌系统的相图如图 6-50 所示。

$$\begin{cases} \dot{x}=-ax+ay+w \\ \dot{y}=dx-xz\ /\ A+cy \\ \dot{z}=xy/A-bz \\ \dot{w}=yz/A-rw \end{cases} \tag{6-53}$$

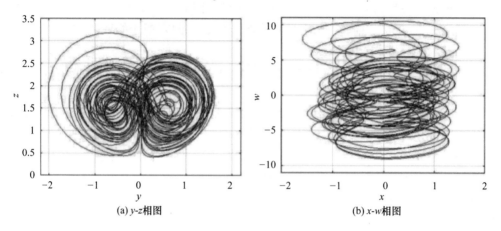

(a) y-z相图   (b) x-w相图

图 6-50　Hyper Chen 混沌系统的相图

我们所提出的如图 6-51 所示的 4D Hyper Chen 混沌加密方案说明如下。首先，将混沌序列 x 赋予二进制序列，然后将其用于与 PRBS(伪随机比特序列)进行异或。

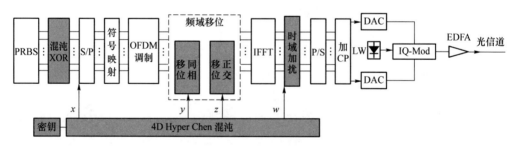

图 6-51　利用 4D Hyper Chen 混沌加密的 CO-OFDM 系统原理图

然后在 16QAM 映射和 OFDM 编码器之后，将混沌序列 y,z 用于频域移位。在没有加密的 OFDM 系统中，使用离散傅里叶逆变换(IDFT)操作从频域生成时域信号，如下：

$$s_n = \frac{1}{\sqrt{N}} \sum_{k=0}^{N-1} S_k e^{\frac{j2\pi nk}{N}}, \quad N=0,1,\cdots,N-1 \tag{6-54}$$

我们定义 $S_k = S_{kI} + jS_{kQ}$，因此频域移位可以表示为：

$$S'_k = f(S_k) = (S_{kI} \pm I) + j(S_{kQ} \pm Q) \tag{6-55}$$

其中，I 和 Q 是根据混沌序列 y 和 z 生成的：

$$I = \mathrm{mod}(y, \mathrm{floor}(\mathrm{abs}(y))) \atop Q = \mathrm{mod}(z, \mathrm{floor}(\mathrm{abs}(z)))$$
$$(6\text{-}56)$$

原始的 16QAM 映射和频域混沌移位映射如图 6-52 和图 6-53 所示。经过混沌移位后,原始信息被隐藏。

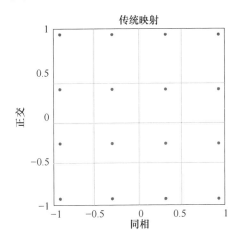

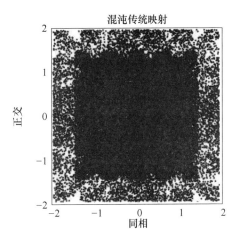

图 6-52　16QAM 原始星座图映射　　　　图 6-53　16QAM 频域混沌移位映射

最后,我们使用混沌序列 w 生成时域加扰矩阵。如果每个 OFDM 帧都有 T 个 OFDM 符号,我们将从混沌序列 w 获得一个长度为 T 的序列,然后获得排序索引:

$$\mathrm{index} = \mathrm{sort}(w) \tag{6-57}$$

现在我们从索引创建 $T \times T$ 加扰矩阵 $\mathbf{W}_T$。矩阵 $\mathbf{W}_T$ 的第 i 行和第 $\mathrm{index}(i)$ 列为 1,其他为 0。因此,OFDM 帧可以表示为:

$$S = \sum_{n=0}^{T-1} \left\{ \left[\frac{1}{\sqrt{N}} \sum_{k=0}^{N-1} f(S_k) \mathrm{e}^{\mathrm{j}\frac{2\pi nk}{N}} \right] \mathbf{W}_T \right\} \tag{6-58}$$

6.7.2　基于 Hyper Chen 的物理层加密频域移位和时域加扰方法验证

为了验证我们提出的方案的可行性,我们建立了 10 GSa/s 16QAM OFDM 系统的仿真模型,如图 6-54 所示。我们使用 VPI Transmission Maker 软件来模拟 CO-OFDM 系统。在 Matlab 中执行基于 4D Hyper Chen 混沌的频域移位和时域加扰。在发射机处,映射的 16 个正交幅度移位调制(16 QAM)信号被分组为具有 64 个 OFDM 符号($T=64$)的块。OFDM 的 FFT 大小为 256($N=256$),其中 8 个用作导频来估计相位噪声。然后,我们提出了混沌加密。使用长度为 32 的循环前缀(CP)。在接收器处,接收到的信号与本地振荡器(LO)进入 90°混合状态,并且在被两个平衡光电二极管(BPD)检测到之前相互干扰。在 OFDM 解码器中,如 6.7.1 小节所述,根据混沌密钥执行解密。

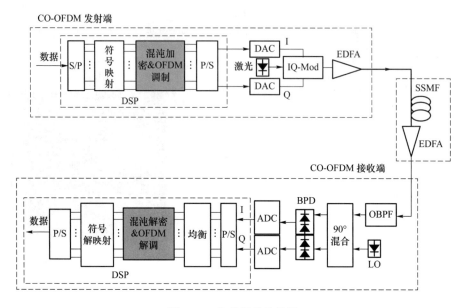

图 6-54 仿真模型示意图

我们针对背对背(B2B)和 20 km SSMF 传输情况进行 4D Hyper Chen 混沌加密，将初始值设置为$\{0.01，-0.01，0.01，0\}$。如果光网络单元(ONU)具有正确的密钥，则可以正确解密加密的 OFDM 信号。但是，与初始值$(x_0，y_0，z_0，w_0)$其中一个的微小差异(10^{-16})都有可能将导致错误的解密。解密的星座图如图 6-55 中的插图所示。图 6-56 显示了 B2B 和 20 km SSMF 传输的系统 BER 性能与接收光功率的关系。初始值为$\{0.01+10^{-8}，-0.01，0.01，0\}$的非法 ONU 无法解密 OFDM 信号(BER 为 0.5)。

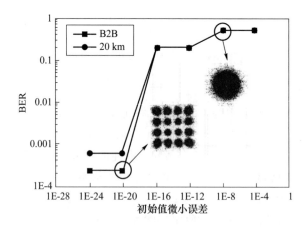

图 6-55   -15 dBm 接收功率下的 BER 与初始值误差关系

最后,分析了基于 4D Hyper Chen 混沌的频域移位和时域加扰系统的密钥空间。在我们的仿真中,OFDM 的子载波数为 $N=256$,每个子载波具有 4 位(16QAM)。因此,混沌 XOR 的密钥空间为 $2^{4N}=2^{1024}$。OFDM 帧的时隙为 $T=64$,因此时域加扰的密钥空间为 $T!=64!$。我们假设初始值的 $10^{-8}(\gg 10^{-16})$ 的差异将导致解密失败。因此,初始值的键空间至少为 $(10^8)^4=10^{32}$。我们的加密系统的密钥空间至少为 $2^{1024} \times 64! \times 10^{32}=7.89 \times 10^{429}$,而不考虑方程式(6-53)中 a,b,c,d,r 和 A 的微小变化。在如此大的密钥空间中,暴力破解没有可行性。

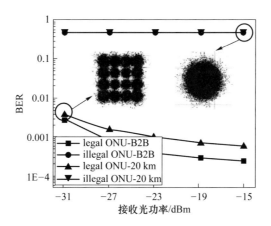

图 6-56　与接收光功率关系

6.7.3　小结

在本节中对 Hyper Chen 混沌系统的加密原理进行了简单的介绍,我们提出了基于 4D Hyper Chen 混沌系统的频域移位和时域加扰加密方法,以提高 CO-OFDM 系统的物理层安全性。加密方案将密钥空间增加到 10^{429},因此它可以有效地抵抗暴力破解。

本章参考文献

[1] 禹思敏.混沌系统与混沌电路——原理、设计及其在通信中的应用[M].西安:西安电子科技大学出版社,2011:1-39.

[2] 百度百科李雅普诺夫稳定性[EB/OL].(2012-06-02).http://baike.baidu.com/view/690876.thm.

[3] 齐晓慧."李雅普诺夫稳定性理论"的教学研究[J].电力系统及其自动化学报,2005,17(3):91-94.

[4] Cuomo K M, Oppenheim A V, Strogatz S H. Synchronization of Lorenz-based

chaotic circuits with applications to communications [J]. IEEE Transactions on CAS-II,1993,40(10):626-632.

[5] Cuomo K M, Oppenheim A V. Circuit implementation of synchronized chaos with application to communications [J]. PhysicalReviewLetters, 1993, 71: 65-68.

[6] Kennedy M P, Kolumban G. Digital communications using chaos [C]. CRCPRESS' 99,1-24.

[7] Kolumban G, Kennedy M P, Kis G, et al. FM-DCSK: A robust modulation scheme for chaotic communications[J]. IEICE,1998, E81-A:1798-1802.

[8] Kolumban G. Differential chaos shift keying: A robust coding for chaos communication [C]. NDES'96,87-92.

[9] Parlitz U, Chua L O, Kocarev L, et al. Transmission of digital signals by chaotic synchronization [J]. International Journal of Bifurcation and Chaos, 1992,2:973-977.

[10] Dedieu H, Kennedy M P, Hasler M. Chaos shift keying: Modulation and demodulation of achaotic carrier using self-synchronizing [J]. IEEETrans. CAS-I,1993,40:634-641.

[11] Kolumbán G, Vizvári B, Schwarz W, et al. Differential chaos shift keying: a robust coding for chaos communication [C]. In: Proc. Int. Workshop on Nonlinear Dynamic of Electronic Systems, Sevilla, Spain,1996,87-92.

[12] Kolnmbán G, Kis G, Kennedy M, et al. FM-DCSK: A new and robust solution to chaos communications [C]. In: Proc. Int. Symposiumon Nonlinear Theory and Its Applications, Hawaii,1997,117-120.

[13] Galias Z, Maggio G M. Quadraturechaos-shift keying: theory and performance analysis [J]. IEEETrans. CAS-I,2001,48(12):1510-1519.

[14] Gaudino R. Advantages of coherent detection in reflective PONs[C]. In Proc. OFC (OSA, 2013), paper OM2A.

[15] Wong E. Next-Generation Broadband Access Networks and Technologies[J]. Lightwave Technol,2012,30(4):597-608.

[16] Luis R, Shahpari A, Reis J,et al. Ultra High Capacity Self-Homodyne PON With Simplified ONU and Burst Mode Upstream [J]. IEEE Photonics Technol. Lett,2014, 26(7):686-689.

[17] Prat J,et al. Towards ultra-dense wavelength-to-the-user: The approach of the COCONUT project[C]. In:2013 15th International Conference on Transparent Optical Networks (ICTON), 2013, 1-4.

[18] Reis J D, Shahpari A, Ferreira R, et al. Terabit+ (192 x 10 Gb/s) Nyquist Shaped UDWDM Coherent PON With Upstream and Downstream Over a 12. 8 nm Band[J]. Journal of Lightwave Technology, 2014, 32(4):729-735.

[19] Shieh W, Bao H, Tang Y. Coherent optical OFDM: theory and design[J]. Optics Express, 2008, 16(2): 841-859.

[20] Armstrong J. OFDM for Optical Communications. Journal of Lightwave Technology [J]. Optitcs Express 2009, 27(3): 189-204.

[21] Yang H, Li J H, Lin B J, et al. DSP-Based Evolution From Conventional TDM-PON to TDM-OFDM-PON [J]. Journal of Lightwave Technology, 2013, 31(16): 2735-2741.

[22] Lin B J, Li J H. Comparison of DSB and SSB Transmission for OFDM-PON [Invited][J]. Journal of Optical Communications and Networking, 2012, 4 (11): B94-B100.

[23] Torres-Zugaide J, Aldaya I, Campuzano G, et al. Range Extension in Coherent OFDM Passive Optical Networks Using an Inverse Hammerstein Nonlinear Equalizer[J]. Journal of Optical Communications and Networking, 2017, 9(7): 577-584.

[24] Chen C, Liu D M, Qiu K, et al. Tunable optical frequency comb enabled scalable and cost-effective multiuser orthogonal frequency-division multiple access passive optical network with source-free optical network units[J]. Optics Letters, 2012, 37(19): 3954-3956.

[25] Fok M P, Wang Z X, Deng Y H, et al. Optical Layer Security in Fiber-Optic Networks[J]. IEEE Transactions On Information Forensics and Security, 2011, 6(3): 725-736.

[26] Shaneman K. Optical network security: Technical analysis of fiber tapping mechanisms and methods for detection & prevention[J]. Milcom 2004 - 2004 Ieee Military Communications Conference, 2004,(1-3): 711-716.

[27] Zhang L J, Liu B, Xin X J, et al. Theory and Performance Analyses in Secure CO-OFDM Transmission System Based on Two-Dimensional Permutation[J]. Journal of Lightwave Technology, 2013, 31(1): 74-80.

[28] Zhang W, Chen C, Zhang H J. Brownian Motion Encryption for Physical-Layer Security Improvement in CO-OFDM-PON [J]. IEEE Photonics Technology Letters, 2017, 29(12): 1023-1026.

[29] Zhang L J, Xin X J. Secure coherent optical multi-carrier system with four-dimensional modulation space and Stokes vector scrambling [J]. Optics

Letters，2015，40(12)：2858-2861.

[30] Hu Z Y，Chan C K. A 7-D Hyperchaotic System-Based Encryption Scheme for Secure Fast-OFDM-PON[J]. Journal of Lightwave Technology，2018，36 (16)：3373-3381.

[31] Hajomer A A E，Yang X L，Hu W S. Chaotic Walsh-Hadamard Transform for Physical Layer Security in OFDM-PON[J]. Ieee Photonics Technology Letters，2017，29(6)：527-530.

[32] Sultan A，Yang X L，Hajomer A A E，et al. Chaotic Constellation Mapping for Physical-Layer Data Encryption in OFDM-PON [J]. Ieee Photonics Technology Letters，2018，30(4)：339-342.

[33] Chen Y X，Li J H，Zhu P K，et al. Novel MDM-PON scheme utilizing self-homodyne detection for high-speed/capacity access networks[J]. Optics Express，2015，23(25)：32054-32062.

[34] Moose P. A technique for orthogonal frequency division multiplexing frequency offset correction[J]. IEEE Trans. Commun. ，1994,42(10):2908-2914.

[35] Liu X A，Buchali F. Intra-symbol frequency-domain averaging based channel estimation for coherent optical OFDM[J]. Optics Express，2008，16(26)：21944-21957.

[36] Yi X W，Tang Y. Phase estimation for coherent optical OFDM[J]. IEEE Photonics Technology Letters，2007，19(9-12)：919-921.

[37] Lee S C J，et al. PAM-DMT for Intensity-Modulated and Direct-Detection Optical Communication Systems[J]. IEEE Photonics Technology Letters，2009，23(21)：1749-1751.

[38] Xiang N，et al. A novel receiver design for PAM-DMT in optical wireless communication systerms[J]. IEEE Photonics Technology Letters，2015，27 (18)：1919-1922.

[39] Sultan A，Yang X L，Hajomer A A E，et al. Chaotic Constellation Mapping for Physical-Layer Data Encryption in OFDM-PON [J]. IEEE Photonics Technology Letters，2018，30(4)：339-342.

[40] Armstrong J OFDM for Optical Communications[J]. in Journal of Lightwave Technology，2009，27(3)：189-204.

[41] Fok M P，Wang Z X，Deng Y H，et al. Optical Layer Security in Fiber-Optic Networks[J]. IEEE Transactions On Information Forensics and Security，2011，6(3)：725-736.

[42] Liu B，Xin X J. Constellation-masked Secure Communication Technique for

OFDM-PON[J]. Optics Express，2012，22(20)：25161-25168.

[43] Liu B，Xin X J. Physical Layer Security in CO-OFDM Transmission System Using Chaotic Scrambling[J]. Optics Communications，2013，291：79-86.

[44] Bi M H，Zhang C，Zhang W，et al. A Key Space Enhanced Chaotic Encryption Scheme for Physical Layer Security in OFDM-PON[J]. IEEE Photonics Journal，2017，9(1).

[45] Sultan A，Yang X L，Hajomer A A E，et al. Chaotic Constellation Mapping for Physical-Layer Data Encryption in OFDM-PON[J]. IEEE Photonics Technology Letters，2018，30(4)：339-342.

[46] Yan Z. Controlling hyperchaos in the new hyperchaotic Chen system[J]. Applied Mathematics and Computation，2005，168(2)：1239-1250.

[47] Roohbaksh D，Yaghoobi M. Color Image Encryption using Hyper Chaos Chen [J]. International Journal of Computer Applications，2015，110(4)：9-12.

[48] 余飞. 多翼多涡卷混沌系统生成、同步及其在保密通信中的应用[D]. 长沙：湖南大学，2013.

[49] 李玉珍. 基于混沌的扩频序列通信系统研究[D]. 西安：西安电子科技大学，2015.

[50] 庄陵，葛屦，李季碧，等. 宽带无线通信中的滤波器组多载波技术[J]. 重庆邮电大学学报(自然科学版)，2012，24(06)：765-769.

[51] 路凯. 三维与四维分段光滑系统奇异环和混沌的复杂动力学研究[D]. 广州：华南理工大学，2019.